3ds Max 2020工作界面

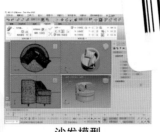

沙发模型

石凳模型

骰子模型

盆栽模型

水龙头模型

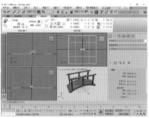

木桥模型

置物柜模型

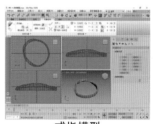

戒指模型

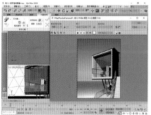

保存渲染图像

圆几模型

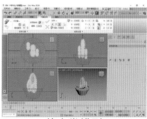

仙人掌模型

烛台模型

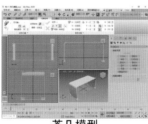

茶几模型

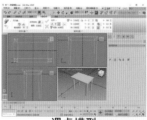

课桌模型

汽车模型

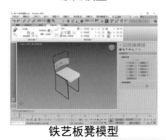

铁艺板凳模型

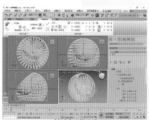

藤椅模型

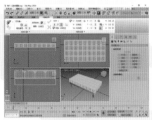

脚凳模型

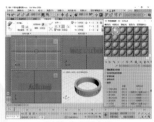

制作金属材质

设置天光

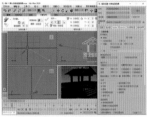

使用默认扫描线渲染器

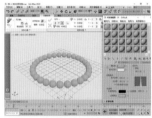

制作玉石材质

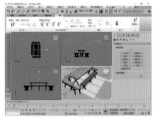

设置目标平行光

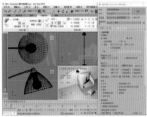

使用Quicksilver硬件渲染器

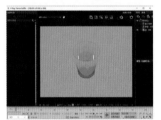

制作玻璃材质

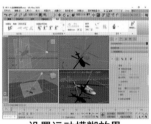

设置运动模糊效果

使用VRay渲染器

制作沙发材质

设置窗外环境背景

渲染办公室场景

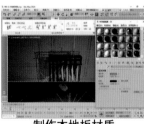

制作木地板材质

设置色彩平衡效果

渲染观光车模型

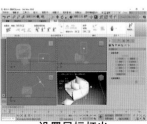

设置目标灯光

动画播放控制

3ds Max 2020

案例教程（全彩版）

宋晓明　林楠　编著

清华大学出版社

北京

内 容 简 介

本书以通俗易懂的语言、翔实生动的案例全面介绍 3ds Max 2020 软件的使用方法，全书共分 16 章，内容涵盖了认识 3ds Max 2020，3ds Max 基本操作，内置几何体建模，二维图形建模，修改器建模，复合对象建模，多边形建模，渲染参数设置，材质与贴图，灯光，摄影机，设置环境与特效，三维动画制作等，力求为读者带来良好的学习体验。

与书中内容同步的案例操作二维码教学视频可供读者随时扫码学习。本书具有很强的实用性和可操作性，可作为初学者的自学用书，也可作为高等院校和各类三维设计培训班的教材，还可作为从事建筑、室内外装潢设计和影视制作等相关工作人员的首选参考书。

本书对应的素材文件和扩展教学视频可以到 http://www.tupwk.com.cn/downpage 网站下载，也可以通过扫描前言中的二维码下载。

图书在版编目(CIP)数据

3ds Max 2020案例教程：全彩版 / 宋晓明，林楠编著. —北京：清华大学出版社，2021.1
ISBN 978-7-302-57216-9

Ⅰ. ①3… Ⅱ. ①宋… ②林… Ⅲ. ①三维动画软件－教材 Ⅳ. ①TP391.414

中国版本图书馆CIP数据核字(2020)第257527号

责任编辑：胡辰浩
封面设计：高娟妮
版式设计：妙思品位
责任校对：成凤进
责任印制：刘海龙

出版发行：清华大学出版社

　　　网　　址：http://www.tup.com.cn，http://www.wqbook.com
　　　地　　址：北京清华大学学研大厦A座　　　　邮　　编：100084
　　　社 总 机：010-62770175　　　　　　　　　邮　　购：010-62786544
　　　投稿与读者服务：010-62776969，c-service@tup.tsinghua.edu.cn
　　　质 量 反 馈：010-62772015，zhiliang@tup.tsinghua.edu.cn

印 装 者：三河市铭诚印务有限公司

经　　销：全国新华书店

开　　本：185mm×260mm　　　印　　张：22.75　　　插　　页：1　　　字　　数：553千字

版　　次：2021年1月第1版　　　印　　次：2021年1月第1次印刷

定　　价：128.00元

产品编号：086337-01

本书结合大量可操作实例，深入介绍 3ds Max 2020 软件在建模、材质、灯光、渲染、动画等方面的操作技术。书中内容结合当前最流行的 VRay 渲染器进行讲解，除图文讲解外，还通过详细的案例操作视频，帮助用户轻松掌握软件的各种操作方法。

本书主要内容

第 1 章介绍 3ds Max 的基础知识，帮助用户在初次打开软件时，快速掌握其工作界面中各个区域的功能。

第 2 章详细讲解 3ds Max 的基本操作方法，包括 3ds Max 文件的打开、保存、归档、重置、自动备份，模型对象的导入、导出、合并、加载、选择、变换和复制等。

第 3 章详细介绍 3ds Max【创建】面板中各种内置建模功能的使用方法，帮助用户灵活制作出专业的模型。

第 4 章介绍 3ds Max 提供的二维图形创建和编辑命令，帮助用户了解如何建立与编辑二维图形，从而掌握二维图形建模的方法。

第 5 章介绍 3ds Max 提供的各种修改器，这些修改器可以对几何体重新塑形，也可以为几何体设置特殊的动画效果。

第 6 章介绍在 3ds Max 中将两个或两个以上的物体通过特定的合成方式合并为一个物体，从而创建出更复杂模型的方法。

第 7 章介绍 3ds Max 多边形建模的具体使用方法。

第 8 章通过案例操作帮助用户巩固前面各章所学的知识，熟练掌握 3ds Max 建模的常用方法与技巧。

第 9 章介绍在 3ds Max 中通过调整【渲染设置】面板的参数来控制最终图像的照明程度、计算时间、图像质量等综合因素，让计算机渲染出令人满意的图像的方法。

第 10 章通过案例操作讲解 3ds Max 中材质和贴图的基础设置与应用。

第 11 章通过案例操作帮助用户进一步熟悉常用材质的创建方法，巩固所学的知识。

第 12 章介绍 3ds Max 中各类灯光的常用设置与应用。

第 13 章介绍 3ds Max 中目标摄影机和自由摄影机的常用设置与应用。

第 14 章介绍在 3ds Max 中为场景添加雾、火和体积光等环境特效的方法。

第 15 章介绍在 3ds Max 2020 中制作三维动画的基础知识和基本动画工具，具体包括设置动画方式、控制动画、设置关键点过滤器、设置关键点切线等。

第 16 章通过案例操作介绍使用 3ds Max 软件制作各种动画效果的方法。

本书主要特色

☐ **图文并茂，案例精彩，实用性强**

本书以上百个实用案例讲解 3ds Max 在三维建模方面的各种技巧，同时精选行业应用中的典型案例，系统全面地讲解三维设计的实战应用和经验技巧。通过本书的学习，读者可以在学会使用软件的同时快速掌握实际应用能力。

☐ **内容结构合理，案例操作一扫即看，简单易学**

本书涵盖了 3ds Max 所有常用工具、命令的常用功能，同时采用"理论知识 + 案例操作 + 技巧提示 + 综合案例制作"的模式编写，从理论的讲解到案例完成效果的展示，都进行全程式的图解，使读者能够真正快速地掌握三维建模实战技能。读者还可以使用手机扫描视频教学二维码进行观看，提高学习效率。

☐ **免费提供配套资源，全方位提高应用水平**

本书提供与书中案例配套的素材文件，以及与本书内容相关的扩展教学视频。读者可以扫描下方的二维码或通过登录本书信息支持网站 (http://www.tupwk.com.cn/downpage) 下载相关资料。

扫一扫，看视频　　　扫码推送配套资源到邮箱

全书分为 16 章，其中黑河学院的宋晓明编写了第 1~11 章，郑州大学软件学院的林楠编写了第 12~16 章。由于作者水平有限，本书难免有不足之处，欢迎广大读者批评指正。我们的邮箱是 huchenhao@263.net，电话是 010-62796045。

编　者

2021 年 1 月

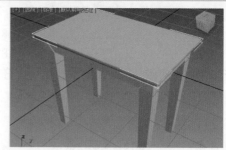

第9章　渲染参数设置

第10章　材质与贴图

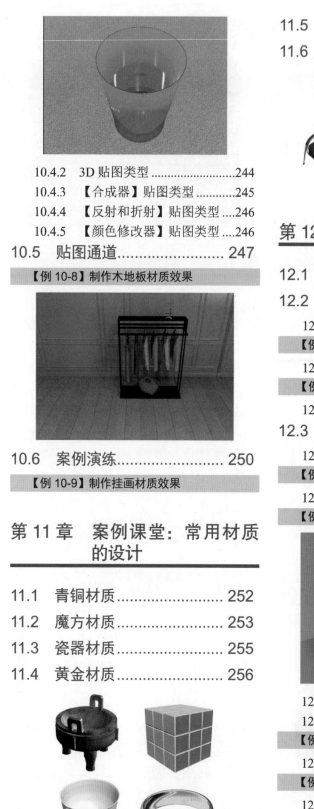

第 11 章 案例课堂：常用材质的设计

第 12 章 灯光

第 1 章
认识 3ds Max 2020

| 本章导读 |

　　3ds Max 2020 是 Autodesk 公司开发的一款全功能的三维计算机图形软件。借助该软件，可以创造宏伟的游戏世界，布置精彩绝伦的场景以及实现设计可视化，并打造身临其境的虚拟现实 (VR) 体验。本章作为全书的开端，将介绍有关 3ds Max 2020 的基础知识，帮助用户快速掌握其工作界面中各个区域的功能。

| 视频教学 |

例 1-1 更改 3ds Max 界面颜色　　　例 1-3 绘制随机骰子模型
例 1-2 创建自定义工具栏　　　　　　例 1-4 制作木桥模型

1.1　第一次打开 3ds Max 2020

　　3ds Max 是应用于 PC 平台的三维建模、动画、渲染软件。在计算机中安装并执行 3ds Max 2020-Simplified Chinese 命令后，系统将启动中文版 3ds Max 2020 并打开软件的工作界面。

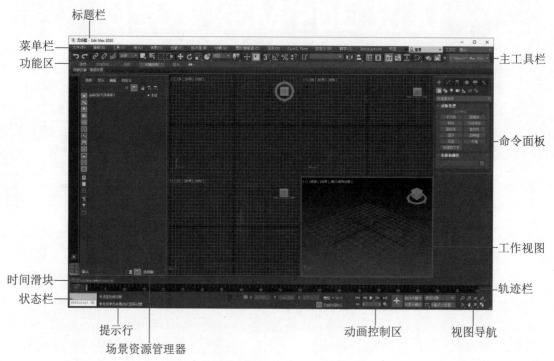

启动 3ds Max 2020 后显示的软件工作界面

　　如上图所示，3ds Max 2020 的工作界面是一个很大的界面布局，由标题栏、菜单栏、功能区、主工具栏、命令面板、工作视图、时间滑块、轨迹栏、提示行、状态栏、动画控制区和视图导航等多个区域组成（其中每个区域又包含多种按钮和命令）。对于初学者来说，掌握这些区域的使用方法是熟悉 3ds Max 软件的第一步。

1.2　菜单栏

　　3ds Max 菜单栏位于标题栏的下方，其中包括软件所提供的大部分命令，包括【文件】【编辑】【工具】【组】【视图】【创建】【修改器】【动画】【图形编辑器】【渲染】、Givil View、【自定义】和【内容】等菜单。

　　■ 【文件】菜单

　　【文件】菜单主要包括针对 3ds Max 文件的控制命令，例如【新建】【打开】【重置】【导入】和【导出】等。

　　■ 【编辑】菜单

　　【编辑】菜单主要包括针对场景基本操作所设计的命令，例如【撤销】【取回】【删除】等常用命令。

　　■ 【工具】菜单

　　【工具】菜单主要包括管理场景的一些命令及对物体的基本操作，例如【管理场景状态】【镜像】【阵列】等命令。

■ 【组】菜单

使用【组】菜单中的命令可以将场景中的物体设置为一个组合，并对组进行编辑。

■ 【视图】菜单

【视图】菜单主要用于控制视图的显示及设置视图的相关参数，例如【视口背景】【视口配置】等命令。

■ 【创建】菜单

【创建】菜单中的命令主要用于在视图中创建各种类型的对象，例如【水滴网格】【暴风雪】【线】【矩形】【圆】等命令。

■ 【修改器】菜单

【修改器】菜单包含了 3ds Max 中所有修改器列表中的命令。

■ 【动画】菜单

【动画】菜单主要用于设置动画，包括【骨骼工具】【动画层】【变换控制器】【位置控制器】等命令。

■ 【图形编辑器】菜单

【图形编辑器】菜单是场景之间用图形化方式来表达关系的菜单，包括【轨迹视图 - 曲线编辑器】【轨迹视图 - 摄影表】【新建图解视图】和【粒子视图】等命令。

■ 【渲染】菜单

【渲染】菜单主要用于设置渲染参数，包括【渲染】【环境】和【效果】等命令。

■ Givil View

Autodesk Civil View for 3ds Max 是一款供土木工程师和交通运输基础设施规划人员使用的可视化工具。在 Civil View 中，用户可以选择【初始化 Civil View】命令初始化 Civil View 工具。

■ 【自定义】菜单

【自定义】菜单主要用于更改界面系统设置。通过该菜单可以定制 3ds Max 用户界面，同时还可以对 3ds Max 系统进行设置。

■ Interactive 菜单

在 Interactive 中选择【获得 3ds Max Interactive】命令，可以在浏览器中打开最新版的 Autodesk 3ds Max Interactive 页面。

■ 【内容】菜单

在【内容】菜单中选择【启动 3ds Max 资源库】命令，可以在浏览器中打开 3ds Max 资源库页面。

下面通过一个案例介绍在 3ds Max 中执行菜单栏命令，更改工作界面颜色方案的方法。

【例 1-1】通过【自定义】菜单中的命令，更改 3ds Max 用户界面的颜色。▶视频

Step 01 启动 3ds Max 后，选择【自定义】|【自定义 UI 与默认设置切换器】命令。

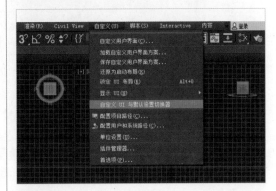

Step 02 在打开的对话框的【用户界面方案】列表框中选择 ame-light 选项，然后单击【设置】按钮。

Step 03 在打开的提示对话框中单击【确定】按钮后，3ds Max的界面将变为浅灰色。

1.3 主工具栏

3ds Max 2020 的主工具栏位于菜单栏的下方，由一系列图表按钮组成，如下图所示。

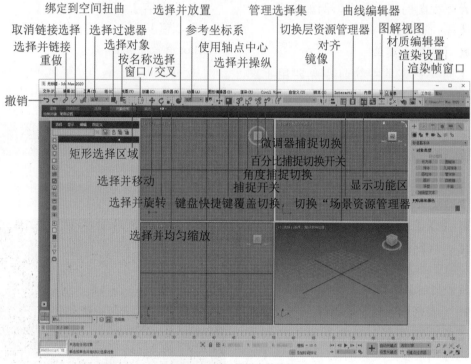

3ds Max 主工具栏上的按钮

仔细观察上图所示主工具栏上的按钮，可以发现有些按钮右下角有一个三角形图标，表示当前按钮包含多个相同类型的命令。长按此类按钮，将会显示相应的命令列表。

下面简单介绍主工具栏中常用的按钮。

▶【撤销】按钮 ↶：单击【撤销】按钮可以取消上一次操作。

▶【重做】按钮 ↷：单击【重做】按钮，可以取消上一次的【撤销】操作。

▶【选择并链接】按钮 ⬀：用于将两个或多个对象链接成父子层次关系。

▶【取消链接选择】按钮 ⬁：用于解除两个对象之间的父子层次关系。

▶【绑定到空间扭曲】按钮 ⬞：将当前

选中的对象附加到空间扭曲。

▶【选择过滤器】下拉按钮：单击该下拉按钮，可以通过弹出的下拉列表设置限制选择工具选择的对象类型。

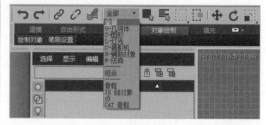

▶【选择对象】按钮 ▣：用于选择场景中的对象。

▶【按名称选择】按钮 ☰：单击该按钮可以打开下图所示的【从场景选择】对话框，通过对象名称来选择物体。

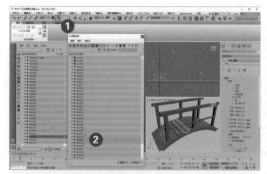

▶【矩形选择区域】按钮▢：单击该按钮可以在矩形区域内选择对象。长按该按钮，在弹出的下拉列表中还可以选择按不同形状的选择区域选择对象。

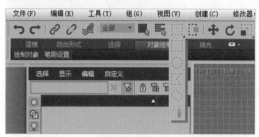

▶【窗口/交叉】按钮▢：单击该按钮，可以在【窗口】和【交叉】模式之间切换。

▶【选择并移动】按钮✛：单击该按钮可以选择并移动选中的对象。

▶【选择并旋转】按钮↻：单击该按钮可以选择并旋转选中的对象。

▶【选择并均匀缩放】按钮▣：单击该按钮可以选择并均匀缩放选中的对象。长按该按钮，在弹出的下拉列表中还可以选择【选择并非均匀缩放】按钮▣和【选择并挤压】按钮▣，前者可以选择并以非均匀的方式缩放选中的对象，后者可以选择并以挤压的方式缩放选中的对象。

▶【选择并放置】按钮▨：单击该按钮可以将对象准确地定位到另一个对象的表面上。长按该按钮，在弹出的下拉列表中还可以选择【选择并旋转】按钮▨，用于旋转选中的对象。

▶【参考坐标系】下拉按钮：单击该下拉按钮，在弹出的下拉列表中可以指定变换所用的坐标系，如右上图所示。

▶【使用轴点中心】按钮▨：单击该按钮，可以围绕对象各自的轴点旋转或缩放一个或多个对象。长按该按钮，在弹出的下拉列表中还可以选择【使用选择中心】按钮▨和【使用变换坐标中心】按钮▨，前者可以围绕选中对象共同的几何中心，进行旋转或缩放一个或多个对象，后者可以围绕当前坐标系中心旋转或缩放对象。

▶【选择并操纵】按钮✛：可以通过在视图中拖动下图所示的操纵器来编辑对象的控制参数。

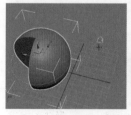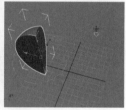

拖动操纵器调整球体的切片状态

▶【键盘快捷键覆盖切换】按钮▨：单击该按钮可以在"主用户界面"快捷键和组快捷键之间进行切换。

▶【捕捉开关】按钮▨：单击该按钮可以设置捕捉处于活动状态未知的 3D 空间的控制范围。

▶【角度捕捉开关】按钮▨：单击该按钮可以设置旋转操作时进行预设角度旋转。

▶【百分比捕捉切换开关】按钮%：单击该按钮可以按指定的百分比调整对象的缩放。

▶【微调器捕捉切换】按钮：用于切换设置 3ds Max 中微调器的一次单击时增加或减少的值。

▶【管理选择集】按钮：单击该按钮可以打开下图所示的【命名选择集】对话框。

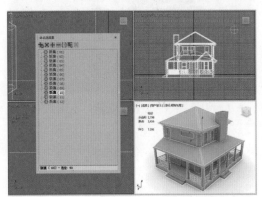

▶【镜像】按钮：单击该按钮可以打开【镜像】对话框，从而详细设置镜像场景中的物体。

▶【对齐】按钮：单击该按钮可以将选中的对象与目标选中的对象对齐。长按该按钮，在弹出的下拉列表中还可以选择【快速对齐】按钮、【法线对齐】按钮、【放置高光】按钮、【对齐摄影机】按钮和【对齐到视图】按钮，执行多种对齐操作。

▶【切换场景资源管理器】按钮：单击该按钮可以打开下图所示的【场景资源管理器 - 场景资源管理器】窗口。

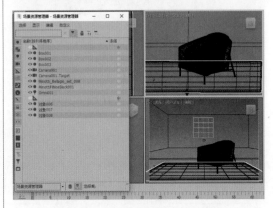

▶【切换层资源管理器】按钮：单击该按钮可以打开下图所示的【场景资源管理器 - 层资源管理器】窗口。

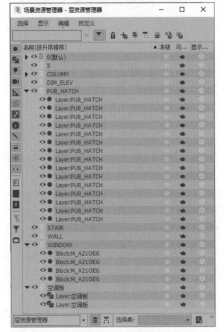

▶【显示功能区】按钮：单击该按钮可以显示或隐藏 3ds Max 功能区。

▶【曲线编辑器】按钮：单击该按钮可以打开下图所示的【轨迹视图 - 曲线编辑器】窗口。

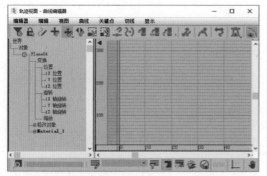

▶ 【图解视图】按钮 ⬇ ：单击该按钮可以打开下图所示的【图解视图】窗口。

▶ 【材质编辑器】按钮 ⬛ ：单击该按钮可以打开【材质编辑器】窗口。

▶ 【渲染设置】按钮 ⬛ ：单击该按钮可以打开【渲染设置】窗口。

▶ 【渲染帧窗口】按钮 ⬛ ：单击该按钮可以打开【渲染帧】窗口。

此外，在 3ds Max 菜单栏的空白处右击，从弹出的快捷菜单中用户可以选择显示软件默认状态未显示的其他工具栏。

这些工具栏中比较重要的几个工具栏在 3ds Max 中的功能说明如下。

1.3.1 【笔刷预设】工具栏

当用户对可编辑器多边形进行绘制变形时，可以显示下图所示的【笔刷预设】工具栏，用来设置笔刷的效果。

笔刷设置管理器

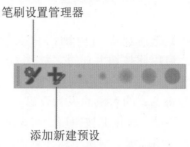

添加新建预设

▶ 【笔刷设置管理器】按钮 ⬛ ：单击该按钮可以打开【笔刷预设管理器】对话框，在该对话框中用户可以添加、复制、重命名、删除、保存或加载笔刷预设。

▶ 【添加新建预设】按钮 ➕ ：单击该按钮可以将当前笔刷设置为新预设添加到工具栏 (在第一次添加时系统会提示输入笔刷的名称)。在【添加新建预设】按钮后提供了默认的 5 种大小不同的笔刷。

1.3.2 【轴约束】工具栏

当用户使用移动工具时，可以通过下图所示【轴约束】工具栏中的按钮来设置需要进行操作的坐标轴。

变换 Gizmo Z 轴约束

变换 Gizmo X 轴约束　　变换 Gizmo XY 平面约束

$$X\ Y\ Z\ XY\ XY$$

变换 Gizmo Y 轴约束

在捕捉中启用轴约束切换

▶ 【变换 Gizmo X 轴约束】按钮 X ：限制操作到 X 轴。

▶ 【变换 Gizmo Y 轴约束】按钮 Y ：限

制操作到 Y 轴。

▶【变换 Gizmo Z 轴约束】按钮 Z：限制操作到 Z 轴。

▶【变换 Gizmo XY 平面约束】按钮 XY：激活该按钮可以限制操作到 XY 平面。长按该按钮，在弹出的下拉列表中选择 YZ 或 ZX 按钮可以限制操作到 YZ 和 ZX 平面。

▶【在捕捉中启用轴约束切换】按钮 XY：启用此按钮并通过"移动 Gizmo"或"轴约束"工具栏使用轴约束移动对象时，会将选定的对象约束为仅沿指定的轴或平面移动。禁用此按钮后，将忽略约束，并且可以将捕捉的对象平移任意距离。

1.3.3 【层】工具栏

在【层】工具栏中用户可以对当前场景中的对象进行设置层的操作，设置完成后，可以通过选择层名称来快速在场景中选择物体，如下图所示。

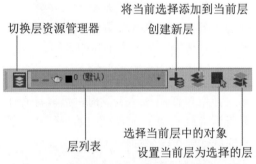

▶【切换层资源管理器】按钮：单击该按钮，将打开【场景资源管理器 - 层资源管理器】对话框。

▶【层列表】下拉按钮：单击该下拉按钮后，在弹出的下拉列表中显示层的名称和属性，选中其中的某个层名称，即可将该层设置为当前层。

▶【创建新层】按钮：单击该按钮将创建一个新层，该层包含当前选定的对象。

▶【将当前选择添加到当前层】按钮：单击该按钮可以将当前对象选择并移动至当前层。

▶【选择当前层中的对象】按钮：单击该按钮可以选中当前层中包含的所有对象。

▶【设置当前层为选择的层】按钮：单击该按钮可以将当前层更改为包含当前选中对象的层。

1.3.4 【状态集】工具栏

【状态集】工具栏提供对【状态集】功能的快速访问。

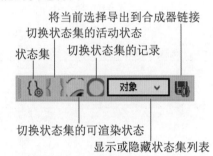

▶【状态集】按钮：单击该按钮可以打开下图所示的【状态集】面板。

▶【切换状态集的活动状态】按钮：激活该按钮可以更改状态集和所有嵌套中的状态的属性。

▶【切换状态集的可渲染状态】按钮：激活该按钮可以切换状态的渲染输出。

▶【切换状态集的记录】按钮：激活该按钮可以显示状态集的记录。

▶【显示或隐藏状态集列表】下拉按钮：单击该下拉按钮，在弹出的下拉列表中将显示与【状态集】面板相同的层次列表，通过该列表可以激活状态，也可以访问其他状态集的控件。

▶【将当前选择导出到合成器链接】按钮：单击该按钮可以指定使用 SOF 格式

的链接文件的路径和文件名。

1.3.5 【附加】工具栏

【附加】工具栏中包含多个用于处理 3ds Max 场景的工具，如下图所示。

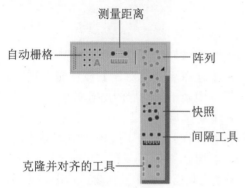

▶【自动栅格】按钮：单击该按钮可以开启自动栅格，开启自动窗格可以帮助用户在一个对象上创建另一个对象。

▶【测量距离】按钮：单击该按钮可以测量场景中两个对象之间的距离。

▶【阵列】按钮：单击该按钮将显示下图所示的【阵列】对话框，使用该对话框可以基于当前选中的对象创建对象阵列。长按【阵列】按钮，在弹出的下拉列表中可以选择【快照】按钮、【间隔工具】按钮和【克隆并对齐的工具】按钮。使用【快照】按钮可以随时间克隆设置过动画的对象；使用【间隔工具】按钮可以基于当前选择沿样条线或一对点定义的路径分布对象；使用【克隆并对齐的工具】按钮可以基于当前选择将源对象分布到目标对象的第二选择上。

1.3.6 【渲染快捷方式】工具栏

在【渲染快捷方式】工具栏中，用户可以设置渲染预设窗口，如下图所示。

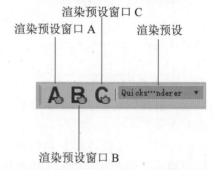

▶【渲染预设窗口 A】按钮、【渲染预设窗口 B】按钮和【渲染预设窗口 C】按钮：可以激活预设窗口 A、B、C(需要提前将预设指定给具体的按钮)。

▶【渲染预设】下拉按钮：单击该下拉按钮，在弹出的下拉列表中，用户可以从预设渲染参数集中选择、加载或保存渲染参数设置。

1.3.7 【捕捉】工具栏

【捕捉】工具栏主要用于在 3ds Max 中设置精准捕捉的方式。

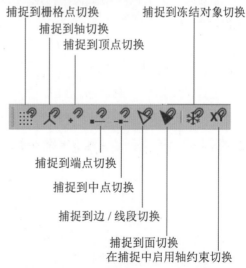

▶【捕捉到栅格点切换】按钮：激活该按钮将捕捉到栅格交点。在默认状态下，该捕捉类型处于启用状态。

▶【捕捉到轴切换】按钮：激活该按钮将允许捕捉到对象的轴。

▶【捕捉到顶点切换】按钮：激活该按钮将允许捕捉到对象的顶点。

▶【捕捉到端点切换】按钮：激活该按钮将允许捕捉到网格边的端点或样条线的顶点。

▶【捕捉到中点切换】按钮：激活该按钮将允许捕捉到网格边的中点和样条线分段的中点。

▶【捕捉到边/线段切换】按钮：激活该按钮将允许捕捉到沿着边（可见或不可见）或样条线分段的任何位置。

▶【捕捉到面切换】按钮：激活该按钮将允许在面的曲面上捕捉任何位置。

▶【捕捉到冻结对象切换】按钮：激活该按钮将允许捕捉到冻结的对象。

▶【在捕捉中启用轴约束切换】按钮：激活该按钮并通过【轴约束】工具栏使用轴约束移动对象时，会将选定的对象约束为仅沿指定的轴或平面移动。

1.3.8 【动画层】工具栏

【动画层】工具栏用于提供与动画层相关的命令，如下图所示。

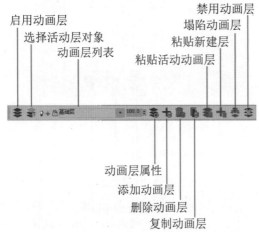

▶【启用动画层】按钮：单击该按钮可以打开【启用动画层】对话框设置启用动画层。

▶【选择活动层对象】按钮：用于选择场景中属于活动层的所有对象。

▶【动画层列表】下拉按钮：单击该下拉按钮，在弹出的下拉列表中将显示所有的动画层。

▶【动画层属性】按钮：单击该按钮，将打开【层属性】对话框，在该对话框中用户可以为层设置相关选项。

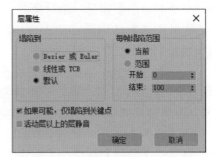

▶【添加动画层】按钮：单击该按钮将打开【创建新动画层】对话框，在该对话框中可以指定与新层相关的设置（执行此操作将为具有层控制器的各个轨迹添加新层）。

▶【删除动画层】按钮：单击该按钮将删除活动层以及活动层所包含的数据。

▶【复制动画层】按钮：用于复制活动层的数据，并激活【粘贴活动动画层】和【粘贴新建层】。

▶【粘贴活动动画层】按钮：用复制的数据覆盖活动层控制器类型和动画关

键点。

▶【粘贴新建层】按钮 ：使用复制的控制器类型和动画关键点创建新层。

▶【塌陷动画层】按钮 ：只要活动层尚未禁用，则可以将它塌陷至其下一层。如果活动层已禁用，则已塌陷的层将在整个列表中循环，直到找到可用层为止。

▶【禁用动画层】按钮 ：从所选对象移除层控制器。基础层上的动画关键点还原为原始控制器。

1.3.9 【容器】工具栏

【容器】工具栏用于提供处理容器的命令，如下图所示。

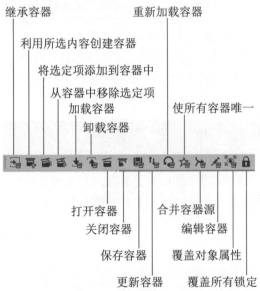

▶【继承容器】按钮 ：将磁盘上存储的源容器加载到场景中。

▶【利用所选内容创建容器】按钮 ：创建容器并将选定对象放入其中。

▶【将选定项添加到容器中】按钮 ：单击该按钮可以打开拾取列表，用户可以从中选择要向其添加场景中的选定对象的容器。

▶【从容器中移除选定项】按钮 ：将选定的对象从其所属容器中移除。

▶【加载容器】按钮 ：将容器定义加载到场景中并显示容器的内容。

▶【卸载容器】按钮 ：保存容器并将其内容从场景中移除。

▶【打开容器】按钮 ：单击该按钮可以使容器内容可编辑。

▶【关闭容器】按钮 ：将容器保存到磁盘并防止对其内容进行进一步编辑或添加操作。

▶【保存容器】按钮 ：单击该按钮可以保存对打开的容器所做的任何编辑。

▶【更新容器】按钮 ：单击该按钮可以从所选容器的 MAXC 源文件中重新加载其内容。

▶【重新加载容器】按钮 ：单击该按钮可以将本地容器重置到最新保存的版本。

▶【使所有容器唯一】按钮 ：单击该按钮可以选中【源定义】框中显示的容器，并将其与内部嵌套的任何容器转换为唯一容器。

▶【合并容器源】按钮 ：将最新保存的源容器版本加载到场景中，但不会打开任何可能嵌套在内部的容器。

▶【编辑容器】按钮 ：允许编辑来源于其他用户的容器。

▶【覆盖对象属性】按钮 ：忽略容器中各对象的显示设置，并改用容器辅助对象的显示设置。

▶【覆盖所有锁定】按钮 ：仅对本地容器"轨迹视图""层次"列表中的所有轨迹暂时禁用锁定。

除了 3ds Max 提供的内置工具栏以外，用户还可以在软件中创建自定义工具栏。下面将通过案例操作，介绍自定义工具栏的方法。通过自定义工具栏，用户可以快速找到自己需要的任意命令。

【例 1-2】在 3ds Max 2020 中创建一个自定义快速访问工具栏。▶视频

Step 01 在菜单栏中选择【自定义】|【自定义用户界面】命令，在打开的对话框中选择【工具栏】选项卡，然后单击【新建】按钮。

Step 02 打开【新建工具栏】对话框，在

【名称】文本框中输入"快速访问工具栏"，单击【确定】按钮。

至创建的自定义工具栏上，在其中添加命令按钮，然后单击【保存】按钮。

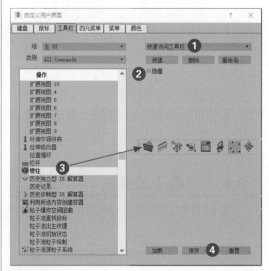

Step 03 单击对话框右上方的下拉按钮，从弹出的下拉列表中选择【快速访问工具栏】选项，取消【隐藏】复选框的选中状态。

Step 04 将【操作】列表框中的命令拖动

Step 05 打开【保存UI文件为】对话框，保存UI文件。此后，右击菜单栏，从弹出的快捷菜单中选择【快速访问工具栏】选项，将在3ds Max中显示自定义工具。

1.4 功能区

3ds Max 功能区位于主工具栏的下方，包含【建模】【自由形式】【选择】【对象绘制】和【填充】5 个选项卡。单击功能区右侧的【显示完整的功能区】按钮，可以向下展开功能区，显示各个选项卡 (再次单击【显示完整的功能区】按钮可以隐藏功能区)。

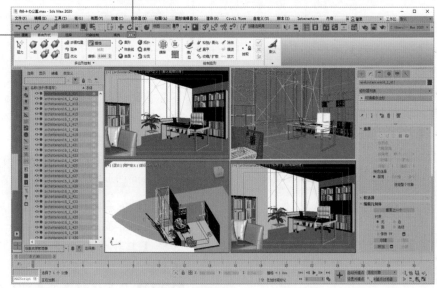

3ds Max 功能区

1.4.1 【建模】选项卡

在 3ds Max 功能区中选择【建模】选项卡后，可以看到与多边形建模相关的命令按钮，当未选择几何体时该命令区域呈灰色（不可选状态）显示，如下图所示。

当选中几何体时，单击【建模】选项卡中相应的按钮进入多边形的子层级后，该区域将显示相应子层级内的全部建模命令。例如，下图所示为多边形"顶点"层级内的命令按钮。

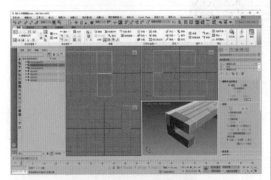

1.4.2 【自由形式】选项卡

在 3ds Max 功能区中选择【自由形式】选项卡后，其包括的命令按钮如下图所示（需要选中物体才能激活相应的命令）。

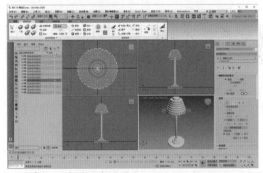

利用【自由形式】选项卡中的命令，用户可通过绘制的方式来修改几何形体的形态。

1.4.3 【选择】选项卡

在 3ds Max 功能区中选择【选择】选项卡后，其包括的命令按钮如下图所示（需要选择多边形物体并进入其子层级后才能激活命令按钮。

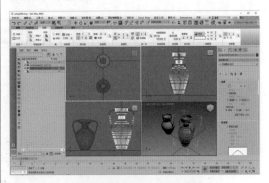

1.4.4 【对象绘制】选项卡

在 3ds Max 功能区中选择【对象绘制】选项卡后，其包括的命令按钮如下图所示。该选项卡中的命令按钮允许用户为鼠标设置一个模型，以绘制的方式在场景中或物体对象的表面进行复制绘制。

【例 1-3】利用【对象绘制】选项卡中的命令按钮绘制骰子模型。▶视频+素材
源文件：素材文件 \ 第 01 章 \ 例 1-3

Step 01 打开素材文件后，选中场景中下图所示的骰子模型。

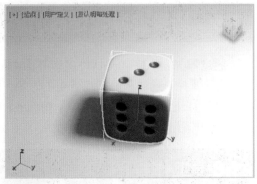

Step 02 选择【对象绘制】选项卡，在

【笔刷设置】命令组中设置Z值为180，使复制的骰子模型在水平方向上产生随机旋转效果。

Step 03 在【笔刷设置】命令组中设置【缩放】的类型为【随机】，并取消【轴锁定】按钮的选中状态，然后设置

X参数为80<100，Y参数为80<100，Z参数为80<100。

Step 04 在【绘制对象】命令组中选中【绘制选定对象】按钮，在工作视图中单击鼠标即可绘制出随机位置的骰子模型。

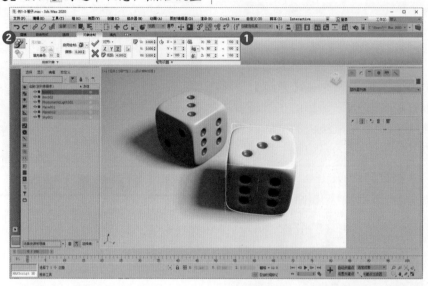

1.4.5 【填充】选项卡

在 3ds Max 功能区中选择【填充】选项卡后，其包括的命令按钮如右图所示。

执行【填充】选项卡中的命令，用户可以快速制作大量人群的走动和闲聊场景。在建筑物室外动画中，人物角色不仅可以添加活泼的生气，还可以作为需要表现建筑尺寸的重要参考依据。

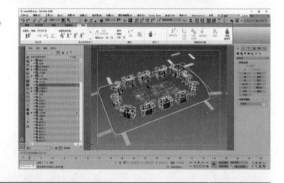

1.5 场景资源管理器

通过停靠在 3ds Max 软件工作界面左侧的【场景资源管理器】面板，用户可以方便地查看、排序、过滤和选择场景中的对象。通过单击【场景资源管理器】面板底部的【按层排序】按钮和【按层次排序】按钮（如下图所示），用户可以设置场景资源管理器在不同的排序模式之间的切换。

1.6 工作视图

在 3ds Max 的工作界面中，工作视图区域占据了软件大部分的界面空间。在默认状态下，工作视图为单一视图显示，包括顶视图、左视图、前视图和透视图 4 个视图，在

这些视图中用户可以对场景中的对象进行观察和编辑。

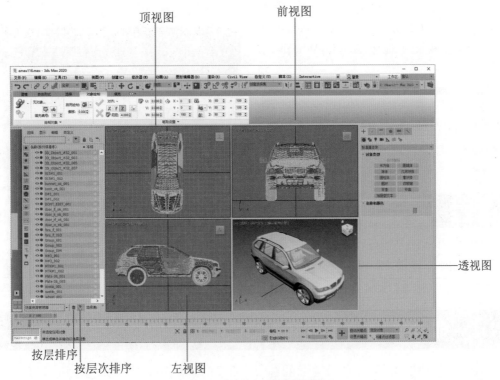

3ds Max 默认状态下的 4 个视图

在工作视图中，每个视图左上角都会以提示文本显示视图的名称以及模型的显示状态，右上角则有一个导航器 (ViewCube)。

下图所示为切换工作视图的视图区域显示模式菜单。通过该菜单用户可以切换操作视图，包括前、后、左、右、顶、底等。

单击视图左上角的提示文本，在弹出的下拉列表中，用户可以选择更改视图的显示状态。例如，下图所示为切换工作视图的显示样式菜单，包括【线框覆盖】【默认明暗处理】【粘土】【样式化】等命令。

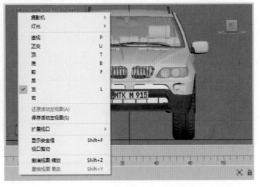

15

下图所示为设置工作视图的视口和视口元素菜单。在该菜单中选择 SteeringWheels|【切换 SteeringWheels】命令，可以在视图中显示 SteeringWheels 导航控件。

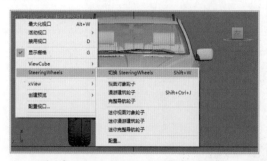

通过 SteeringWheels 导航控件，用户可以访问不同的 2D 和 3D 导航工具。SteeringWheels 导航控件可以分成多个称

为"楔形体"的部分，其轮状控制区域中的每个楔形体都代表一种导航工具。

知识点滴

3ds Max 中常用的几种视图都有其相对应的快捷键，例如，切换顶视图的快捷键是 T；切换前视图的快捷键是 F；切换左视图的快捷键是 L；切换透视图的快捷键是 P。此外，当选择一个视图时，用户可以按下快捷键 Win+Shift 切换至下一视图。

1.7　命令面板

命令面板位于 3ds Max 工作界面的右侧，由【创建】面板、【修改】面板、【层次】面板、【运动】面板、【显示】面板和【实用程序】面板组成。

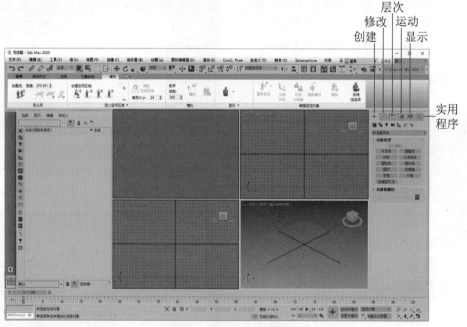

3ds Max 工作界面中的命令面板

1.7.1 【创建】面板

在上图所示的命令面板中选择【创建】

面板，用户可以利用该面板中提供的选项卡，创建几何体、图形、灯光、摄影机、辅助对象、

空间扭曲和系统等多种对象。

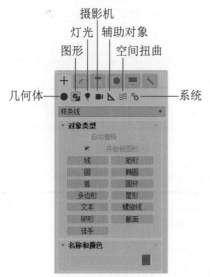

> 【几何体】选项卡 ●：在该选项卡中不仅可以创建长方体、圆锥体、球体、圆柱体等基本几何体，还可以创建一些现成的建筑模型，如门、窗、楼梯、栏杆等。

> 【图形】选项卡 ：主要用于创建样条线和 NURBS 曲线。

> 【灯光】选项卡 ：主要用于创建场景中的灯光。

> 【摄影机】选项卡 ：主要用于创建场景中的摄影机。

> 【辅助对象】选项卡 ：主要用于创建有助于场景制作的辅助对象。

> 【空间扭曲】选项卡 ：使用该选项卡中的命令按钮，可以在围绕其他对象的空间中产生各种不同的扭曲方式。

> 【系统】选项卡 ：可以将对象、控制器和层次对象组合在一起，提供与某种行为相关联的几何体，并包含模拟场景中的阳光及日照系统。

1.7.2 【修改】面板

【修改】面板主要用于调整场景对象的参数，用户也可以使用该面板中的修改器来调整对象的几何形体。

1.7.3 【层次】面板

在【层次】面板中，用户可以调整对象之间的层次链接关系。

> 【轴】选项卡：该选项卡中包含的参数主要用于调整对象和修改器的中心位置，以及定义对象之间的父子关系和反向运动学 IK 的关节位置。

> IK 选项卡：该选项卡中的参数主要用于设置动画的相关属性。

> 【链接信息】选项卡：该选项卡中的参数主要用于限制对象在特定轴中的变换关系。

1.7.4 【运动】面板

【运动】面板中的参数主要用于调整选定对象的运动属性。

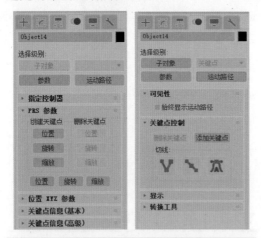

知识点滴

用户可以使用【运动】面板中的工具来调整关键点时间及其缓入和缓出。此外，【运动】面板还提供了【轨迹视图】的替代选项来指定动画控制器，如果指定的动画控制器具有参数，则在该面板中可以显示其他卷展栏；如果【路径约束】指定给对象的位置轨迹，则【路径参数】卷展栏将添加到【运动】面板中。

1.7.5 【显示】面板

在【显示】面板中，用户可以控制场景中对象的显示、隐藏、冻结等属性。

1.7.6 【实用程序】面板

【实用程序】面板包含很多工具程序，但在该面板中只显示其中部分命令按钮，要使用其他更多命令，用户可以通过单击【更多】按钮进行添加。

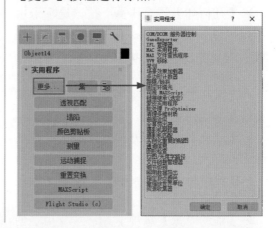

1.8 轨迹栏

轨迹栏位于 3ds Max 工作视图的下方，其上方为时间滑块。时间滑块用于显示不同时间段内场景中对象的动画状态（如下图所示）。在默认状态下，场景中的时间帧数为 100 帧，帧数值可以根据将来的动画制作需要随意更改。当用户单击并按住轨迹栏中的时间滑块时，可以在轨迹栏上以拖动的方式查看动画的设置，另外还可以很方便地对轨迹栏内的动画关键帧执行复制、移动及删除等操作。

1.9 状态栏

3ds Max 工作界面中的状态栏位于轨迹栏的下方，其下方包括一个提示行。状态栏不仅可以提供选定对象的数目、类型、变换值和栅格数目等信息，还可以基于当前光标位置和当前程序活动来提供动态反馈信息。

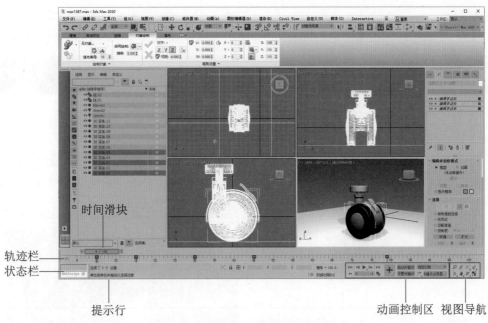

3ds Max 工作界面中的轨迹栏和状态栏

1.10 动画控制区

3ds Max 的动画控制区位于状态栏的右侧 (如上图所示)，主要用于控制动画的播放效果，包括关键点控制和时间控制等。

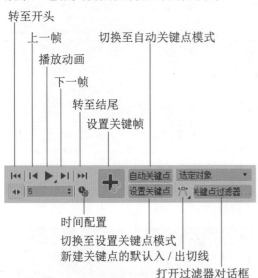

▶【设置关键帧】按钮➕、【切换至设置关键点模式】按钮设置关键点 和【切换自动关键点模式】按钮自动关键点：该区域可以设置动画的模式，包括自动关键点动画模式

与设置关键点动画模式两种模式。

▶【新建关键点的默认入 / 出切线】下拉按钮：用于设置新建动画关键点的默认内 / 外切线类型。

▶【打开过滤器对话框】按钮关键点过滤器：单击该按钮可以打开【设置关键点过滤器】对话框，在该对话框中用户可以设置所选物体的哪些属性可以设置关键帧。

▶【转至开头】按钮⏮：转至动画的初始位置。

▶【上一帧】按钮◀｜：单击该按钮将转至动画的上一帧。

▶【播放动画】按钮▶：用于播放动画，单击该按钮后，按钮状态将变成【停止播放动画】按钮⏸。

▶【下一帧】按钮▶｜：单击该按钮将转至动画的下一帧。

▶【转至结尾】按钮⏭：单击该按钮将

转至动画的结尾。

▶【时间配置】按钮🕐：单击该按钮将

打开【时间配置】对话框，在该对话框中用户可以设置当前场景内动画帧的参数。

1.11　视图导航

视图导航区域位于动画控制区的右侧，主要用于控制视图的显示和导航。使用视图导航中的按钮，用户可以平移、缩放或旋转活动视图。

所有视图最大化显示选定对象

最大化显示选定对象

缩放所有视图

缩放

缩放区域

平移视图

环绕子对象

最大化视口切换

▶【缩放】按钮🔍：用于控制视图的缩放，使用该按钮用户可以在透视图或正交视图中，通过按住鼠标左键拖动的方式来调整对象的显示比例。

▶【缩放区域】按钮▦：用于缩放按住鼠标左键绘制的矩形区域。

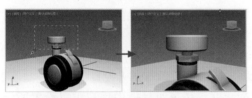

▶【缩放所有视图】按钮🔍：使用该工具可以通过按住鼠标左键拖动的方式，同时调整所有视图中对象的显示比例。

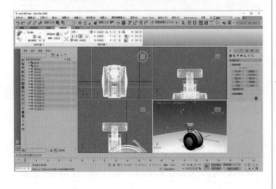

▶【最大化显示选定对象】按钮🔳：单击该按钮将最大化显示选定的对象。

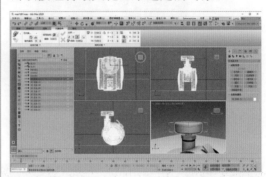

▶【所有视图最大化显示选定对象】按钮🔳：单击该按钮将在所有视图中最大化显示选定的对象。

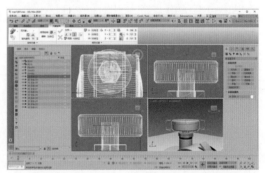

▶【平移视图】按钮✋：激活该按钮后，用户可以在视图中通过按住鼠标左键拖动平移视图。

▶【环绕子对象】按钮🔄：激活该按钮后，可以执行环绕视图操作。

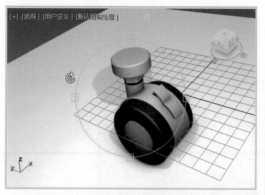

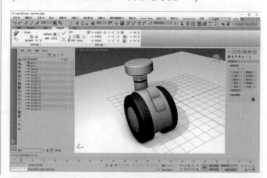

钮后，可以将当前选中的视口最大化显示（再次单击该按钮，将恢复视口）。

▶【最大化视口切换】按钮■：单击该按

1.12 案例演练

本章简单介绍了 3ds Max 2020 软件的工作界面。在了解了工作界面中各个区域的功能后，用户可以参考下面的案例进行操作，尝试使用 3ds Max 制作简单的模型，进一步巩固所学的知识。

【例1-4】使用 3ds Max 制作木桥模型。
▶视频+素材
源文件：素材文件\第 01 章\例 1-4

Step 01 启动 3ds Max 后，在菜单栏中选择【自定义】|【单位设置】命令，打开【单位设置】对话框，设置【公制】单位为【米】，然后单击【系统单位设置】按钮，打开【系统单位设置】对话框，设置【单位】为【米】，然后连续单击【确定】按钮。

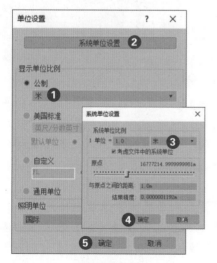

设置绘图单位

Step 02 在【创建】面板中选择【图形】

选项卡■，单击【弧】按钮，在前视图中创建弧，在命令面板的【参数】卷展栏中设置【半径】为 272m，【从】为 58，【到】为 122.2。

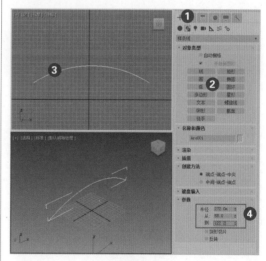

绘制弧

Step 03 在【创建】面板中选择【几何体】选项卡■，然后单击【长方体】按钮，在顶视图中通过按住鼠标左键拖动，创建一个长方体模型。

Step 04 在命令面板的【修改】卷展栏中设置长方体的【长度】为 125m，【宽度】

为15m，【高度】为6m。

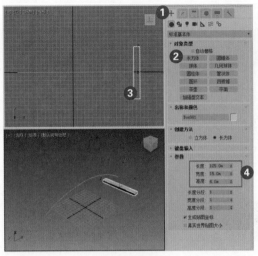

绘制长方体

Step 05 在场景中选中上一步绘制的长方体，在命令面板中选择【运动】面板 ，单击【参数】按钮，在【指定控制器】卷展栏中选中【位置：位置XYZ】选项，然后单击【指定控制器】按钮 ，在打开的对话框中选择【路径约束】选项，并单击【确定】按钮。

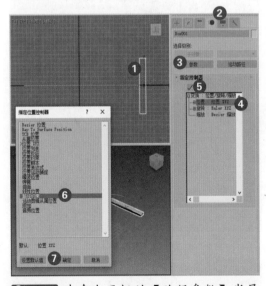

Step 06 在命令面板的【路径参数】卷展栏中单击【添加路径】按钮，在场景中拾取步骤02绘制的弧，然后在【路径选项】选项组中选中【跟随】复选框。

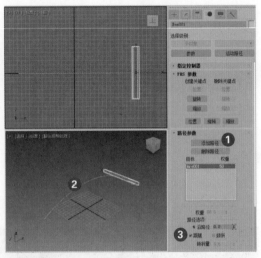

Step 07 再次单击【路径参数】卷展栏中的【添加路径】按钮，取消该按钮的激活状态。

Step 08 在菜单栏中选择【工具】|【快照】命令，打开【快照】对话框，选中【范围】单选按钮，设置【副本】为19，然后选中【克隆方法】选项组中的【实例】单选按钮，单击【确定】按钮。

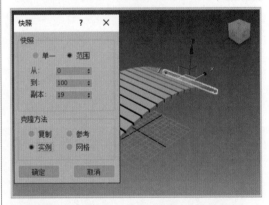

Step 09 在场景中选中步骤04创建的长方体对象，然后在命令面板中选择【修改】面板 ，单击【修改器列表】下拉按钮，在弹出的下拉列表中选择【UVW贴图】选项，添加"UVW贴图"修改器。

Step 10 在【参数】卷展栏中选中【长方体】单选按钮，在【对齐】选项组中选中Z单选按钮，然后单击【适配】按钮。

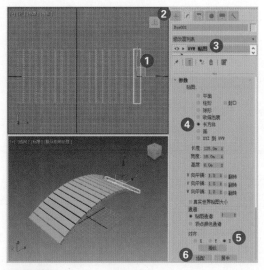

栏中将【轮廓】设置为12，并按下Enter键确认。

Step 11 选中场景中的弧对象，按下Ctrl+V快捷键，在弹出的【克隆选项】对话框中选中【复制】单选按钮，单击【确定】按钮。

Step 14 退出"样条线"选择集，单击【修改】面板中的【修改器列表】下拉按钮，在弹出的下拉列表中选择【挤出】选项，添加"挤出"修改器，然后在【参数】卷展栏中将【数量】设置为12m，按下Enter键确认。

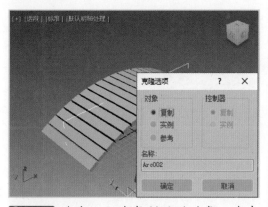

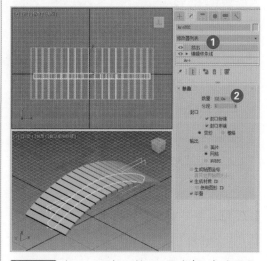

Step 12 选中上一步复制的弧对象，在命令面板中选择【修改】面板，然后单击【修改器列表】下拉按钮，在弹出的下拉列表中选择【编辑样条线】选项。

Step 15 按下W键，执行【选择并移动】命令，在顶视图中调整挤出对象的位置。

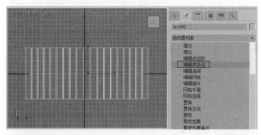

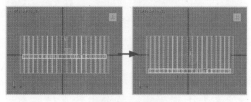

调整对象的位置

Step 13 在命令面板的【选择】卷展栏中单击【样条线】按钮，将当前选择集定义为"样条线"，然后在【几何体】卷展

Step 16 按住Shift键拖动对象，打开【克隆选项】对话框，选中【实例】单选按钮后，单击【确定】按钮，将对象复制一份。

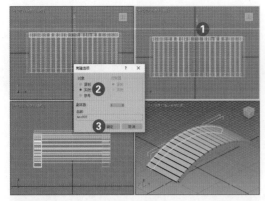

Step 17 选择【创建】面板，在【几何体】选项卡❶中单击【长方体】按钮，在前视图中创建一个长方体，并在【参数】卷展栏中设置【长度】为110m，【宽度】为12m，【高度】为8m。

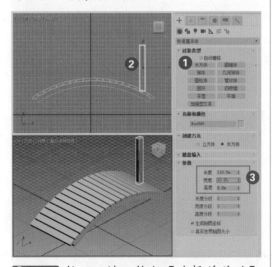

Step 18 按下W键，执行【选择并移动】命令，在视图中调整上一步绘制的长方体的位置。

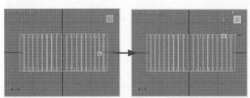

Step 19 选择【修改】面板，单击【修改器列表】下拉按钮，从弹出的下拉列表中选择【UVW贴图】选项，添加"UVW贴图"修改器，在【参数】卷展栏中选中【长方体】单选按钮。

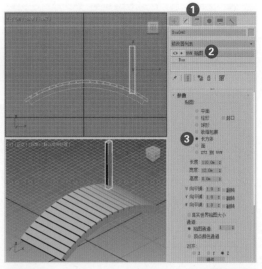

Step 20 按下W键，执行【选择并移动】命令，按住Shift键拖动场景中的长方体对象，打开【克隆选项】对话框，选中【复制】单选按钮，在【副本数】微调框中输入2，然后单击【确定】按钮。

Step 21 选中下图所示的长方体，在【参数】卷展栏中设置【长度】为90m。

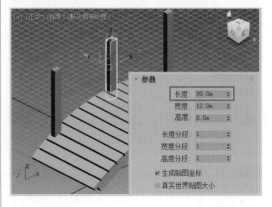

Step 22 在【修改】面板的修改器列表中选择【UVW贴图】修改器，然后在【参数】卷展栏中单击【适配】按钮。

Step 23 选择【创建】面板，在【几何体】选项卡 中单击【长方体】按钮，在前视图中创建一个长方体，在【参数】卷展栏中设置【长度】为10m，【宽度】为270m、【高度】为10m。

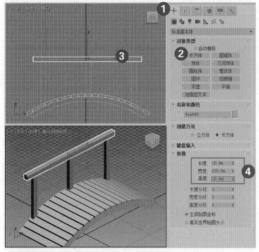

Step 24 使用同样的方法，再绘制一个长方体，在【参数】卷展栏中设置其【长度】为5m，【宽度】为270m，【高度】为5m。

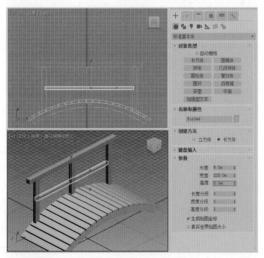

Step 25 在场景中按住Ctrl键选中上面绘制的几个长方体，单击主工具栏中的【镜像】按钮 ，打开【镜像：世界坐标】对

话框，将【镜像轴】设置为Y，【克隆当前选择】设置为【复制】，【偏移】设置为-112m，然后单击【确定】按钮。

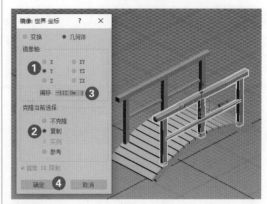

Step 26 按下Ctrl+A快捷键选中场景中所有的对象，按下M键，打开【材质编辑器】对话框，选择一个材质球，在【Blinn基本参数】卷展栏中将【高光级别】设置为22，【光泽度】设置为38。

Step 27 展开【贴图】卷展栏，单击【漫反射颜色】选项右侧的【无贴图】按钮。

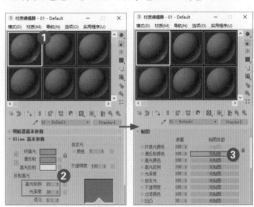

Step 28 打开【材质/贴图浏览器】对话框，选择【贴图】中的选项，单击【确定】按钮。

Step 29 打开【选择位图图像文件】对话框，选中一个图像文件，单击【打开】按钮，添加位图贴图。

Step 30 返回【材质编辑器】对话框，将材质球拖动至场景中选中的对象上，打开【指定材质】对话框，选中【指定给选择集】单选按钮，然后单击【确定】按钮。

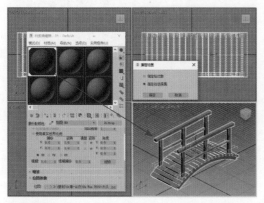

Step 31 选择【创建】面板，在【几何体】选项卡◉中单击【平面】按钮，在顶视图中绘制一个【长度】和【宽度】均为2000m的平面。

Step 32 在菜单栏中选择【创建】|【摄影机】|【目标摄影机】命令，在顶视图中创建一台摄影机。

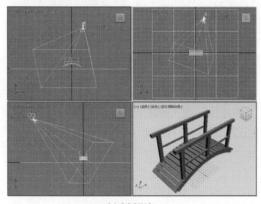

创建摄影机

Step 33 激活透视图，然后按下C键将其转换为【摄影机】视图，按下W键，执行【选择并移动】命令，在视图中调整摄影机的位置。

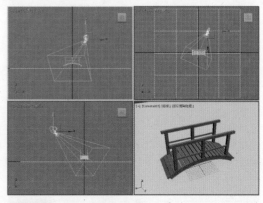

Step 34 按下F9键渲染场景，效果如下图所示。

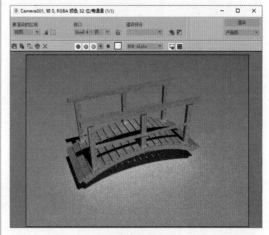

渲染场景

第 2 章

3ds Max 基本操作

本章导读

　　文件和对象操作是 3ds Max 最基本的操作，初学者想要学习创作专业的三维模型作品，首先要熟练掌握这些基本操作。本章将通过案例，结合第 1 章所介绍的界面知识，详细讲解 3ds Max 的基本操作。

视频教学

2.1 文件的基本操作

"文件"在计算机术语里的含义可以解释为计算机中按一定方式存储和读/写的数据格式。用户使用 3ds Max 设计或修改的场景内容都必须以文件的形式存储起来，而创作三维作品之前也必须先打开已有文件或空白文件才能进行操作。

2.1.1 打开文件

用户可以通过以下几种方法打开 3ds Max 场景文件。

▶ 直接找到文件并双击。

▶ 在 3ds Max 中选择【文件】|【打开】命令，打开【打开文件】对话框，选中文件，然后单击【打开】按钮。

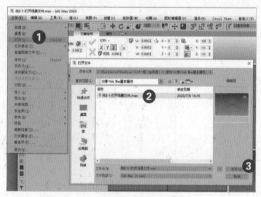

▶ 在 3ds Max 工作界面中按下 Ctrl+O 快捷键打开【打开文件】对话框，选中文件并单击【打开】按钮。

▶ 选中文件后，将其拖动至 3ds Max 工作视图区域中。

2.1.2 保存文件

在 3ds Max 中创建模型后，可以采用以下两种方法保存文件。

▶ 在 3ds Max 菜单栏中选择【文件】|【保存】命令（或【另存为】命令），打开【文件另存为】对话框，设置文件的保存路径和名称，然后单击【保存】按钮。

保存增量文件

▶ 按下 Ctrl+S 快捷键打开【文件另存为】对话框，设置文件的保存路径和名称，然后单击【保存】按钮。

2.1.3 保存增量文件

3ds Max 提供一种叫作"保存增量文件"的存储模式，即以在当前文件的名称后添加数字后缀的方法不断对工作中的文件进行存储。

执行"保存增量文件"操作的方法主要有以下两种。

▶ 在菜单栏中选择【文件】|【保存副本为】命令，打开【将文件另存为副本】对话框，设置文件的保存路径后单击【保存】按钮。

▶ 在菜单栏中选择【文件】|【另存为】

命令 (或按下 Ctrl+S 快捷键)，打开【文件另存为】对话框，单击【文件名】文本框右侧的 + 按钮。

2.1.4 保存选定对象

3ds Max 的"保存选定对象"功能允许用户将一个复杂场景中的某个或某几个模型单独保存。

【例 2-1】单独保存场景中汽车模型的轮胎。
▶视频+素材
源文件：素材文件 \ 第 02 章 \ 例 2-1

Step 01 启动 3ds Max 2020 后按下 Ctrl+O 快捷键打开汽车模型文件，然后在工作视图中选中需要单独保存的汽车轮胎对象。

Step 02 在菜单栏中选择【文件】|【保存选定对象】命令。

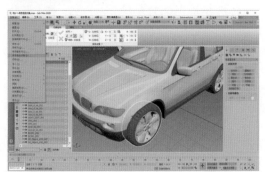

Step 03 打开【文件另存为】对话框，设置文件的保存路径和名称后，单击【保存】按钮即可。

2.1.5 保存渲染图像

在 3ds Max 中制作一个场景后需要对场景进行渲染，在渲染完成后可以参考以下方法保存渲染后的图像。

【例 2-2】保存渲染后的场景图像。▶视频+素材
源文件：素材文件 \ 第 02 章 \ 例 2-2

Step 01 单击 3ds Max 主工具栏中的【渲染产品】按钮 (或按下 F9 键)渲染场景，在打开的对话框中单击【保存图像】按钮 。

Step 02 打开【保存图像】对话框，在【文件名】文本框中输入图像名称，单击【保存类型】下拉按钮，从弹出的下拉列表中选择要保存的文件格式，然后单击【保存】按钮。

2.1.6 归档文件

使用 3ds Max 的【归档】命令可以将当前文件、文件中所使用的贴图文件及其路径名称进行整理并保存为一个 ZIP 压缩文件。

【例 2-3】归档场景文件。▶视频+素材
源文件：素材文件 \ 第 02 章 \ 例 2-3

Step 01 打开素材文件后，在菜单栏中选择【文件】|【归档】命令。

Step 02 打开【文件归档】对话框，设置文件的保存路径后单击【保存】按钮即可。

2.1.7　重置文件

在 3ds Max 菜单栏中选择【文件】|【重置】命令，在弹出的提示框中单击【是】

按钮，可以快速将场景还原到默认状态（包括用户自定义的界面设置、窗口大小、颜色等）。

2.1.8　自动备份

3ds Max 在默认状态下提供了"自动备份"功能，其备份文件的时间间隔为 5分钟，存储的文件为 3 份。当软件因意外原因而退出时，用户可以通过自动备份的文件恢复操作。

自动备份文件通常位于"软件安装路径"\3ds Max 2020\autoback 文件夹内。

2.2　对象的基本操作

在 3ds Max 中，对模型对象的基本操作是三维效果表现的基础。

2.2.1　认识对象

在学习模型对象的基本操作之前，需要先了解对象的概念和基本属性。3ds Max软件具有面向对象的特性，其所有工具、命令都作用于对象。

1. 对象的概念

在 3ds Max 中通过【创建】面板中的命令按钮在视图中创建的物体称为对象，对象可以是三维模型、二维图形或者灯光等。每个对象都有其自身特点和相关的参数，用户通过调整参数可以创建同一对象的不同形态和效果。

2. 对象的基本属性

3ds Max 中创建的每个对象除了具有自己特定的属性以外，还具有与视图显示、渲染环境、材质贴图等相关的属性。在场景中选中某个对象后，在菜单栏中选择【编辑】|【对象属性】命令，可以打开【对象属性】对话框，该对话框包括【常规】【高级照明】和【用户定义】3 个选项卡。

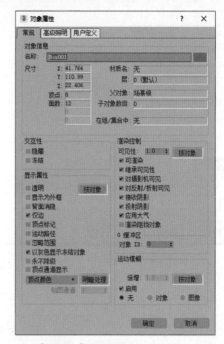

■ 【常规】选项卡

上图所示的【常规】选项卡包括【对象信息】【交互性】【显示属性】【渲染控制】和【G 缓冲区】等几个选项组。

▶ 【对象信息】选项组：用于显示对象的名称、颜色、位置、面数、材质名称等信息。

▶【交互性】选项组：其中的【隐藏】复选框用于隐藏当前选定的对象；【冻结】复选框用于冻结当前选定的对象。

▶【显示属性】选项组：用于设置对象的显示属性，例如选中【透明】复选框，可以使当前选定的对象透明显示（不会对其最终渲染产生影响）；选中【显示为外框】复选框，会将当前选定的对象显示为长方体，从而降低场景显示的复杂程度，加快视图刷新的速度；选中【顶点标记】复选框，可以在对象的表面显示节点的标记；选中【运动路径】复选框，可以显示对象的运动轨迹。

▶【渲染控制】选项组：用于设置对象是否参与渲染、接收或投射阴影、是否使用大气效果等。

▶【G 缓冲区】选项组：用于指定当前选定对象 G 缓冲通道的号码，具有 G 缓冲通道的对象，可以被指定渲染合成效果。

■ 【高级照明】选项卡

【高级照明】选项卡中的选项用于设置对象的高级照明属性。

■ 【用户定义】选项卡

在【用户定义】选项卡中，允许用户输入自定义对象属性或对属性进行注释。

2.2.2　导入外部文件

在 3ds Max 效果图的制作中，经常需要将外部文件（如 .3ds 和 .obj 文件）导入场景中进行操作。

【例 2-4】练习在场景中导入外部文件。

▶视频+素材

源文件：素材文件 \ 第 02 章 \ 例 2-4

Step 01 选择菜单栏中的【文件】|【导入】|【导入】命令。

Step 02 打开【选择要导入的文件】对话框，选中一个外部文件后，单击【打开】按钮。

Step 03 在打开的提示对话框中单击【确定】按钮，即可在场景中导入下图所示的外部文件。

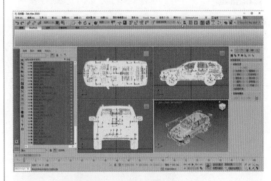

2.2.3　导出场景对象

在 3ds Max 中导入或创建完一个场景后，可以将场景中的所有对象导出为其他格式的文件，也可以将选定的对象导出为其他格式的文件。

【例 2-5】练习将 3ds Max 场景中选定的对象导出为其他格式（如 .obj）文件。▶视频+素材

源文件：素材文件 \ 第 02 章 \ 例 2-5

Step 01 选中场景中的对象后，选择【文件】|【导出】|【导出选定对象】命令。

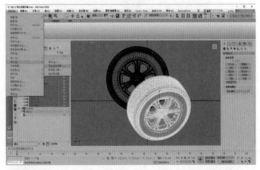

Step 02 打开【选择要导出的文件】对话

框，设置对象文件的导出路径、文件名和格式(如.obj)，然后单击【保存】按钮即可。

2.2.4　合并场景文件

合并场景文件就是将外部的文件合并到当前场景中，在合并的过程中用户可以根据需要选择合并的几何体、图形、灯光和摄影机等。

【例 2-6】在 3ds Max 中合并场景文件。
▶ 视频+素材
源文件：素材文件 \ 第 02 章 \ 例 2-6

Step 01 参考例2-4介绍的方法，在场景中导入下图所示的外部文件，然后选择【文件】|【导入】|【合并】命令。

Step 02 打开【合并文件】对话框，选中另一个外部文件，单击【打开】按钮，在弹出的提示对话框中单击【确定】按钮。合并后的场景效果如下图所示。

2.2.5　加载图像背景

在使用 3ds Max 建模时经常需要使用贴图文件来辅助用户进行操作。例如，为模型加载图像背景。

【例 2-7】练习在场景中加载图像背景。
▶ 视频+素材
源文件：素材文件 \ 第 02 章 \ 例 2-7

Step 01 在菜单栏中选择【视图】|【视口背景】|【配置视口背景】命令。

Step 02 打开【视口配置】对话框，选中【使用文件】单选按钮，然后单击【文件】按钮。

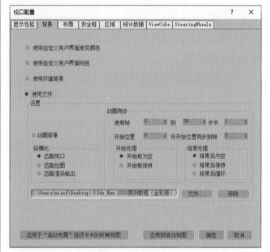

Step 03 在打开的对话框中选择图像文件并单击【打开】按钮，返回【视口配置】对话框，单击【确定】按钮，即可为场景设置下图所示的图像背景。

2.2.6 选择对象

在很多情况下，在 3ds Max 对象上执行某个命令或者操作场景中的对象之前，首先需要选中这些对象。因此"选择"操作是建模和设置动画的基础。

1. 使用【选择对象】工具

在 3ds Max 主工具栏中，【选择对象】工具是软件提供的重要工具之一。使用该工具，用户可以在复杂的场景中选择单一或多个对象。当用户想要在场景中选择一个对象并且又不想移动它时，使用【选择对象】工具是最佳选择。

【例 2-8】练习在 3ds Max 中使用【选择对象】工具选择场景中的对象。●视频+素材
源文件：素材文件\第 02 章\例 2-8

Step 01 在场景中打开素材文件后，单击3ds Max主工具栏中的【选择对象】按钮。

Step 02 此时，用户可以在场景中通过单击鼠标选中任意对象。

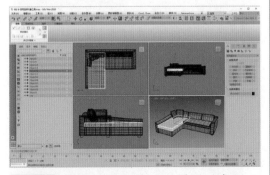

Step 03 将鼠标指针移动至模型对象上，模型对象会显示黄色高亮显示的边缘，同时软件会提示该对象的名称。

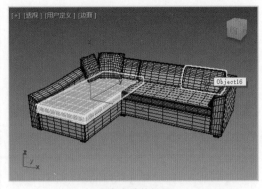

对象名称的提示

2. 区域选择对象

3ds Max 软件提供了多种区域选择对象的方式，可以帮助用户方便、快速地选择某一个区域内的所有对象。

【例 2-9】练习在 3ds Max 中使用【区域选择】工具选择场景中一个区域内的所有对象。●视频+素材
源文件：素材文件\第 02 章\例 2-9

Step 01 打开素材文件后，用户可以在场景中通过按住鼠标左键拖动选择一个区域中的对象(如下图所示)。一般情况下，主工具栏中默认激活【矩形选择区域】按钮。

按住鼠标左键拖动选中区域对象

Step 02 在主工具栏中长按【矩形选择区域】按钮，从弹出的下拉列表中用户可以选择多种区域选择方式。

其中各个按钮的说明如下。

▶ 【矩形选择区域】按钮：用于选择

矩形区域。

▶【圆形选择区域】按钮 ：用于选择圆形区域。

▶【围栏选择区域】按钮 ：选择该按钮后，通过交替使用鼠标移动和单击操作，可以画出一个不规则的选择区域。

▶【套索选择区域】按钮 ：用于创建一个不规则的区域。

▶【绘制选择区域】按钮 ：选择该按钮后，在对象或子对象之上拖动鼠标，可以将其纳入选择范围之内。

Step 03 选择【绘制选择区域】按钮 ，在绘图区中按住鼠标拖动，鼠标经过的对象将被选中。

选中鼠标经过的对象

3. 使用窗口与交叉模式

3ds Max 在选择多个物体对象时，提供了"窗口"与"交叉"两种模式进行选择。默认状态下为"交叉"模式，在使用【选择对象】按钮 绘制选框选择对象时，选框内的所有对象，以及与所绘制的选框边界相交的任何对象都将被选中。

【例 2-10】练习在 3ds Max 中使用【窗口\交叉】工具选择场景中的对象。 ▶视频+素材

源文件：素材文件\第 02 章\例 2-10

Step 01 打开素材文件后，默认状态下 3ds Max 主工具栏中的【窗口/交叉】按钮为 状态（"交叉"模式）。此时，在视图中通过单击并拖动方式选择对象，只需框选住对象的一部分，即可将对象选中。

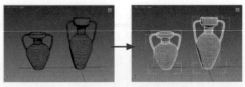

"交叉"模式选择对象

Step 02 在主工具栏中单击【窗口/交叉】按钮，将其状态切换为 （激活"窗口"模式）。

Step 03 再次在视图中通过单击并拖动鼠标的方式来选择对象，此时只能选中完全在选择区域内的对象。

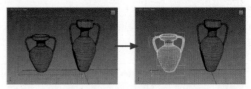

"窗口"模式选择对象

4. 按名称选择

在 3ds Max 中，用户可以通过执行【按名称选择】命令打开【从场景选择】对话框，使用户无须单击视图便可以按对象名称来选择对象。

【例 2-11】在 3ds Max 中按名称选择对象。
▶视频+素材

源文件：素材文件\第 02 章\例 2-11

Step 01 单击主工具栏中的【按名称选择】按钮 ，在打开的【从场景选择】对话框中通过单击对象名称来选择对象。

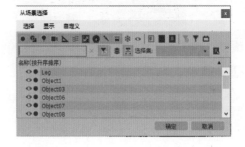

━━━━ 知识点滴 ━━━━

在默认状态下，当场景中有隐藏的对象时，【从场景选择】对话框中不会出现对象的名字，但是可以从【场景资源管理器】中查看被隐藏的对象。在 3ds Max 中更加方便的按名称选择对象的方式为直接在【场景资源管理器】中选择对象的名称。

Step 02 在【从场景选择】对话框的文本中输入所要查找的名称，然后单击【确定】按钮。

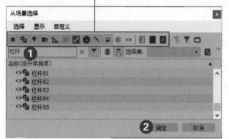

显示对象类型栏

Step 03 此时，会在场景中将所有与输入字符相同名称的对象选中。

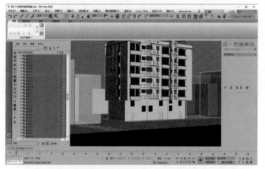

在【从场景选择】对话框的显示对象类型栏中，用户还可以通过单击相应的图标隐藏指定的对象类型。其中各图标的功能说明如下。

▶ 【显示几何体】图标●：显示场景中的几何体对象名称。

▶ 【显示图形】图标：显示场景中的图形对象名称。

▶ 【显示灯光】图标：显示场景中的灯光对象名称。

▶ 【显示摄影机】图标■：显示场景中的摄影机对象名称。

▶ 【显示辅助对象】图标：显示场景中的辅助对象名称。

▶ 【显示空间扭曲】图标：显示场景中的空间扭曲对象名称。

▶ 【显示组】图标：显示场景中的组名称。

▶ 【显示对象外部参考】图标：显示场景中的对象外部参考名称。

▶ 【显示骨骼】图标：显示场景中的骨骼对象名称。

▶ 【显示容器】图标：显示场景中的容器名称。

▶ 【显示冻结对象】图标：显示场景中被冻结的对象名称。

▶ 【显示隐藏对象】图标：显示场景中被隐藏的对象名称。

▶ 【显示所有】图标：显示场景中所有对象的名称。

▶ 【不显示】图标■：不显示场景中的对象名称。

▶ 【反转显示】图标：显示当前场景中未显示的对象名称。

5. 选择集

3ds Max 可以为当前选中的多个对象设置集合，随后可以通过从列表中选择其名称来重新选择这些对象。

【例 2-12】 在 3ds Max 中为多个对象设置集合。◐ 视频+素材

源文件：素材文件\第 02 章\例 2-12

Step 01 单击主工具栏中的【编辑命名选择集】按钮，打开【命名选择集】对话框。

Step 02 选择场景中的物体，单击【命名选择集】对话框中的【创建新集】按钮，输入名称即可完成集合的创建。

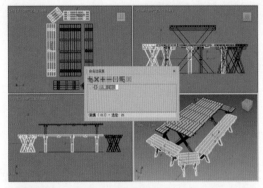

Step 03 在场景中选择其他物体，单击【命名选择集】对话框中的【添加选定对象】按钮，可以为当前集添加新的物体。

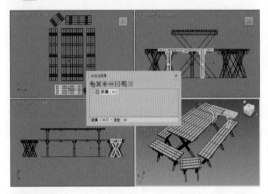

Step 04 展开创建的集，在物体列表中选中一个物体，单击【减去选定对象】按钮，可以将集合中的物体排除在当前集之外。

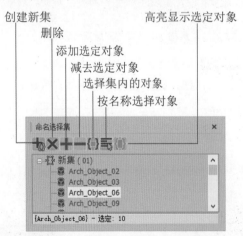

Step 05 在【命名选择集】对话框中选中

集名称后，单击【选择集内的对象】按钮，可以选中集合中所包含的所有物体。

【命名选择集】对话框中按钮的功能说明如下。

▶ 【创建新集】按钮：创建新的集。

▶ 【删除】按钮：删除选中的集。

▶ 【添加选定对象】按钮：选中对象后单击该按钮可以在集中添加选定的对象。

▶ 【减去选定对象】按钮：可以在集中减去选定的对象。

▶ 【选择集内的对象】按钮：选择集中的对象。

▶ 【按名称选择对象】按钮：打开【选择】对象对话框，根据名称来选择对象。

▶ 【高亮显示选定对象】按钮：高亮显示出选择的对象。

6. 组合对象

在制作项目时，如果场景中对象数量过多，选择起来将会非常困难。此时，用户可以通过在菜单栏中选择【组】|【组】命令将一系列同类的模型或者有关联的模型组合在一起。将对象成组后，可以视其为单个的对象，通过在视图中单击组中的任意一个对象来选择整个组，这样就大大方便了之后的操作。

【例 2-13】练习使用 3ds Max 菜单栏【组】中的命令组合对象。▶视频+素材

源文件：素材文件\第 02 章\例 2-13

Step 01 打开素材文件后，按住Shift键选中场景中的多个对象。

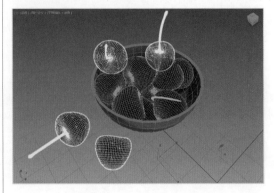

Step 02 在菜单栏中选择【组】|【组】命令，打开【组】对话框，输入组名称后单击【确定】按钮，即可将选中的对象组合在一起。

在上图所示的【组】菜单中主要命令的说明如下。

▶【组】命令：将对象或组的选择集组合为一个组。

▶【打开】命令：可以暂时对组进行解锁，并访问组内的对象。

▶【解组】命令：将当前分组分离为其组建对象(或组)。

▶【分离】命令：可以从对象的组中分离选定的对象。

▶【附加】命令：可以使选定对象成为现有组的一部分。

7. 选择类似对象

在 3ds Max 中右击某个对象，从弹出的快捷菜单中选择【选择类似对象】命令，用户可以快速选择场景中复制或使用同一命令创建的多个物体。

【例 2-14】在 3ds Max 中练习使用【选择类似对象】命令。 ▶视频+素材

源文件：素材文件\第 02 章\例 2-14

Step 01 在 3ds Max 中打开一个模型文件，然后选中场景中的任意一个对象。

Step 02 右击鼠标，从弹出的快捷菜单中选择【选择类似对象】命令。

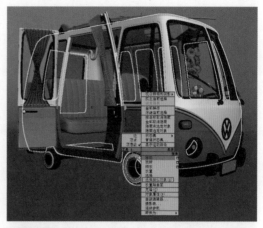

Step 03 此时，场景中所有使用统一命令创建的对象将被快速一并选中，同时状态栏中将提示用户当前选中的对象数量。

选中场景中类似的对象

2.2.7 变换操作

3ds Max 提供了多个用于对场景中对象进行变换操作的按钮，下面将详细进行介绍。

1. 变换操作切换

3ds Max 提供了多种变换操作的切换方式，具体如下。

▶通过单击主工具栏中对应的按钮(例如【选择并移动】按钮✤、【选择并旋转】按钮Ↄ等)直接切换变换操作。

▶右击场景中的对象，在弹出的快捷菜单中选择【移动】【旋转】【缩放】或【放置】命令，切换变换操作。

▶ 使用 3ds Max 提供的快捷键切换变换操作，例如【选择并移动】工具的快捷键为 W；【选择并旋转】工具的快捷键为 E；【选择并缩放】工具的快捷键为 R、【选择并放置】工具的快捷键为 Y。

2. 更改变换命令的控制柄

在 3ds Max 中使用不同的变换操作，其变换命令的控制柄显示也有明显的区别，如下图所示分别为变换命令【移动】【旋转】【缩放】和【放置】状态时控制柄的显示状态。

移动

旋转

缩放

放置

当用户对场景中的对象执行变换操作时，可以使用快捷键"+"来放大变换命令控制柄的显示状态；也可以使用快捷键"—"来缩小变换命令控制柄的显示状态。

放大与缩小控制柄

【例2-15】在 3ds Max 中练习使用变换操作，制作一组铁丝网模型。▶视频+素材
源文件：素材文件\第 02 章\例 2-15

Step 01 打开素材文件后，按下Ctrl+A快捷键选中场景中的铁丝网模型，右击鼠标，从弹出的快捷菜单中选择【缩放】命令。

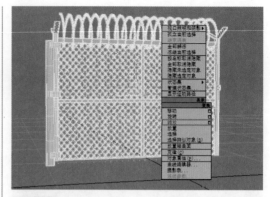

Step 02 按住鼠标左键在场景中拖动，将"铁丝网"模型缩小。

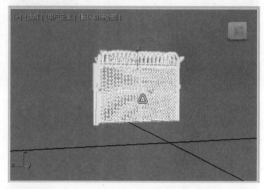

Step 03 再次右击选中的模型对象，从弹出的快捷菜单中选择【移动】命令，然后按住鼠标左键拖动，移动模型在场景中的位置。

Step 04 按住Shift键的同时，移动"铁丝网"模型，释放鼠标后，将弹出【克隆选项】对话框，在该对话框的【副本数】文本框中输入2，然后单击【确定】按钮。

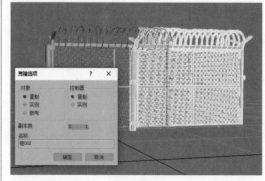

Step 05 此时，将在场景中复制出下图所示的两个新的"铁丝网"模型。

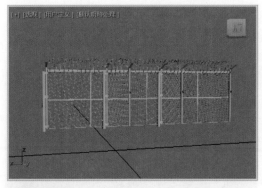

Step 06 最后，再次执行【移动】命令，在各个视口中调整场景中模型的位置。

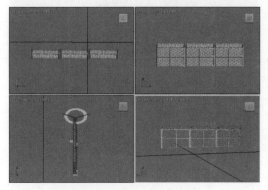

3. 精确变换操作

在 3ds Max 中通过变换控制柄可以方便地对场景中的物体执行变换操作，但是在精确度上不是很准确。要解决这个问题，用户可以使用软件提供的精确控制变换操作命令(例如数值输入、对象捕捉等)，来精确地完成模型项目的制作。

■ **输入数值**

在 3ds Max 中，用户可以通过输入数值的方式对场景中的物体进行变换操作。

【例 2-16】在 3ds Max 中通过输入数值调整场景中物体的位置。▶视频+素材
源文件：素材文件 \ 第 02 章 \ 例 2-16

Step 01 在【创建】面板中单击【长方体】按钮，在场景中创建一个长方体模型，然后按下 W 键执行【选择并移动】命令。

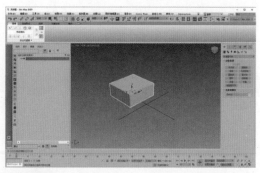

Step 02 此时，在状态栏中用户可以观察到长方体模型位于场景中的坐标位置。通过更改状态栏中的坐标值，即可精确移动当前选中对象的位置。

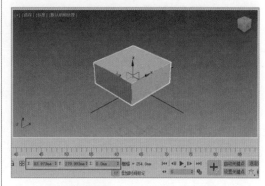

■ **对象捕捉**

使用 3ds Max 主工具栏中的【捕捉】按钮，用户可以精确地创建、移动、旋转和缩放对象。

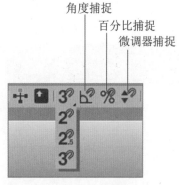

角度捕捉
百分比捕捉
微调器捕捉

▶【2D 捕捉】按钮 ：以 "2D 捕捉"的方式在创建或变换对象期间捕捉现有几何体的特定部分。

▶【2.5D 捕捉】按钮 ：以 "2.5D 捕捉"

的方式在创建或变换对象期间捕捉现有几何体的特定部分。

▶【3D 捕捉】按钮 3°：以 "3D 捕捉" 的方式在创建或变换对象期间捕捉现有几何体的特定部分。

▶【角度捕捉】按钮：用于设置对象以增量的方式围绕指定轴旋转。

▶【百分比捕捉】按钮 %：用于设置按指定的百分比调整对象的缩放比例。

▶【微调器捕捉】按钮：用于设置 3ds Max 中所有微调器的一次单击所增加或减少的数值。

2.2.8　复制对象

在 3ds Max 中进行三维对象的制作时，用户经常需要使用一些相同的模型来构成场景。此时就需要用到软件中的"复制"功能。3ds Max 复制对象的命令有很多种，下面将逐一介绍。

1. 克隆

【克隆】命令的使用效率极高。3ds Max 软件提供了多种克隆方式供用户选择。

■ **使用菜单栏命令克隆对象**

选中场景中的对象后，在菜单栏中选择【编辑】|【克隆】命令，在打开的【克隆选项】对话框中，用户可以执行复制操作。

■ **使用右键菜单命令克隆对象**

3ds Max 右键菜单中提供了【克隆】命令。用户选中场景中的对象后，右击鼠标，在弹出的快捷菜单中选择【克隆】命令，可以打开【克隆选项】对话框，对选定对象执行复制操作。

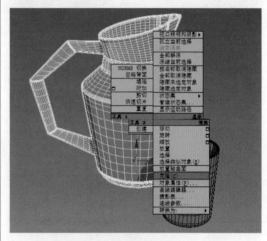

■ **使用快捷键克隆对象**

3ds Max 为用户提供了两种快捷方式来克隆对象：

▶ 使用 Ctrl+V 快捷键，可以原地克隆对象。

▶ 按住 Shift 键不放，配合拖动、旋转或缩放等操作，可以打开下图所示的【克隆选项】对话框，设置克隆对象。

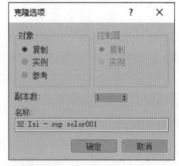

上图所示【克隆选项】对话框与使用其他 "克隆" 操作打开的【克隆选项】对话框功能有少许区别。

▶【复制】单选按钮：选中该单选按钮，将创建一个与原始对象完全无关的克隆对象，修改克隆对象，不会影响原始对象。

▶【实例】单选按钮：选中该单选按钮，将创建与原始对象完全可以交互影响的克隆对象，修改克隆对象或原始对象，将会影响到另一个对象。

▶【参考】单选按钮：选中该单选按钮，将创建与对象有关的克隆对象。参考基于原始对象，就像实例一样（但是克隆对象与原始对象可以拥有自身特有的修改器）。

▶【副本数】文本框：用于设置对象的克隆数量。

【例2-17】在 3ds Max 中练习执行【克隆】操作。 ▶视频+素材

源文件：素材文件 \ 第 02 章 \ 例 2-17

Step 01 打开素材文件后，在场景中选中水杯模型，单击主工具栏上的【选择并移动】按钮➕。

Step 02 按住Shift键拖动场景中的水杯模型，打开【克隆选项】对话框，选中【实例】单选按钮，在【副本数】文本框中设置需要克隆的对象的副本数后，单击【确定】按钮。

Step 03 此时，将在场景中复制出另外两个水杯模型。

Step 04 如果用户要原地复制水杯模型，在

场景中选中模型后，按下Ctrl+V快捷键，同样也会打开【克隆选项】对话框(该对话框中没有【副本数】文本框，因此这种方法只能复制一个对象)。单击【确定】按钮完成复制后，需要手动将重合的对象分离。

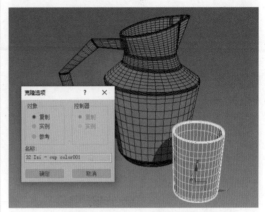

按下 Ctrl+V 快捷键复制对象

2. 快照

3ds Max 的【快照】命令会随着时间克隆动画对象。利用该命令用户可以在动画的任意一帧上创建单个克隆，或沿动画路径为多个克隆设置间隔。间隔可以是均匀的时间间隔，也可以是均匀的距离间隔。

【例2-18】在 3ds Max 中练习使用【快照】命令克隆对象。 ▶视频+素材

源文件：素材文件 \ 第 02 章 \ 例 2-18

Step 01 打开素材文件，拖动3ds Max工作界面底部的时间滑块按钮观察当前场景中设置的动画效果。

查看动画效果

Step 02 选中场景中的模型，在菜单栏中选择【工具】|【快照】命令，打开【快照】对话框，选择【范围】单选按钮，设置快照的【副本】参数为3，然后单击【确定】按钮。

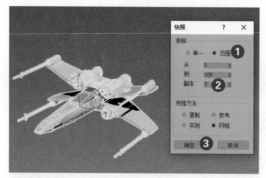

Step 03 此时，可以在视图中观察快照物体完成后的效果。

【快照】对话框中各选项的说明如下。

▶【单一】单选按钮：在当前帧克隆对象的几何体。

▶【范围】单选按钮：沿着帧的范围上的轨迹克隆对象的几何体。使用【从】和【到】文本框设置指定范围，并使用【副本】设置指定克隆数。

▶【从】和【到】文本框：指定帧的范围以沿该轨迹放置克隆对象。

▶【副本】文本框：指定要沿轨迹放置的克隆数。这些克隆对象均匀地分布在该时间段内，但不一定沿路径跨越空间距离。

▶【克隆方法】选项组：包括【复制】单选按钮(克隆选定对象的副本)、【实例】单选按钮(克隆选定对象的实例，不适用于粒子系统)、【参考】单选按钮(克隆选定对象的参考，不适用于粒子系统)和【网格】单选按钮(在粒子系统之外创建网格几何体，适用于所有类型的粒子)4个单选按钮。

3. 镜像

在 3ds Max 中使用【镜像】命令可以将对象根据任意轴生成对称的副本。【镜像】命令提供一个【不克隆】选项，可以实现镜像操作但不复制对象，其效果是将对象翻转或移动到新方向。

【例 2-19】在 3ds Max 中练习使用【镜像】命令。●视频+素材

源文件：素材文件 \ 第 02 章 \ 例 2-19

Step 01 打开素材文件后，选中场景中的模型对象，在菜单栏中选择【工具】|【镜像】命令，打开【镜像：世界坐标】对话框，选中【复制】和Y单选按钮，在【镜像：世界坐标】对话框的【偏移】微调框中输入200，然后单击【确定】按钮，

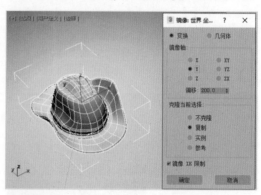

Step 02 此时，将在场景中创建下图所示的镜像对象。

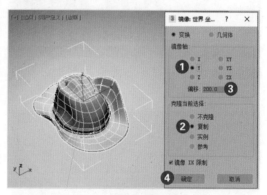

Y轴镜像结果

Step 03 如果在【镜像：世界坐标】对话框中选中ZX和【复制】单选按钮，并在【偏移】微调框中输入偏移参数(如90)。单击【确定】按钮后，将在场景中创建一个翻转效果的径向对象(如下图所示)。

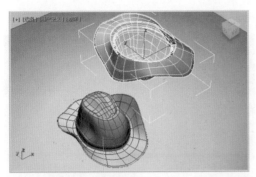

【镜像：世界坐标】对话框中主要选项的说明如下。

▶【镜像轴】选项组：包括 X/Y/Z/XY/YZ/ZX 单选按钮，选择其中任意一个单选按钮，可以指定镜像的方向。

▶【不克隆】单选按钮：在不制作副本的情况下，镜像选定的对象。

▶【复制】单选按钮：将选定对象的副本镜像到指定位置。

▶【实例】单选按钮：将选定对象的实例对象镜像到指定位置。

▶【参考】单选按钮：将选定对象的参考对象镜像到指定位置。

▶【偏移】微调框：指定镜像对象轴点与原始对象轴点之间的距离。

4. 阵列

【阵列】命令可以在视图中创建出重复的对象，该工具可以给出所有三个变换和在所有三个维度上的精确控制，包括沿着一个或多个轴缩放的能力。【阵列】对话框如下图所示。

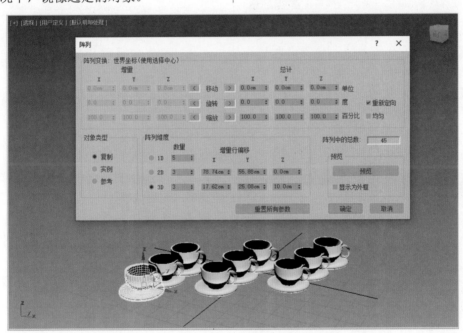

【阵列】对话框

【阵列】对话框中主要选项的说明如下。

▶【增量 X/Y/Z】微调框：其中设置的参数可以应用于阵列中的各个对象。

▶【总计 X/Y/Z】微调框：其中设置的参数可以应用于阵列中的总距、度数或百分比缩放。

▶【复制】单选按钮：将选定对象的副本阵列到指定位置。

▶【实例】单选按钮：将选定对象的实例对象阵列到指定位置。

▶【参考】单选按钮：将选定对象的参考对象阵列到指定位置。

▶【1D】选项：根据【阵列变换】选项组中的设置，创建一维阵列。

▶【2D】选项：根据【阵列变换】选项

组中的设置，创建二维阵列。

▶【3D】选项：根据【阵列变换】选项组中的设置，创建三维阵列。

▶【阵列中的总数】提示框：显示将创建阵列对象的实体总数(包含当前选定对象)。

▶【预览】按钮：单击该按钮，视图将显示当前阵列设置的预览。

▶【显示为外框】复选框：选中该复选框，将阵列预览对象显示为边界框。

▶【重置所有参数】按钮：单击该按钮可以将所有参数重置为默认设置。

5. 间隔工具

使用【间隔工具】可以沿着路径复制对象，路径可以由样条线或两个点来定义。

【例2-20】使用间隔工具复制模型。 ⚫️视频+素材
源文件：素材文件 \ 第02章 \ 例2-20

Step 01 打开素材文件后，场景中包括茶壶、茶杯和一条绘制好的圆形样条线。

Step 02 在菜单栏中选择【工具】|【对齐】|【间隔工具】命令，打开【间隔工具】对话框，选中场景中的茶杯对象，单击【拾取路径】按钮。

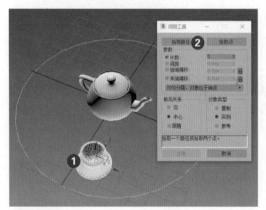

Step 03 在场景中拾取圆形样条线，在【间隔工具】对话框的【计数】微调框中输入7，然后选中【中心】单选按钮和【跟随】复选框，并单击【应用】和【关闭】按钮。

Step 04 此时，即可在场景中看到茶杯模型的数量增加了7个，复制的模型方向沿

着路径发生改变，效果如下图所示。

模型对象沿路径分布

【间隔工具】对话框中主要选项的功能说明如下。

▶【拾取路径】按钮：单击该按钮后，单击场景中的样条线作为路径使用。3ds Max 会将此样条线用作分布对象所沿循的路径。

▶【计数】复选框和微调框：指定要分布的对象的数量。

▶【间距】复选框和微调框：指定对象之间的距离。

▶【始端偏移】复选框和微调框：指定距路径始端偏移的单位数量。

▶【末端偏移】复选框和微调框：指定距路径末端偏移的单位数量。

▶【边】单选按钮：选中该单选按钮，可以指定通过各个对象边界框的相对边确定间隔。

▶【中心】单选按钮：选中该单选按钮，可以指定通过各个对象边界框的中心确定间隔。

▶【跟随】复选框：选中该复选框可以将分布对象的轴点与样条线的切线对齐。

▶【复制】单选按钮：将选定对象的副本对象分布到指定位置。

▶【实例】单选按钮：将选定对象的实例对象分布到指定位置。

▶【参考】单选按钮：将选定对象的参考对象分布到指定位置。

2.3　案例演练

本章重点介绍了 3ds Max 文件和对象的操作方法,包括文件的打开、保存、归档、重置、自动备份,对象的选择、变换、复制、导出、合并,以及加载图像背景、导入外部文件等。下面的案例演练部分,将通过几个实例帮助用户进一步巩固所学的知识。

【例 2-21】在 3ds Max 中显示和隐藏模型。
▶视频+素材
源文件:素材文件 \ 第 02 章 \ 例 2-21

Step 01 打开下图所示的文件后,如果需要隐藏场景中的抱枕,可以在选中抱枕模型后右击,从弹出的快捷菜单中选择【隐藏选定对象】命令。

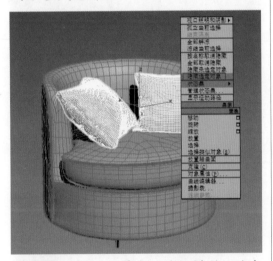

Step 02 此时,场景中的抱枕模型就被完全隐藏了,效果如下图所示。

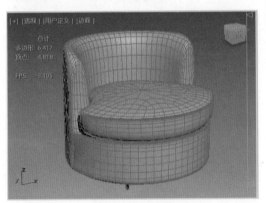

隐藏场景中的抱枕模型

Step 03 如果需要显示隐藏的抱枕模型,

可以在场景中右击,从弹出的快捷菜单中选择【全部取消隐藏】命令。此时,所有被隐藏的模型将被显示。

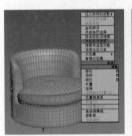

显示场景中隐藏的模型

【例 2-22】在 3ds Max 中将模型显示为外框。
▶视频+素材
源文件:素材文件 \ 第 02 章 \ 例 2-22

Step 01 选中场景中的石凳模型,右击鼠标,从弹出的快捷菜单中选择【对象属性】命令。

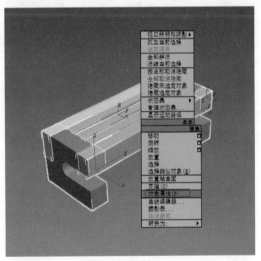

Step 02 打开【对象属性】对话框,选择【常规】选项卡,在【显示属性】选项组中选中【显示为外框】复选框,然后单击【确定】按钮。

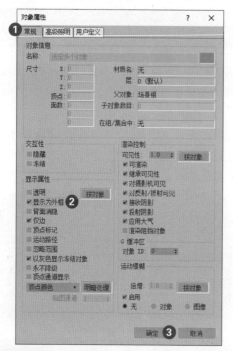

【例 2-23】在 3ds Max 中将模型透明显示。
▶ 视频+素材
源文件:素材文件 \ 第 02 章 \ 例 2-23

Step 01 选中场景中的模型文件,按下 Alt+X快捷键。

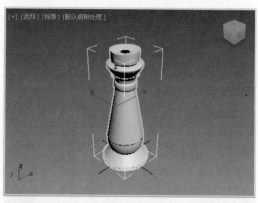

Step 02 此时,模型将显示为下图所示的透明效果。

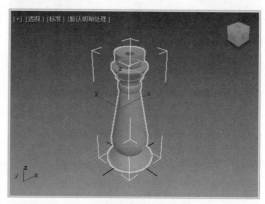

透明显示模型

Step 03 若再次按下Alt+X快捷键可以恢复模型显示状态。

Step 03 此时,场景中的模型将以下图所示的线框方式显示。

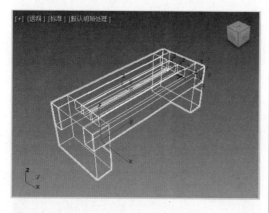

第 3 章
内置几何体建模

| 本章导读 |

　　建模是使用 3ds Max 创作作品的开始，而内置几何体的创建和应用是一切建模的基础。用户可以在创建的内置模型的基础上进行修改，从而得到想要的模型。

　　3ds Max 2020 提供了许多内置建模功能供用户在建模初期使用，这些功能的命令按钮被集中放置在【创建】面板中的第一个分类【几何体】当中。本章将通过案例操作，详细介绍这些功能的使用方法，帮助用户灵活运用它们制作出专业的模型。

| 视频教学 |

例 3-1 制作置物柜模型　　　　　　例 3-6 制作浮雕文本
例 3-2 制作圆锥体模型　　　　　　例 3-7 制作足球模型
例 3-3 制作珠串模型　　　　　　　例 3-8 制作吊灯模型
例 3-4 制作矮桌模型　　　　　　　例 3-9 制作沙发模型
例 3-5 制作戒指模型　　　　　　　本章其他视频参见视频二维码列表

3.1 认识几何体建模

建模是绘制效果图过程中的第一步，也是后续绘图工作的基础。3ds Max 建模通俗来讲就是通过软件，通过虚拟三维空间构建出具有三维数据的模型。常用的建模方法有几何体建模、复合对象建模、样条线建模、修改器建模、网格建模、NURBS 建模、多边形建模等。

■ **什么是几何体建模**

几何体建模是 3ds Max 中最简单的建模方法。用户通过创建几何体类型的元素，进行各元素之间的参数与位置调整，可以建立新的模型。

■ **几何体建模的适用场景**

几何体建模主要用于效果图制作中，例如各种规则家具。

■ **如何进行几何体建模**

在 3ds Max 中建模时，命令面板非常重要 (本书 1.7.1 节曾介绍过)，会被反复使用。命令面板位于 3ds Max 2020 工作界面的右侧，用于执行创建、修改对象等操作。

在命令面板中单击【创建】按钮➕，可以显示【创建】面板，该面板用于创建各类基本几何体类型。

【创建】面板默认显示标准几何体分类

在命令面板中单击【修改】按钮，可以显示【修改】面板，该面板用于修改基本体模型的参数。

【修改】面板

进入【创建】面板，单击【标准基本体】下拉按钮，在弹出的下拉列表中用户可以看到 3ds Max 中的 18 种几何体类型。

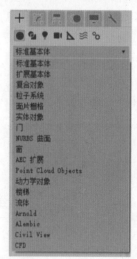

在【创建】面板中选择几何体类型

其中比较重要的有以下几种。

▶ "标准基本体" 共有长方体、圆锥体、球体、几何球体、圆柱体、管状体、圆环、四棱锥、茶壶、平面、加强型文本 11 种工具，包括了最常用的几何体类型。

▶ "扩展基本体" 共有异面体、环形结、切角长方体、切角圆柱体、油罐、胶囊、纺锤等 13 种工具，是标准基本体的扩展补充。

▶ "门""窗"和"楼梯"中包括多种内置的门、窗、楼梯工具。

▶ "AEC 扩展"包括植物、栏杆和墙 3 种对象类型。

下面将通过案例分别介绍这些工具的使用方法。

3.2 标准基本体

在【创建】面板中默认显示"标准几何体"分类中的 11 种工具。用户单击其中的某个工具按钮 (例如【长方体】按钮)，然后在视图中拖动鼠标即可创建几何体 (也可以通过键盘输入基本参数来创建几何体)。这些几何体都是相对独立并且不可拆分的几何体。

3.2.1 长方体

长方体是建模中最常用的标准基本体。使用【创建】面板中的【长方体】工具可以制作长度、宽度、高度不同的长方体模型。在【修改】面板中可以设置长方体模型的参数，主要包括长度、宽度、高度以及与它们相对应的分段参数。

【例 3-1】利用【长方体】工具制作置物柜模型。

▶ 视频 + 素材

源文件：素材文件 \ 第 03 章 \ 例 3-1

Step 01 在菜单栏中选择【自定义】|【单位设置】命令，打开【单位设置】对话框，选中【公制】单选按钮，单击其下方的下拉按钮，在弹出的下拉列表中选择【毫米】选项，然后单击【确定】按钮。

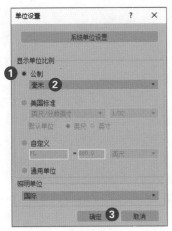

设置单位

Step 02 在【创建】面板中的【几何体】

选项卡中单击【长方体】按钮，然后在前视图中按住鼠标左键拖动创建一个长方体。

Step 03 在命令面板中单击【修改】按钮，显示【修改】面板，展开【参数】卷展栏，设置长方体的长度为 1600mm，宽度为 1400mm，高度为 20mm。

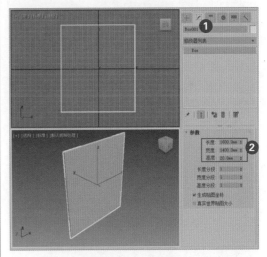

在【修改】面板中设置长方体的长 / 宽 / 高

上图所示长方体模型的【修改】面板中各选项的功能说明如下。

▶【长度】【宽度】和【高度】微调框：用于设置长方体模型的长度、宽度和高度。

▶【长度分段】【宽度分段】和【高度分段】微调框：设置沿着对象每个轴的分段数。

▶【生成贴图坐标】复选框：生成将贴

图材质应用于长方体的坐标。

▶【真实世界贴图大小】复选框：控制应用于该对象的纹理贴图材质所使用的缩放方法。

Step 04 继续使用【创建】面板中的【长方体】工具在左视图中创建另一个长方体，并在【修改】面板的【参数】卷展栏中设置该长方体的长度为1600mm，宽度为600mm，高度为20mm，然后利用【选择并移动】工具✛调整长方体的位置如下图所示。

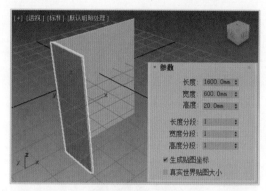

创建第二个长方体

Step 05 继续利用【选择并移动】工具✛，在按住Shift键的同时，拖动长方体模型，打开【克隆选项】对话框，选中【实例】单选按钮，单击【确定】按钮，复制模型。

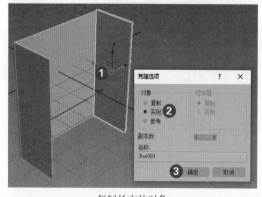

复制长方体对象

Step 06 在顶视图中创建一个长度为600mm，宽度为1400mm，高度为20mm的长方体。

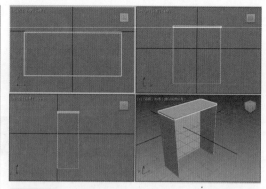

Step 07 按住Shift键的同时，利用【选择并移动】工具✛拖动步骤06创建的长方体模型，将其复制一份，并调整复制模型的位置(效果如下图所示)。

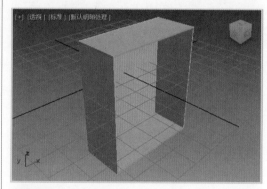

Step 08 使用前面介绍的方法，在前视图中创建4个长度为770mm，宽度为680mm，高度为20mm的长方体，并利用【选择并移动】工具✛将其调整至下图所示的位置。

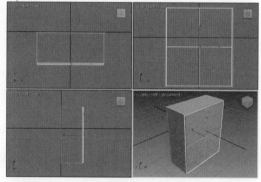

Step 09 在前视图中创建一个长度为50mm，宽度为110mm，高度为20mm的长方体模型，效果如下图所示。

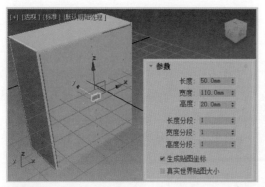

Step 10 在【创建】面板中使用【圆柱体】工具，在前视图中创建4个半径为25mm，高度为100mm，高度分段为1的圆柱体模型，然后利用【选择并移动】工具➕将其调整至下图所示的位置。

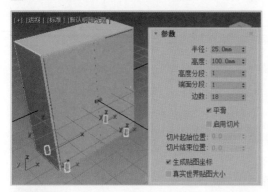

Step 11 按下Ctrl+A快捷键选中场景中的所有对象，在【创建】面板中单击【名称和颜色】卷展栏中的色块按钮，打开【对象颜色】对话框，选择【白色】色块，单击【确定】按钮。

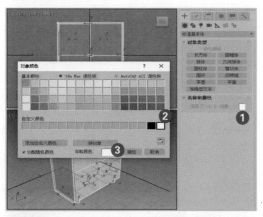

Step 12 使用同样的方法，将模型中长方体的颜色设置为黑色，然后在视图中调整模

型的位置，制作完成后的柜子模型效果如下图所示。

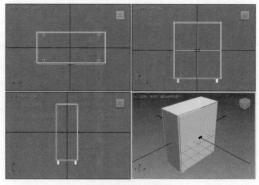

置物柜模型的效果

3.2.2 圆锥体

在 3ds Max 中使用【圆锥体】工具可以创建直立或倒立的完整(或部分)圆锥体模型。

【例 3-2】利用【圆锥体】工具制作圆锥体模型。
▶视频+素材
源文件：素材文件 \ 第 03 章 \ 例 3-2

Step 01 选择【创建】面板，在【几何体】选项卡●中单击【圆锥体】按钮，在前视图中创建一个圆锥体，在【参数】卷展栏中设置圆锥体的【半径1】为50cm，【半径2】为0cm，【高度】为140cm。

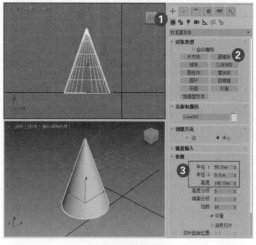

创建并设置圆锥体

Step 02 重复步骤01的操作，继续在前视图中创建圆锥体，并在【参数】卷展栏中设置圆锥体的【半径1】为50cm，【半径

2】为0cm，【高度】为140cm，然后选中【启用切片】复选框，并在【切片起始位置】微调框中设置切片起始位置为275。

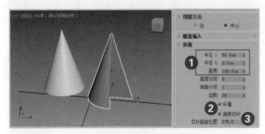

Step 03 再次在前视图中拖动鼠标创建一个圆锥体，在【参数】卷展栏中设置圆锥体的【半径1】为20cm，【半径2】为50cm，【高度】为140cm。完成后的模型效果如下图所示。

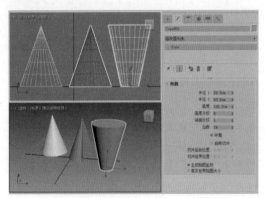

在创建圆锥体时，【参数】卷展栏中各选项的功能说明如下。

▶【半径1】和【半径2】微调框：设置圆锥体的第一个半径和第二个半径，这两个半径的最小值都是0.0。如果在这两个微调框中输入负值，则3ds Max会将其转换为0.0。同时，用户可以组合这两个微调框中的参数创建直立或倒立的尖顶圆锥体和平顶圆锥体。

▶【高度】微调框：设置沿着中心轴的维度。如果该微调框中的参数为负值，将在构造平面下面创建圆锥体。

▶【高度分段】微调框：设置沿圆锥体主轴的分段数。

▶【端面分段】微调框：设置围绕圆锥体顶部和底部的中心的同心分段数。

▶【边数】微调框：用于设置圆锥体周围边数。

▶【平滑】复选框：混合圆锥体的面，从而在渲染视图中创建平滑的外观。

▶【启用切片】复选框：启用切片功能。创建切片后，如果取消该复选框的选中状态，将重新显示完整的圆锥体。

▶【切片起始位置】和【切片结束位置】微调框：用于设置从局部 X 轴的零点开始围绕局部 Z 轴的度数。

▶【生成贴图坐标】复选框：生成将贴图材质用于圆锥体的坐标。

▶【真实世界贴图大小】复选框：控制应用于该对象的纹理贴图材质所使用的缩放方法。

3.2.3 球体

在 3ds Max 中使用【球体】工具可以在场景中创建完整的球体或半球体，同时还可以围绕球体的垂直轴对其进行切片修改。

【例 3-3】利用【球体】工具制作珠串模型。
▶视频+素材
源文件：素材文件 \ 第 03 章 \ 例 3-3

Step 01 在菜单栏中选择【自定义】|【单位设置】命令，打开【单位设置】对话框，选中【公制】单选按钮，单击其下方的下拉按钮，在弹出的下拉列表中选择【毫米】选项，然后单击【系统单位设置】按钮，在打开的对话框中将【系统单位比例】设置为【毫米】，然后单击【确定】按钮。

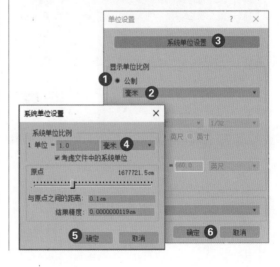

Step 02 在【创建】面板的【几何体】选项卡 中单击【球体】按钮，在前视图中拖动鼠标创建一个球体。

Step 03 选择【图形】选项卡，单击【圆】按钮，在前视图中拖动鼠标绘制一个圆。

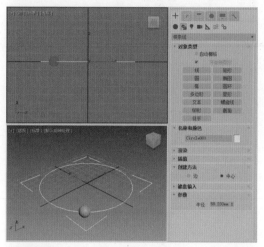

Step 04 选择【修改】选项卡，在【渲染】卷展栏下选中【在渲染中启用】【在视口中启用】复选框和【径向】单选按钮，设置【厚度】参数为2mm。

Step 05 在【参数】卷展栏中将【半径】设置为58mm。

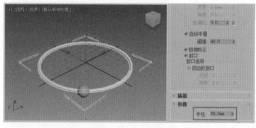

在场景中添加一个半径为58mm的圆

Step 06 选中步骤02创建的球体，右击菜单栏，从弹出的快捷菜单中选择【附加】命令，显示如右上图所示的【附加】工具栏。

Step 07 在【附加】工具栏中长按【阵列】按钮，在弹出的下拉列表中选择【间隔工具】按钮。

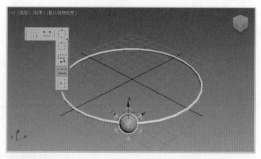

Step 08 打开【间隔工具】对话框，在【计数】复选框后的微调框中输入30(如下图所示)，然后单击【拾取路径】按钮，在场景中拾取步骤03绘制的圆，单击【应用】按钮。

Step 09 在场景中选中步骤02绘制的圆，按下Delete键将其删除。此时，模型的最终效果如下图所示。

在创建球体时，【参数】卷展栏中主

要选项的功能说明如下。

▶【半径】微调框：指定球体的半径。

▶【分段】微调框：设置球体多边形分段的数目。

▶【平滑】复选框：混合球体的面，从而在渲染视图中创建平滑的外观。

▶【半球】微调框：过分增大该微调框中的值将切断球体，如果从底部开始，将创建球体的一部分。该值的范围是 0.0~1.0，默认值为 0.0，可以生成完整的球体；设置为 0.5 可以生成半球；设置为 1.0 会使球体消失。

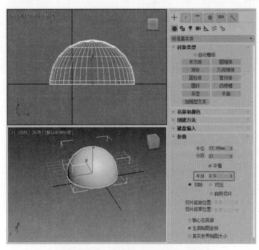

通过设置【半球】参数创建半球体

▶【切除】复选框：通过在半球断开时将球体中的顶点和面切除来减少它们的数量。

3.2.4 圆柱体

使用【圆柱体】工具可以在场景中创建完整或部分圆柱体模型。同时，还可以围绕圆柱体主轴进行切片修改。

【例 3-4】利用【圆柱体】工具制作矮桌模型。
▶视频+素材
源文件：素材文件 \ 第 03 章 \ 例 3-4

Step 01 在【创建】面板的【几何体】选项卡●中单击【圆柱体】按钮，在前视图中拖动鼠标创建一个圆柱体。

Step 02 选择【修改】面板，在【参数】

卷展栏中设置【半径】为 880mm，【高度】为 200mm，【边数】为 60。

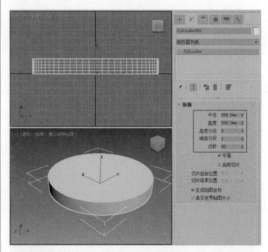

Step 03 在主工具栏中选择【选择并移动】工具➕，然后按住 Shift 键并拖动复制一个圆柱体。

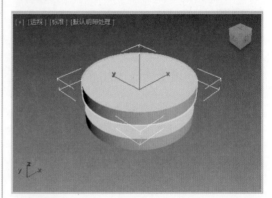

Step 04 在【修改】面板中设置复制的圆柱体的【高度】为 20mm。

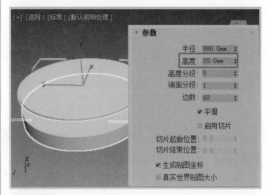

Step 05 在前视图中调整圆柱体的位置。选择【创建】面板，在【几何体】选项卡

●中单击【圆锥体】按钮，在顶视图中绘制一个圆锥体对象。

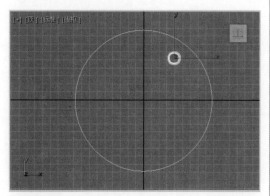

Step 06 选择【修改】面板，在【参数】卷展栏中设置圆锥体的【半径1】为70mm，【半径2】为50mm，【高度】为-1000mm。

Step 07 按下W键，将鼠标命令设置为【选择并移动】操作，然后在左视图中调整圆锥体对象的位置如下图所示。

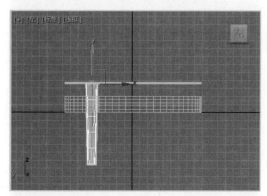

Step 08 按下E键，将鼠标命令设置为【选择并旋转】操作，在主工具栏中设置旋转的轴为【使用变换坐标中心】。

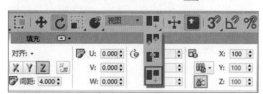

Step 09 单击【使用变换坐标中心】按钮前的下拉按钮，在弹出的下拉列表中选择【拾取】选项，然后在场景中拾取圆柱体。此时圆锥体的轴心点已经更改为下图所示的圆柱体的轴心点。

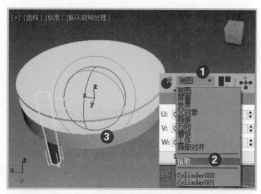

更改圆锥体的轴心点

Step 10 按下A键，打开【角度捕捉切换】功能，然后在顶视图中按下Shift键以旋转的方式复制出其他两个桌腿。

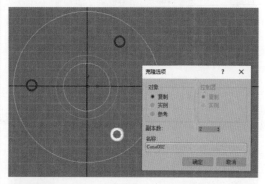

Step 11 完成以上操作后，模型效果如下图所示。

在创建圆柱体时，【参数】卷展栏中主要选项的功能说明如下。

▶【半径】微调框：用于设置圆柱体的半径。

▶【高度】微调框：用于设置圆柱体的

高度。

▶【高度分段】微调框：用于设置沿着圆柱体主轴的分段数量。

▶【端面分段】微调框：用于设置围绕圆柱体顶部和底部的中心的同心分段数量。

3.2.5 圆环

在【创建】面板中使用【圆环】工具可以在场景中绘制圆环模型。

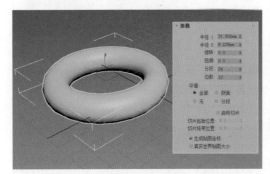

通过在【参数】卷展栏中设置圆环参数，可以调整圆环模型在场景中的状态。

▶【半径 1】微调框：设置从环形的中心到横截面圆形中心的距离，也就是环形的半径。

▶【半径 2】微调框：设置圆环体圆形横截面的半径。

▶【旋转】微调框：设置圆环旋转的度数。设置该参数后，圆环的顶点将围绕通过环形环中心的圆形逐渐旋转。

【扭曲】微调框：设置圆环扭曲的度数。横截面将围绕通过环形中心的圆形逐渐旋转。从扭曲开始，每个后续横截面都将旋转，直至最后一个横截面具有指定的度数)。

▶【分段】微调框：设置围绕环形的径向分段数。

▶【边数】微调框：设置环形横截面圆形的边数。

▶【全部】单选按钮：选中该单选按钮后，将在环形的所有曲面上生成完整平滑。

▶【侧面】单选按钮：选中该单选按钮，

将平滑相邻分段之间的边，从而在圆环表面生成围绕环形运行的平滑带。

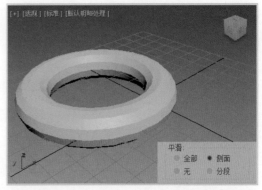

▶【无】单选按钮：选中该单选按钮后，将在环形上生成类似棱锥的面。

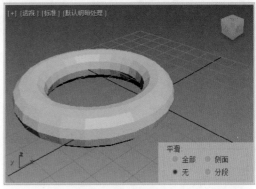

▶【分段】单选按钮：选中该单选按钮后，将分别平滑圆环上的每个分段，从而沿着环形生成类似环的分段。

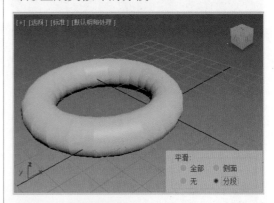

3.2.6 几何球体

使用【几何球体】工具可以基于 3 类规则多面体制作球体和半球体。

【例3-5】利用【圆环】和【几何球体】工具制作戒指模型。 ▶视频+素材

源文件：素材文件\第03章\例3-5

Step 01 在【创建】面板的【几何体】选项卡●中单击【圆环】按钮，在前视图中拖动鼠标创建一个圆环。

Step 02 选择【修改】面板，在【参数】卷展栏中设置【半径1】为12mm，【半径2】为1mm，【分段】为36，【边数】为24。

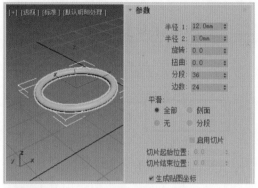

Step 03 再次单击【创建】面板中的【圆环】按钮，在左视图中创建第二个圆环，设置其【半径1】为4mm，【半径2】为0.4mm，【分段】为36，【边数】为12。

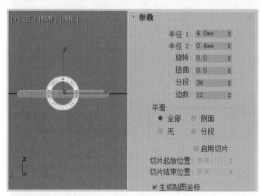

Step 04 在【创建】面板中单击【圆柱体】按钮，在左视图中拖动鼠标创建一个圆柱体，使其覆盖在步骤03绘制的圆环对象之上。

Step 05 选择【修改】面板，在【参数】卷展栏中设置圆柱体的【半径】为4.2mm，【高度】为0.2mm，【高度分段】为1，

【边数】为36。

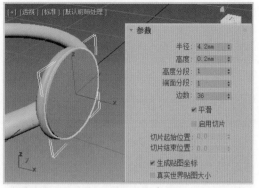

Step 06 在【创建】面板中使用【圆环】工具在视图中通过拖动鼠标创建一个圆环，在【参数】卷展栏中设置圆环的【半径1】为4.2mm，【半径2】为0.1mm，【分段】为36，【边数】为12。

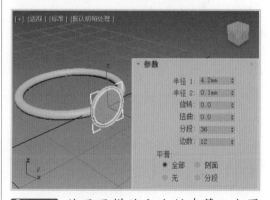

Step 07 使用同样的方法创建第二个圆环，在【参数】卷展栏中设置圆环的【半径1】为2.4mm，【半径2】为0.03mm，【分段】为36，【边数】为12。

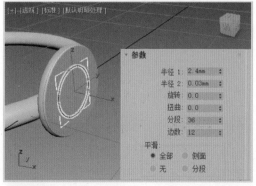

Step 08 选择【创建】面板，在【几何体】选项卡●中单击【几何球体】按钮，

在右视图中通过拖动鼠标创建一个几何球体。

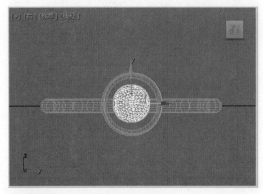

Step 09 选择【修改】面板，在【参数】卷展栏中取消【平滑】复选框的选中状态，然后选中【半球】复选框和【四面体】单选按钮，并设置【半径】为2.5mm，【分段】为3。

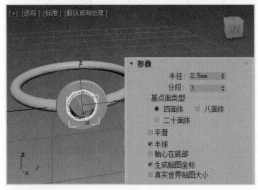

Step 10 选中主工具栏中的【选择并移动】按钮✛，按住Shift键将创建的几何球体复制多份，然后在【修改】面板中设置复制对象的【半径】为0.6mm。

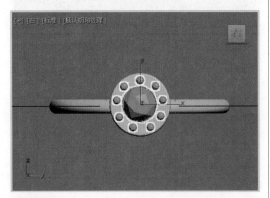

Step 11 最后，根据模型的制作要求，调

整场景中各个对象的颜色和位置，完成模型的制作。

在创建几何球体时，【参数】卷展栏中主要选项的功能说明如下。

▶【半径】微调框：设置几何球体的大小。

▶【分段】微调框：设置几何球体中的总面数。

▶【平滑】复选框：将平滑效果应用于球体的表面。

▶【半球】复选框：创建半个球体。

3.2.7　其他标准基本体

在【标准基本体】的创建选项中，3ds Max 除了上面介绍的 6 种基本体以外，还有【管状体】【四棱锥】【茶壶】【平面】和【加强型文本】等几个按钮。

1．管状体

使用【管状体】工具可以在视图中创建管状体对象。该对象类似于中空的圆柱体，常用于创建圆形或棱柱管道。

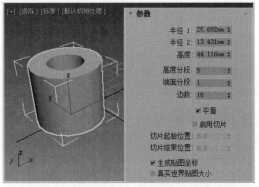

在创建管状体时，【参数】卷展栏中主要选项的功能说明如下。

▶【半径 1】和【半径 2】微调框：这两个微调框中较大的参数指定管状体的外部半径，较小的参数指定管状体的内部半径。

▶【高度】微调框：用于设置沿着中心轴的维度。在其中输入负值将在构造平面下面创建管状体。

▶【高度分段】微调框：用于设置沿着

管状体主轴的分段数。

▶【端面分段】微调框：用于设置围绕管状体顶部和底部的中心的同心分段数。

▶【边数】微调框：用于设置管状体周围的边数。

2. 四棱锥

使用【四棱锥】工具可以创建方形或矩形底部和三角体对象。

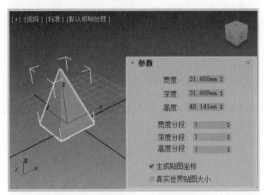

在创建四棱锥时，【参数】卷展栏中主要选项的功能说明如下。

▶【宽度】【深度】和【高度】微调框：用于设置四棱锥对应面的维度。

▶【宽度分段】【深度分段】和【高度分段】微调框：用于设置四棱锥对应面的分段数。

3. 茶壶

在【创建】面板的【几何体】选项卡中单击【茶壶】按钮，可以在视图中创建下图所示的茶壶模型。

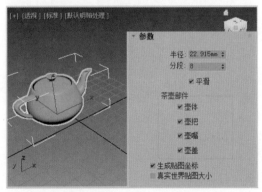

在创建茶壶时，【参数】卷展栏中主要选项的功能说明如下。

▶【半径】微调框：用于设置从茶壶的中心到壶身周界的距离，通过调整该微调框中的数值，可以控制茶壶的大小。

▶【分段】微调框：用于设置茶壶零件的分段数。

▶【平滑】复选框：选中该复选框后，将在渲染视图中创建平滑的茶壶外观。

4. 平面

使用【平面】工具可以在视图中创建平面多边形网格，可以在渲染时无限放大。

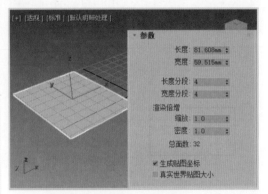

在创建平面多边形网格时，【参数】卷展栏中主要选项的功能说明如下。

▶【长度】和【宽度】微调框：用于设置平面对象的长度和宽度。

▶【长度分段】和【宽度分段】微调框：用于设置沿着对象每个轴的分段数。

▶【缩放】微调框：用于设置长度和宽度在渲染时的倍增因子(将从中心向外执行缩放)。

▶【密度】微调框：用于设置长度和宽度分段数在渲染时的倍增因子。

▶【总面数】提示框：提示当前平面上面的总数。

5. 加强型文本

使用【加强型文本】工具，可以在视图中创建样条线轮廓的文字。

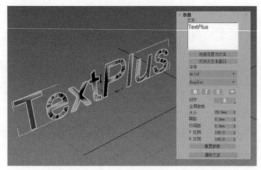

在创建加强型文本时，【参数】卷展栏中主要选项的功能说明如下。

▶【文本】文本框：用于输入单行或多行文本（按 Enter 键开始新的一行。默认文本是"加强型文本"。用户可以通过"剪贴板"复制并粘贴单行或多行文本）。

▶【将值设置为文本】按钮：单击该按钮后将打开【将值编辑为文本】对话框。在该对话框中用户可以将文本链接到要显示的值。

▶【打开大文本窗口】按钮：单击该按钮后将打开【输入文本】对话框。在该对话框中用户可以更好地设置大量文本的格式。

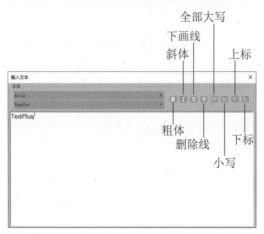

▶【字体列表】下拉按钮：单击该下拉按钮后，将显示可用字体下拉列表。

▶【字体类型】下拉按钮：单击该下拉按钮后，在弹出的下拉列表中用户可以选择"常规""斜体""粗体""粗斜体"等字体类型。

▶【粗体】按钮 B：用于设置加粗字体。

▶【斜体】按钮 I：用于设置斜体文本。

▶【下画线】按钮 U：用于设置带下画线的文本。

▶【更多样式】按钮 ▼：单击该按钮后，将显示更多文本样式设置选项，包括【删除线】【全部大写】【小写】【上标】和【下标】等。单击【更多样式】按钮后，该按钮将变为【更少样式】按钮 ▲。

▶【对齐】下拉按钮：单击该下拉按钮，在弹出的下拉列表中用户可以设置文本对齐方式，包括"左对齐""中心对齐""右对齐""最后一个左对齐""最后一个中心对齐""最后一个右对齐"和"完全对齐"等。

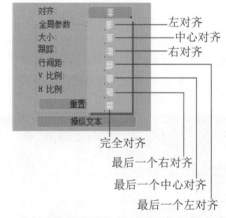

▶【大小】微调框：用于设置文本高度。

▶【跟踪】微调框：用于设置字母间距。

▶【行间距】微调框：用于设置多行文本的行间距。

▶【V 比例】微调框：用于设置文本的垂直缩放比例。

▶【H 比例】微调框：用于设置文本的

水平缩放比例。

▶【重置参数】按钮：将选定对象的参数重置为其默认值。

▶【操纵文本】按钮：切换文本操纵状态，以均匀或非均匀手动操纵文本。通过该按钮用户可以调整文本大小、字体、追踪、字间距和基线。

【例3-6】利用【加强型文本】工具制作浮雕文本。▶视频+素材

源文件：素材文件 \ 第03章 \ 例3-6

Step 01 选择【创建】面板，在【几何体】选项卡●中单击【长方体】按钮，在前视图中创建一个长方体对象。

Step 02 单击【几何体】选项卡●中的【加强型文本】按钮，在前视图中合适的位置上单击，创建一行文本。

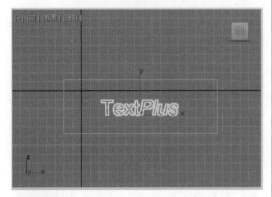

Step 03 按下W键，执行【选择并移动】命令，调整文本在场景中的位置，使其位于长方体对象的表面。

Step 04 选择【修改】面板，在【参数】卷展栏的【文本】文本框中输入文本"正隆集团"，然后选中输入的文本，单击

【字体列表】下拉按钮，在弹出的下拉列表中选择一种中文字体样式(例如【华文新魏】)，并在【大小】微调框中输入38mm。

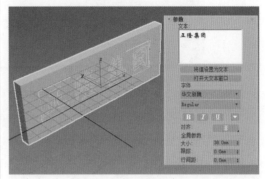

设置文本的字体和大小

Step 05 单击【修改】面板中的【修改器列表】下拉按钮，在弹出的下拉列表中选择【倒角】选项，为文字添加倒角修改器，然后在【级别1】选项组中的【高度】微调框中输入3mm，为文字设置浮雕效果。

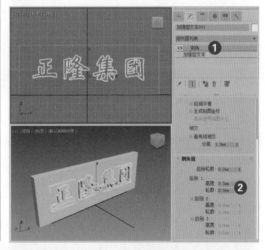

3.3 扩展基本体

在 3ds Max 的【创建】面板中单击【标准基本体】下拉按钮，在弹出的下拉列表中选择【扩展基本体】选项，可以显示用于创建扩展基本体的面板。

扩展基本体是 3ds Max 中复杂基本体的集合，共包括异面体、环形结、切角长方体、切角圆柱体、油罐、胶囊、纺锤、L-Ext、球棱柱、C-Ext、环形波、棱柱、软管13种对象类型。这些对象类型的使用频率相较【标准基本体】中的对象类型要略低一些。

【扩展基本体】中包含的工具

3.3.1 异面体

使用【异面体】工具可以在视图中创建多面体对象。

【例 3-7】利用【异面体】工具制作足球模型。
⊙视频+素材
源文件：素材文件 \ 第 03 章 \ 例 3-7

Step 01 在【创建】面板中设置【几何体类型】为【扩展基本体】，然后单击【异面体】按钮，在顶视图中拖动鼠标创建一个半径为300mm的异面体。

Step 02 选择【修改】面板，在【参数】卷展栏中选中【十二面体/二十面体】单选按钮，然后设置【系列参数】选项组的P参数为0.4。

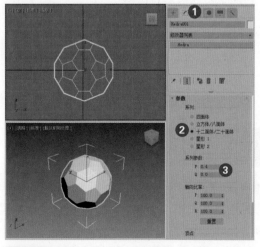

Step 03 选中场景中的异面体，按下Ctrl+V快捷键打开【克隆选项】对话框，

将其复制一份。

Step 04 按下H键，打开【从场景选择】对话框，选中Hedra001选项，然后单击【确定】按钮。

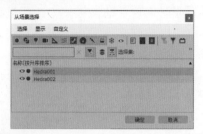

Step 05 选择【修改】面板，单击【修改器列表】下拉按钮，从弹出的下拉列表中选择【编辑网格】选项，添加"编辑网格"修改器，然后单击【选择】卷展栏中的【多边形】按钮■。

Step 06 在【编辑几何体】卷展栏中选中【元素】单选按钮，然后单击【炸开】按钮，异面体的各个面被炸开，成为多个相对独立的多面体。

Step 07 选中场景中的一个多面体，在【编辑几何体】卷展栏中设置【挤出】参数为8mm，然后单击【挤出】按钮，对多面体进行拉伸。

Step 08 重复步骤07的操作，对异面体上的所有多面体执行拉伸操作。

Step 09 选中场景中的一个多面体，在【编辑几何体】卷展栏中设置【倒角】参数为-5，然后单击【倒角】按钮，对多面体进行倒角操作。

Step 10 重复步骤09的操作，对异面体上的所有多面体执行倒角操作。

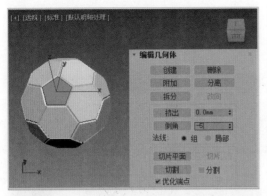

Step 11 在【选择】卷展栏中再次单击【多边形】按钮▣，退出当前编辑模式。单击【修改】面板中的【修改器列表】下拉按钮，在弹出的下拉列表中选择【网格平滑】选项，添加"网格平滑"修改器，在【细分量】卷展栏中将【迭代次数】设置为0。

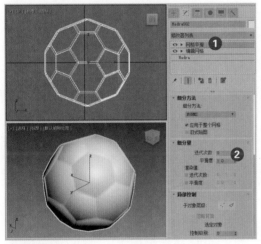

Step 12 按下H键，打开【从场景选择】对话框，选中Hedra002选项，然后单击【确定】按钮。

Step 13 最后，选择【修改】面板，在【参数】卷展栏中将选中的异面体的【半径】参数修改为303mm即可。

在创建异面体对象时，【参数】卷展栏中主要选项的功能说明如下。

▶ 【系列】选项组：使用该选项组中的【四面体】【立方体 / 八面体】【十二面体 / 二十面体】【星形1】和【星形2】单选按钮，可以设置创建的多面体的类型。

▶ 【系列参数】选项组：可以为多面体

顶点和面之间提供两种方式 (P 和 Q) 变换的关联参数。

▶ 【轴向比率】选项组：在该选项组中的 P、Q、R 微调框中输入参数，可以控制多面体一个面反射的轴。

3.3.2 环形结

在【创建】面板中使用【环形结】工具，可在视图中创建模拟绳子打结的环形结模型。

【例 3-8】利用【环形结】工具制作吊灯模型。
▶ 视频+素材
源文件：素材文件 \ 第 03 章 \ 例 3-8

Step 01 在【创建】面板中设置【几何体类型】为【扩展基本体】，然后单击【环形结】按钮，在顶视图中拖动鼠标创建一个环形结。

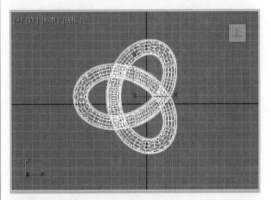

Step 02 选择【修改】面板，在【参数】卷展栏的【基础曲线】选项组中设置【半径】为280mm，【分段】为800，P为12，Q为25；在【横截面】选项组中设置【半径】为20mm，【边数】为80，【偏心率】为3。

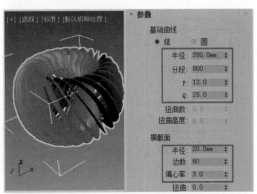

Step 03 在【创建】面板中单击【环形

结】按钮，在视图中创建第二个环形结，在【参数】卷展栏的【基础曲线】选项组中设置【半径】为60mm，【分段】为800，P为12，Q为25；在【横截面】选项组中设置【半径】为5mm，【边数】为80，【偏心率】为3。

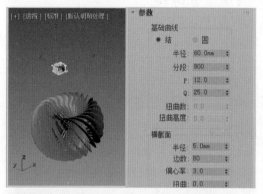

Step 04 按下W键，执行【选择并移动】命令，调整第二个环形结在场景中的位置。

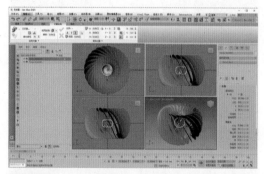

Step 05 使用【圆柱体】工具在场景中创建一个【半径】为5mm，【高度】为1200mm，【高度分段】为1的圆柱体对象。

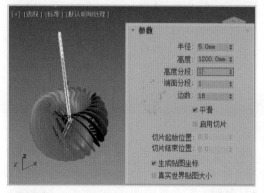

Step 06 使用【球体】工具，在场景中创

建一个【半径】为30mm，【分段】为32的球体，完成后的吊灯模型效果如下图所示。

吊灯模型效果

在创建环形结时，【参数】卷展栏中主要选项的功能说明如下。

■ 【基础曲线】选项组

▶【结】和【圆】单选按钮：选中【结】单选按钮时，环形将基于其他各种参数自身交织；选中【圆】单选按钮时，基础曲线是圆形，如果在其默认设置中保留【扭曲】和【偏心率】参数，则会产生标准环形。

▶【半径】微调框：用于设置基础曲线的半径。

▶【分段】微调框：用于设置围绕环形周界的分段数。

▶ P和Q微调框：用于描述上下(P)和围绕中心(Q)的缠绕数值。

▶【扭曲数】微调框：用于设置曲线周围的星形中的"点"数。

▶【扭曲高度】微调框：用于设置指定为基础曲线半径百分比的"点"的高度。

■ 【横截面】选项组

▶【半径】微调框：用于设置横截面的半径。

▶【边数】微调框：用于设置横截面周围的边数。

▶【偏心率】微调框：用于设置横截面主轴与副轴的比率。值为1时将提供圆形横截面，其他值将创建椭圆形横截面。

▶【扭曲】微调框：用于设置横截面围绕基础曲线扭曲的次数。

▶【块】微调框：用于设置环形结中的凸出数量。

▶【块高度】微调框：用于设置块的高度。

▶【块偏移】微调框：用于设置块起点的偏移。

3.3.3 切角长方体

使用【切角长方体】工具，可以在视图中创建具有倒角或圆形边的长方体模型。

【例3-9】利用【切角长方体】工具制作沙发模型。 ▶视频+素材

源文件：素材文件\第03章\例3-9

Step 01 在【创建】面板的【几何体】选项卡◉中单击【切角长方体】按钮，在视图中通过拖动鼠标创建一个切角长方体。

Step 02 选择【修改】面板，在【参数】卷展栏中设置【长度】为25mm，【宽度】为30mm，【高度】为35mm，【圆角】为0mm。将创建的切角长方体对象设

置为沙发腿。

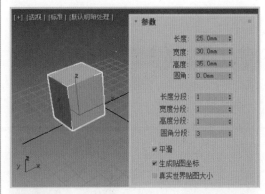

Step 03 按下W键，执行【选择并移动】命令，然后按住Shift键拖动创建切角长方体对象，打开【克隆选项】对话框将其复制3份。

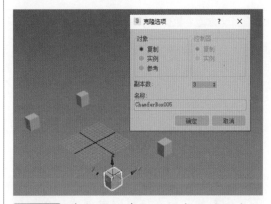

Step 04 单击【创建】面板中的【切角长方体】按钮，在场景中创建一个切角长方体，然后选择【修改】面板，在【修改】卷展栏中设置切角长方体的【长度】为300mm，【宽度】为250mm，【高度】为60mm，【圆角】为5，【圆角分段】为5。

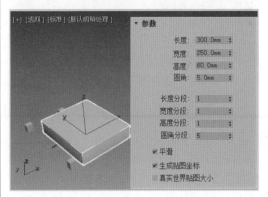

Step 05 按下W键，执行【选择并移动】命令，然后按住Shift键拖动创建切角长方体对象，将其复制一份，并调整其位置。

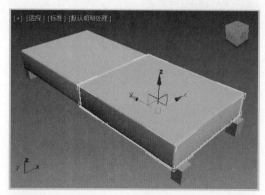

Step 06 选中步骤05创建的切角长方体模型，将其复制两份，并调整其位置如下所示。

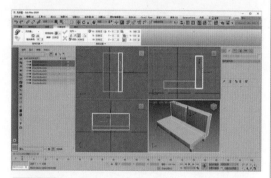

Step 07 选择【创建】面板，单击【切角长方体】按钮，在前视图中创建一个切角长方体，在【参数】卷展栏中设置【长度】为200mm，【宽度】为300mm，【高度】为30mm，【圆角】为10mm，【圆角分段】为4。

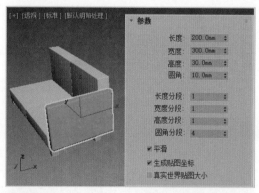

Step 08 按下W键，执行【选择并移动】命令，然后按住Shift键拖动创建切角长方

体对象，将其复制一份，并调整其位置，完成沙发模型的制作。

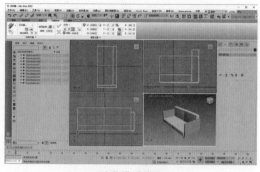

沙发模型效果

在创建切角长方体时，【参数】卷展栏中主要选项的功能说明如下。

▶【长度】【宽度】和【高度】微调框：设置切角长方体的维度。

▶【圆角】微调框：切开切角长方体的边，其值越高，切角长方体边上的圆角越精细。

▶【长度分段】【宽度分段】和【高度分段】微调框：设置沿着相应轴的分段数。

▶【圆角分段】微调框：设置长方体圆角边时的分段数，添加圆角分段将增加圆形边。

▶【平滑】复选框：混合切角长方体的面，从而在渲染视图中创建平滑的外观。

3.3.4 切角圆柱体

使用【切角圆柱体】工具可以创建具有倒角或圆形封口边的圆柱体。

【例3-10】利用【切角圆柱体】工具制作一个落地灯模型。 ▶视频+素材

源文件：素材文件\第03章\例3-10

Step 01 选择【创建】面板，在【几何体】选项卡●中单击【切角圆柱体】按钮，然后通过拖动鼠标在视图中绘制一个切角圆柱体。

Step 02 选择【修改】面板，在【参数】卷展栏中设置【半径】为150mm，【高度】为25mm，【圆角】为2mm，【高度分段】为1，【圆角分段】为3，【边数】为32。

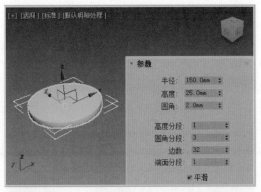

Step 03 单击【创建】面板中的【切角圆柱体】按钮，在视图中创建第二个切角圆柱体，并在【参数】卷展栏中设置其【半径】为80mm，【高度】为25mm，【圆角】为2mm，【高度分段】为1，【圆角分段】为3，【边数】为32。

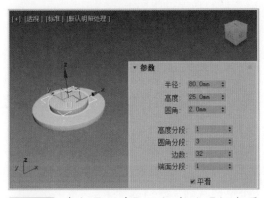

Step 04 单击【创建】面板中的【切角圆柱体】按钮，在视图中创建第三个切角圆柱体，并在【参数】卷展栏中设置其【半径】为50mm，【高度】为25mm，【圆角】为2mm，【高度分段】为1，【圆角分段】为3，【边数】为32。

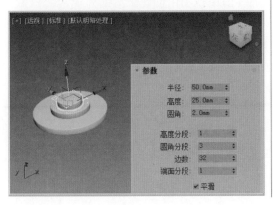

Step 05 单击【创建】面板中的【切角圆柱体】按钮，在视图中创建第四个切角圆柱体，并在【参数】卷展栏中设置其【半径】为30mm，【高度】为25mm，【圆角】为2mm，【高度分段】为1，【圆角分段】为3，【边数】为32。

Step 06 按下W键，执行【选择并移动】命令，然后按住Shift键在视图中拖动场景中的切角圆柱体对象，将其复制多份，并通过【参考】卷展栏设置复制的切角圆柱体的半径，制作效果如下图所示的落地灯模型。

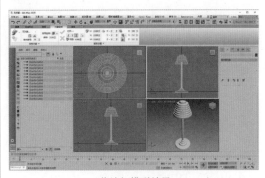

落地灯模型效果

在创建切角圆柱体时，【参数】卷展栏中主要选项的功能说明如下。

▶ 【圆角】微调框：斜切切角圆柱体的顶部和底部封口边。

▶ 【圆角分段】微调框：设置圆柱体圆角边时的分段数。

3.3.5 其他扩展异面体

在【扩展基本体】的创建工具中，3ds

Max 除了上面介绍的 4 种工具以外，还提供了【油罐】【胶囊】【纺锤】、L-Ext、C-Ext、【软管】【球棱柱】【环形波】【棱柱】(这些对象的创建方法与上面介绍的对象类似)。

状端点封口的圆柱体。

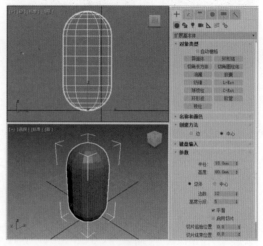

胶囊模型

1. 油罐

使用【油罐】工具可以创建带有凸面封口的圆柱体。

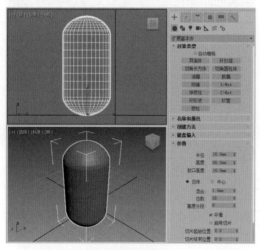

油罐模型

在创建油罐时，【参数】卷展栏中主要选项的功能说明如下。

▶【半径】微调框：设置油罐的半径。

▶【高度】微调框：设置沿着中心轴的维度。

▶【封口高度】微调框：设置凸面封口的高度。

▶【总体】和【中心】单选按钮：设置【高度】值指定的内容。

▶【混合】微调框：该值大于 0 时将在封口的边缘创建倒角。

▶【边数】微调框：设置油罐周围的边数。

▶【高度分段】微调框：设置沿着油罐主轴的分段数。

▶【平滑】复选框：混合油罐的面，从而在渲染视图中创建平滑的外观。

2. 胶囊

使用【胶囊】工具可以创建带有半球

在创建胶囊时，【参数】卷展栏中主要选项的功能说明如下。

▶【半径】微调框：设置胶囊的半径。

▶【高度】微调框：设置沿中心轴的高度，(在其中输入负值将在构造平面下面创建胶囊模型)。

▶【总体】和【中心】单选按钮：设置【高度】值指定的内容。选择【总体】单选按钮，指定对象的总体高度；选择【中心】单选按钮，指定胶囊模型中圆柱体中部的高度(不包括其圆顶封口部分)。

▶【边数】微调框：设置胶囊周围的边数。

▶【高度分段】微调框：设置沿着胶囊主轴的分段数。

▶【平滑】复选框：混合胶囊的面，从而在渲染视图中创建平滑的外观。

▶【启用切片】复选框：启用"切片"功能。

▶【切片起始位置】和【切片结束位置】微调框：设置从局部 X 轴的零点开始围绕局部 Z 轴的度数。

3. 纺锤

使用【纺锤】工具可以在视图中创建带有圆锥形封口的圆柱体。

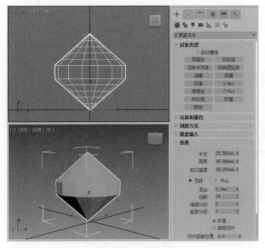

纺锤模型

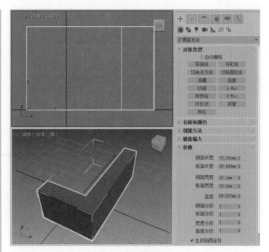

L-Ext 模型

在创建纺锤时，【参数】卷展栏中主要选项的功能说明如下。

▶【半径】微调框：设置纺锤的半径。

▶【高度】微调框：设置沿着中心轴的高度 (若将其参数设置为负值，将在构造平面下面创建纺锤)。

▶【总体】和【中心】单选按钮：设置【高度】值指定的内容。选择【总体】单选按钮，指定对象的总体高度；选择【中心】单选按钮，指定纺锤圆柱体中部的高度 (不包括其圆锥形封口)。

▶【混合】微调框：该值大于 0 时将在纺锤主体与封口的汇合处创建圆角。

▶【边数】微调框：设置纺锤周围边数 (启用【平滑】复选框时，较大的数值将着色和渲染为真正的圆；禁用【平滑】复选框时，较小的数值将创建规则的多边形对象)。

▶【端面分段】微调框：设置沿着纺锤顶部和底部的中心，同心分段的数量。

▶【高度分段】微调框：设置沿着纺锤主轴的分段数。

▶【平滑】复选框：混合纺锤的面，从而在渲染视图中得到平滑的外观。

4. L-Ext

使用 L-Ext 工具可以创建挤出的 L 形对象。

在创建 L-Ext 模型时，【参数】卷展栏中主要选项的功能说明如下。

▶【侧面长度】和【前面长度】微调框：指定 L 模型每个"脚"的长度。

▶【侧面宽度】和【前面宽度】微调框：指定 L 模型每个"脚"的宽度。

▶【高度】微调框：指定对象的高度。

▶【侧面分段】和【前面分段】微调框：指定对象特定"脚"的分段数。

▶【宽度分段】和【高度分段】微调框：指定整个模型的宽度和高度分段数。

5. C-Ext

使用 C-Ext 工具可以创建挤出的 C 形对象。

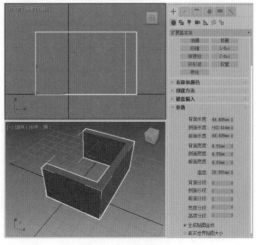

C-Ext 模型

在创建 C-Ext 模型时，【参数】卷展栏中主要选项的功能说明如下。

▶【背面长度】【侧面长度】和【前面长度】微调框：指定 3 个侧面的每一个长度。

▶【背面宽度】【侧面宽度】和【前面宽度】微调框：指定 3 个侧面的每一个宽度。

▶【高度】微调框：指定对象的总体高度。

▶【背面分段】【侧面分段】和【前面分段】微调框：指定对象特定侧面的分段数。

▶【宽度分段】和【高度分段】微调框：设置该分段以指定对象的整个宽度和高度的分段数。

6. 软管

使用【软管】工具可以创建类似管状结构的模型。

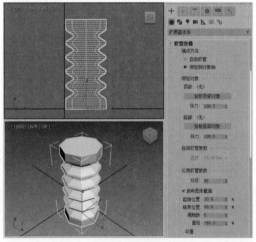

软管模型

在创建软管时，【软管参数】卷展栏中主要选项的功能说明如下。

▶【自由软管】单选按钮：如果只是将软管用作一个简单的对象，而不绑定到其他对象，则需要选中该单选按钮。

▶【绑定到对象轴】：如果要把软管绑定到对象中，则必须选中该单选按钮。

▶【顶部】和【底部】提示框：显示【顶】和【底】绑定对象的名称。

▶【高度】微调框：设置软管未绑定时的垂直高度或长度。

▶【分段】微调框：设置软管长度中的总分段数。

▶【启用柔体截面】复选框：选中该复选框，将可以为软管的中心柔体截面设置【起始位置】参数（从软管的始端到柔体截面开始处占软管长度的百分比）、【结束位置】参数（从软管的末端到柔体截面结束处占软管长度的百分比）、【周期数】参数（柔体截面中的起伏数目）和【直径】参数（周期外部的相对宽度）。

▶【平滑】选项组：定义要进行平滑处理的几何体。

▶【可渲染】复选框：选中该复选框后，则使用指定的设置对软管进行渲染。

▶【软管形状】选项组：包括【圆形软管】子选项组（设置为圆形的横截面）、【长方形软管】子选项组（为软管指定不同的宽度和深度）和【D 截面软管】子选项组（设置软管为 D 形状的横截面）。

7. 球棱柱

使用【球棱柱】工具可以在视图中创建具有切角边的棱柱体。

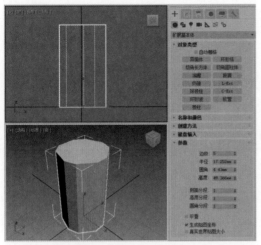

在创建球棱柱时，【参数】卷展栏中主要选项的功能说明如下。

▶【边数】微调框：通过设置该参数，可以制作多边棱柱体 (当 "边数" 越大时，棱柱表面越光滑，越接近圆柱体)。

▶【圆角】微调框：通过设置该参数，可以对多边棱柱的每个角进行圆角处理，圆角效果由【圆角分段】微调框中的参数控制 (该参数越大，则圆角效果越明显)。

8. 环形波

使用【环形波】工具可以创建一个内部和外部不规则的环形 (并可以设置为动画)。

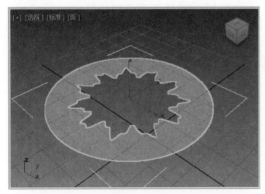

在创建环形波时，【参数】卷展栏中主要选项的功能说明如下。

■ 【环形波大小】选项组

【环形波大小】选项组中包含【半径】【径向分段】【环形宽度】【边数】【高度】

【高度分段】微调框，用于设置环形波的大小。

【环形波大小】选项组

■ 【环形波计时】选项组

【环形波计时】选项组用于设置环形波动画的变化，其中各选项的功能说明如下。

▶【无增长】单选按钮：设置一个静态环形波，它在【开始时间】显示，在【结束时间】消失。

▶【增长并保持】单选按钮：设置单个增长周期。

▶【循环增长】单选按钮：环形波从【开始时间】到【结束时间】以及【增长时间】重复增长。

▶【开始时间】微调框：当选中【增长并保持】或【循环增长】单选按钮，则环形波出现帧数并开始增长。

▶【增长时间】微调框：从【开始时间】后环形波达到其最大尺寸所需的帧数。【增长时间】仅在选中【增长并保持】或【循环增长】单选按钮时可用。

▶【结束时间】微调框：设置环形波消失的帧数。

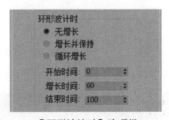

【环形波计时】选项组

■ 【外边波折】选项组

【外边波折】选项组中的选项用于更改环形波外部边的形状。其中主要选项的功能说明如下。

▶【启用】复选框：启用外部边上的波峰。

▶【主周期数】微调框：设置围绕外部边的主波数目。其下的【宽度光通量】微调框用于设置主波的大小，以调整宽度的百分比表示；其下的【爬行时间】微调框用于设置每一主波绕环形波外周长移动一周所需的帧数。

▶【次周期数】微调框：在每一主周期中设置随机尺寸次波的数目。其下的【宽度光通量】微调框用于设置次波的平均大小，以调整宽度的百分比表示；其下的【爬行时间】微调框设置每一次波绕其主波移动一周所需的帧数。

【外边波折】选项组

■ 【内边波折】选项组

【内边波折】选项组中包含的选项与【外边波折】选项组类似，用于设置环形波内部边的形状。

【内边波折】选项组

■ 【曲面参数】选项组

▶【纹理坐标】复选框：设置将贴图材质应用于对象时所需的坐标。

▶【平滑】复选框：设置将平滑效果应用在对象上。

【曲面参数】选项组

9. 棱柱

使用【棱柱】工具可以创建带有独立分段面的三面棱柱。

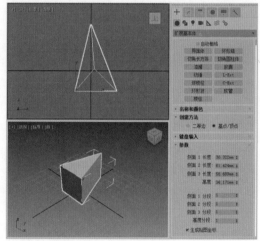

在创建棱柱时，【参数】卷展栏中主要选项的功能说明如下。

▶【侧面(n)长度】微调框：设置三角形对应面的长度(以及三角形的角度)。

▶【高度】微调框：设置棱柱体中心轴的高度。

▶【侧面(n)分段】微调框：指定棱柱体每个侧面的分段数。

▶【高度分段】微调框：设置沿着棱柱体主轴的分段数。

3.4 门、窗和楼梯

在 3ds Max【创建】面板中切换至【门】【窗】和【楼梯】面板，用户可以使用软件内置的门、窗和楼梯模型创建自己想要的对象。

【门】面板

【窗】面板

【楼梯】面板

3.4.1 门

门是使用 3ds Max 设计室内图形时最常用的对象之一。

1. 门对象的公共参数

3ds Max 提供了【枢轴门】【推拉门】和【折叠门】3 种门模型。这 3 种门模型在【修改】面板中都包含【参数】和【页扇参数】两个卷展栏，并且其中的参数设置选项基本相同。

◼ 【参数】卷展栏

▶【高度】微调框：设置门的总体高度。

▶【宽度】微调框：设置门的总体宽度。

▶【深度】微调框：设置门的总体深度。

【参数】卷展栏

▶【打开】微调框：设置门的打开程度。

▶【创建门框】选项组：包括【宽度】

微调框（用于设置门框与墙平行的宽度）、【深度】微调框（用于设置门框到墙的投影深度）、【门偏移】微调框（用于设置门相对于门框的位置）几个选项。

▶【生成贴图坐标】复选框：为门指定贴图坐标。

▶【真实世界贴图大小】复选框：控制应用于该对象的纹理贴图材质所使用的缩放方法。

◼ 【页扇参数】卷展栏

▶【厚度】微调框：设置门的厚度。

▶【门挺 / 顶梁】微调框：设置顶部和两侧的面板框的宽度(当门是面板类型时，该选项才可以设置)。

▶【底梁】微调框：设置门脚处的面板框的宽度。

【页扇参数】卷展栏

▶【水平窗格数】微调框：设置面板沿水平轴划分的数量。

▶【垂直窗格数】微调框：设置面板沿垂直轴划分的数量。

▶【镶板间距】微调框：设置面板之间的间隔宽度。

▶【无】单选按钮：设置门没有面板。

▶【玻璃】单选按钮：创建不带倒角的玻璃面板。

▶【厚度】微调框：设置玻璃面板的厚度。

▶【倒角角度】微调框：设置门的外部平面和面板平面之间的倒角角度。

▶【厚度1】微调框：设置面板的外部厚度。

▶【厚度2】微调框：设置倒角从该处开始的厚度。

▶【中间厚度】微调框：设置面板内面部分的厚度。

▶【宽度1】微调框：设置倒角从该处开始的宽度。

▶【宽度2】微调框：设置面板内面部分的宽度。

2. 枢轴门

"枢轴门"模型适合用来模拟住宅中安装的卧室门。在【门】面板中单击【枢轴门】按钮后，在视图中通过拖动鼠标，可以创建下图所示的枢轴门对象。选中该对象后，在【修改】面板的【参数】卷展栏中提供了3个特定的选项，用于设置门的效果。

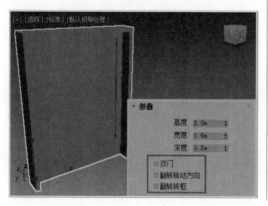

▶【双门】复选框：制作一个双门。

▶【翻转转动方向】复选框：更改门转动的方向。

▶【翻转转枢】复选框：在与门面相对的位置放置门转枢（该选项不可用于双门）。

3. 推拉门

"推拉门"常用于厨房或阳台。此类门可以在固定轨道上左右来回滑动，由两个或两个以上的门页扇组成，其中一个为保持固定的门页扇，另一个则为可以移动的门页扇。

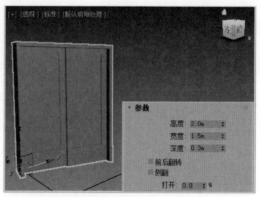

选中场景中的推拉门对象后，在【修改】面板的【参数】卷展栏中3ds Max提供了以下两个特定的选项。

▶【前后翻转】复选框：设置位于前面（与默认设置相对）的元素。

▶【侧翻】复选框：将当前滑动元素更改为固定元素。

4. 折叠门

"折叠门"在建筑中较适合放置在卫生间。该类型的门一般有两个门页扇，两个门页扇之间设有转枢，用于控制门的折叠。在3ds Max中创建折叠门对象后，在【修改】面板的【参数】卷展栏中提供了3个特定的选项，用于设置折叠门的效果。

▶【双门】复选框：将门制作成有4个门页扇的双门。

▶【翻转转动方向】复选框：默认情况下，设置以相反的方向转动门。

▶【翻转转枢】复选框：默认情况下，设置在相反的侧面转枢门（当"双门"处于启用状态时，该选项不可用）。

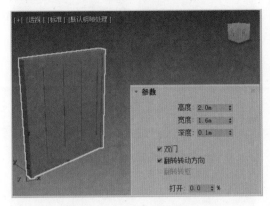

3.4.2 窗

使用【窗】系列工具可以在3ds Max场景中创建具有大量细节的窗户模型，这些模型的主要区别在于窗的打开方式，包括遮篷式窗、平开窗、固定窗、旋开窗、伸出式窗和推拉窗几种（这几种窗中除了"固定窗"无法打开以外，其他几种类型的窗户均可以设置为打开状态）。

1. 遮篷式窗

3ds Max提供的6种窗户对象，其在【修改】面板中的参数基本相同。下面以遮篷式窗为例，介绍窗对象的主要设置参数。

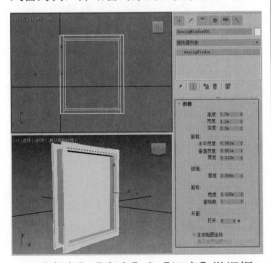

▶【高度】【宽度】和【深度】微调框：

分别用于控制窗户的高度、宽度和深度。

■【窗框】选项组

▶【水平宽度】微调框：设置窗口框架水平部分的宽度。

▶【垂直宽度】微调框：设置窗口框架垂直部分的宽度。

▶【厚度】微调框：设置框架的厚度，该选项还可以控制窗框中遮篷或栏杆的厚度。

■【玻璃】选项组

▶【厚度】微调框：指定玻璃的厚度。

■【窗格】选项组

▶【宽度】微调框：设置窗格的宽度。

▶【窗格数】微调框：设置窗格的数量。

■【开窗】选项组

▶【打开】微调框：设置窗户打开程度的百分比。

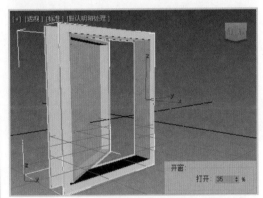

▶【生成贴图坐标】复选框：使用已经应用的相应贴图坐标创建对象。

▶【真实世界贴图大小】复选框：控制应用于该对象的纹理贴图材质所使用的缩放方法。

2. 平开窗

"平开窗"具有一个或两个可在侧面转枢的窗框，它们可以向内或向外转动。与前面介绍过的"遮篷式窗"不同的是，"平开窗"可以设置为对开的两扇窗。

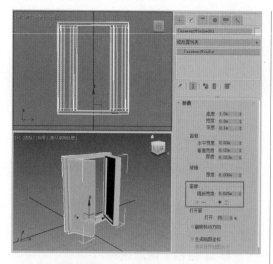

3. 固定窗

"固定窗"无法打开，其特点是可以在水平和垂直两个方向上任意设置窗格数。

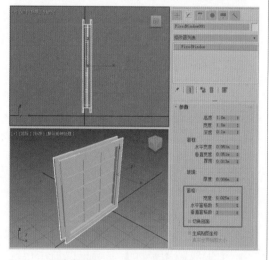

4. 旋开窗

"旋开窗"的轴垂直或水平位于其窗框的中心，其特点是只具有一个窗框，无法设置窗格数量，只能设置窗格的宽度及轴的方向，效果如右上左图所示。

5. 伸出式窗

"伸出式窗"有三扇窗框，顶部窗框不能移动，底部的两扇窗框打开时类似反向的遮篷窗，其窗格数量无法设置，效果如右上右图所示。

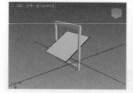 

旋开窗（左图）和伸出式窗（右图）

6. 推拉窗

"推拉窗"有两扇窗框，其中一扇是固定的窗框，另一扇窗框可以沿着垂直或水平方向滑动，类似于火车上的上下推动打开式窗户。其窗格允许在水平和垂直两个方向上任意设置数量。

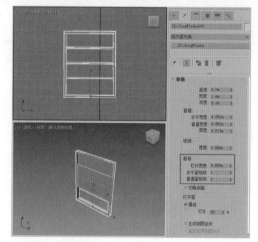

3.4.3 楼梯

在 3ds Max 中，我们可以创建直线楼梯、L 型楼梯、U 型楼梯、螺旋楼梯 4 种不同类型的楼梯。这 4 种楼梯的创建方法类似，下面通过一个案例进行详细介绍。

【例 3-11】制作一个螺旋楼梯模型。●视频+素材
源文件：素材文件 \ 第 03 章 \ 例 3-11

Step 01 单击【创建】面板【几何体】选项卡●中的【标准基本体】下拉按钮，从弹出的下拉列表中选择【楼梯】选项，在显示的命令面板中单击【螺旋楼梯】按钮，在顶视图中按住鼠标左键拖动创建一个螺旋楼梯模型。

Step 02 选择【修改】面板，在【参数】卷展栏中选中【封闭式】单选按钮，在【总

高】微调框中输入3.6m，在【竖板数】微调框中输入18，在【旋转】微调框中输入1。

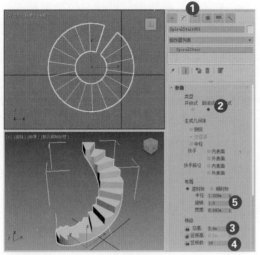

Step 03 在【参数】卷展栏的【半径】微调框中输入1.3m，在【宽度】微调框中输入0.8m，并选中【侧弦】复选框。

Step 04 展开【侧弦】卷展栏，设置【深度】为0.6m，【宽度】为0.05m，【偏移】为0。

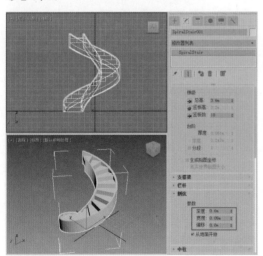

Step 05 在【参数】卷展栏中选中【中柱】复选框，然后展开【中柱】卷展栏，设置中柱的【半径】为0.2m，【分段】为30。

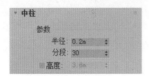

Step 06 在【参数】卷展栏中选中【扶手】选项后的【内表面】和【外表面】复选框。

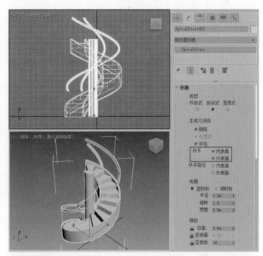

Step 07 展开【栏杆】卷展栏，设置【高度】为0.5m，【偏移】为0，【分段】为8，【半径】为0.025m，完成楼梯模型的制作。

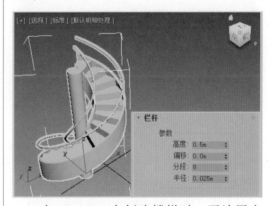

在3ds Max中创建楼梯时，无论用户在【创建】面板中单击【直线楼梯】【L型楼梯】、【U型楼梯】还是【螺旋楼梯】，在【修改】面板中的参数选项都基本相同。

其中主要选项的功能说明如下。

1. 【参数】卷展栏

■ 【类型】选项组

▶【开放式】单选按钮：设置当前楼梯为开放式踏步楼梯。

▶【封闭式】单选按钮：设置当前楼梯为封闭式踏步楼梯。

▶【落地式】单选按钮：设置当前楼梯为落地式踏步楼梯。

■ 【生成几何体】选项组

▶【侧弦】复选框：设置沿着楼梯梯级的端点创建侧弦。

▶【支撑梁】复选框：设置在梯级下创建一个倾斜的切口梁，该梁支撑台阶或添加楼梯侧弦之间的支撑。

▶【中柱】复选框：设置创建中柱。

▶【扶手】选项：设置为楼梯创建左扶手和右扶手。

▶【扶手路径】选项：创建楼梯上用于安装栏杆的左路径和右路径。

■ 【布局】选项组

▶【半径】微调框：设置楼梯的半径。

▶【旋转】微调框：设置楼梯的旋转角度。

▶【宽度】微调框：设置楼梯的宽度。

■ 【梯级】选项组

▶【总高】微调框：设置楼梯段的高度。

▶【竖板高】微调框：设置楼梯梯级竖板的高度。

▶【竖板数】微调框：设置楼梯梯级的竖板数量。

■ 【台阶】选项组

▶【厚度】微调框：设置台阶的厚度。

▶【深度】微调框：设置台阶的深度。

2. 【支撑梁】卷展栏

▶【深度】微调框：设置支撑梁到地面的深度。

▶【宽度】微调框：设置支撑梁的宽度。

▶【支撑梁间距】按钮：单击该按钮，将显示【支撑梁间距】对话框，该对话框用于设置支撑梁的间距。

▶【从地面开始】复选框：设置支撑梁是否从地面开始。

3. 【栏杆】卷展栏

▶【高度】微调框：设置栏杆与台阶的高度。

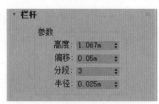

▶【偏移】微调框：设置栏杆与台阶端

点的偏移量。

▶【分段】微调框：设置栏杆中的分段数目，其值越高，栏杆越平滑。

▶【半径】微调框：设置栏杆的厚度。

4.【侧弦】卷展栏

▶【深度】微调框：设置侧弦到楼梯地板的深度。

▶【宽度】微调框：设置侧弦的宽度。

▶【偏移】微调框：设置地板与侧弦的垂直距离。

▶【从地面开始】复选框：设置侧弦是否从地面开始。

5.【中柱】卷展栏

▶【半径】微调框：设置中柱的半径。

▶【分段】微调框：设置中柱的分段数。

▶【高度】微调框：设置中柱的高度。

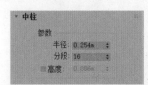

3.5 AEC 扩展

3ds Max 的 "AEC 扩展" 类型的几何体所提供的对象主要为建筑、工程等领域中使用而设计，其包含【植物】【栏杆】和【墙】3 个工具。

3.5.1 植物

在【创建】面板的【AEC 扩展】分类中单击【植物】按钮，用户可以使用 3ds Max 提供的植物库，在场景中创建植物模型。

这些被创建出的植物模型，在默认状态下形态虽然一致，但可以通过在【修改】面板中单击【新建种子】按钮来更改其形态，以实现更为自然的三维效果。下面通过一个实例，介绍在 3ds Max 中创建植物模型的方法。

【例 3-12】制作一个盆栽植物模型。◉视频+素材

源文件：素材文件 \ 第 03 章 \ 例 3-12

Step 01 在 3ds Max 中打开一个花盆素材模型后，单击【创建】面板【几何体】选项卡◉中的【标准基本体】下拉按钮，从弹出的下拉列表中选择【AEC扩展】选项，然后单击【植物】按钮，在展开的【收藏的植物】卷展栏中单击【大丝兰】选项，在场景中单击创建一个 "大丝兰" 植物模型。

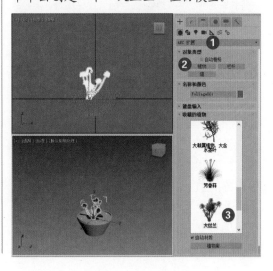

Step 02 选择【修改】面板，在【参数】卷展栏中设置【高度】为1800，然后按下W键，执行【选择并移动】命令，调整植物的位置，使其位于花盆模型的中心，完成模型的创建。

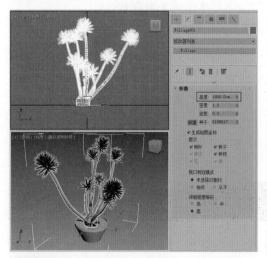

Step 03 按下F9键渲染场景，模型效果如下图所示。

在创建植物模型时，【修改】面板中【参数】卷展栏中主要选项的功能说明如下。

▶【高度】微调框：设置植物的近似高度。3ds Max 将所有植物的高度应用随机的噪波系数。因此，在视图中所测量的植物实际高度并不一定等于在【高度】参数中设置的值。

▶【密度】微调框：设置植物上叶子和花朵的数量。其值为1表示植物具有全部的叶子和花；值为0.5表示植物具有50%

的叶子和花；值为0表示植物没有叶子和花。

▶【修剪】微调框：该微调框只适用于具有树枝的植物，用于删除位于一个与构造平面平行的不可见平面之下的树枝。其值为0表示不进行修剪；值为0.5表示根据一个比构造平面高出一半高度的平面进行修剪；值为1表示尽可能修剪植物上所有的树枝。

▶【新建种子】按钮：单击该按钮将随机产生一个种子值，改变当前植物的形态。

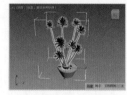 

▶【生成贴图坐标】复选框：对植物应用默认的贴图坐标。

▶【树叶】【树干】【果实】【树枝】【花】和【根】复选框：控制植物的叶子、树干、果实、树枝、花和根等部分的显示。

▶【未选择对象时】单选按钮：设置未选择植物时以树冠模式显示植物。

▶【始终】单选按钮：设置始终以树冠模式显示植物，如下左图所示。

▶【从不】单选按钮：设置从不以树冠模式显示植物，如下右图所示。

▶【低】单选按钮：以最低的细节级别渲染植物树冠。

▶【中】单选按钮：对减少了面数的植物进行渲染。

▶【高】单选按钮：以最高的细节级别渲染植物的所有面。

3.5.2 栏杆

在【创建】面板的【AEC 扩展】分类下单击【栏杆】按钮，可以在场景中以拖动的方式创建不规则路径的栏杆(应用于花园、落地窗等对象)。

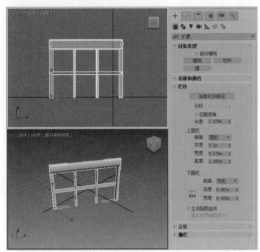

在创建栏杆模型时，其参数设置面板中包含【栏杆】【立柱】和【栅栏】等几个卷展栏，其中主要选项的功能说明如下。

1. 【栏杆】卷展栏

▶【拾取栏杆路径】按钮：单击该按钮后，单击视图中的样条线，可将其用作栏杆路径。

▶【分段】微调框：设置栏杆对象的分段数，只有使用栏杆路径时，才能使用该选项。

▶【匹配拐角】复选框：在栏杆中放置拐角，以便与栏杆路径的拐角相符。

▶【长度】微调框：设置栏杆对象的长度。

■【上围栏】选项组

▶【剖面】下拉按钮：单击该下拉按钮，在弹出的下拉列表中可以设置上围栏的横截剖面，包括【无】【方形】和【圆形】3 个选项。

▶【深度】【宽度】【高度】微调框：分别设置上围栏的深度、宽度和高度。

■【下围栏】选项组

▶【剖面】下拉按钮：单击该下拉按钮，在弹出的下拉列表中可以设置下围栏的横截剖面，包括【无】【方形】和【圆形】3 个选项。

▶【深度】【宽度】微调框：分别设置下围栏的深度和宽度。

▶【下围栏间距】按钮 ：设置下围栏的间距。

2. 【立柱】卷展栏

▶【剖面】下拉按钮：单击该下拉按钮，在弹出的下拉列表中可以设置立柱的横截剖面，包括【无】【方形】和【圆形】3 个选项。

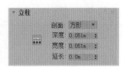

▶【深度】【宽度】微调框：分别设置立柱的深度和宽度。

▶【延长】微调框：设置立柱在上栏杆底部的延长程度。

3. 【栅栏】卷展栏

▶【类型】下拉按钮：单击该下拉按钮，在弹出的下拉列表中可以设置立柱之间的栅栏类型，包括【无】【支柱】和【实体填充】3 个选项。

■ 【支柱】选项组

▶【剖面】微调框：设置支柱的横截面剖面，包括【方形】和【圆形】选项。

▶【深度】和【宽度】微调框：分别设置支柱的深度和宽度。

▶【延长】微调框：设置支柱在上栏杆底部的延长程度。

▶【底部偏移】微调框：设置支柱与栏杆对象底部的偏移量。

■ 【实体填充】选项组

▶【厚度】微调框：设置实体填充的厚度。

▶【顶部偏移】微调框：设置实体填充与上栏杆底部的偏移量。

▶【左偏移】微调框：设置实体填充与相邻左侧立柱之间的偏移量。

▶【右偏移】微调框：设置实体填充与相邻右侧立柱之间的偏移量。

3.5.3 墙

在【创建】面板的【AEC 扩展】分类下单击【墙】按钮，将显示下图所示的【参数】和【键盘输入】卷展栏。此时，用户可以事先设置好所要创建墙体的宽度和高度，然后在场景中通过单击的方式来连续创建出一片墙体模型。

其中主要选项的功能说明如下。

1. 【参数】卷展栏

【宽度】和【高度】微调框：分别设置墙的厚度和高度。

▶【左】单选按钮：根据墙基线（墙的前边与后边之间的线，即墙的厚度）的左侧边对齐墙。

▶【居中】单选按钮：根据墙基线的中心对齐墙。

▶【右】单选按钮：根据墙基线的右侧边对齐墙。

▶【生成贴图坐标】复选框：对墙应用贴图坐标。

▶【真实世界贴图大小】复选框：控制应用于墙对象的纹理贴图材质所使用的缩放方式。

2. 【键盘输入】卷展栏

▶ X、Y、Z 微调框：设置墙分段在活动构造平面中起点的 X 轴、Y 轴和 Z 轴的坐标位置。

▶【添加点】按钮：根据输入的 X 轴、Y 轴和 Z 轴坐标值添加点。

▶【关闭】按钮：单击该按钮，将结束墙对象的创建，并在最后一个分段的端点与第一个分段的起点之间创建分段，以形成闭合的墙。

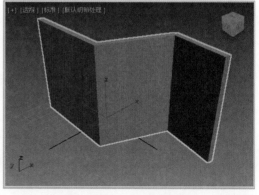

▶【完成】按钮：单击该按钮，将结束墙对象的创建，使之呈端点开放状态。

▶【拾取样条线】按钮：将样条线用作

墙路径 (单击该按钮，然后单击视图中的样条线以用作墙路径)。

3.6 案例演练

本章详细介绍了使用 3ds Max 内置建模工具创建各种基本模型的方法。下面的案例演练部分将通过案例操作，帮助用户巩固所学的知识。

【例 3-13】制作一个圆几模型。●视频+素材
源文件：素材文件 \ 第 03 章 \ 例 3-13

Step 01 在【创建】面板【几何体】选项卡●中单击【标准基本体】下拉按钮，在弹出的下拉列表中选择【扩展基本体】选项，然后在显示的面板中单击【切角圆柱体】按钮，在顶视图中创建一个切角圆柱体，并在【参数】卷展栏中设置【半径】为500mm，【高度】为50mm，【圆角】为10mm，【圆角分段】为50，【边数】为100。

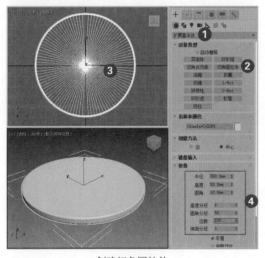

创建切角圆柱体

Step 02 单击【创建】面板中的【扩展基本体】下拉按钮，在弹出的下拉列表中选择【标准基本体】选项，在显示的下拉面板中单击【圆锥体】按钮，在顶视图中创建一个圆锥体。

Step 03 在【参数】卷展栏中设置圆锥体的【半径1】为20mm，【半径2】为

27mm，【高度】为 - 700mm。

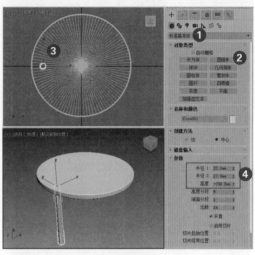

创建圆锥体

Step 04 在透视图中选中上一步创建的圆锥体，按下E键，执行【选择并旋转】命令，将其沿着Y轴向右旋转约15°。

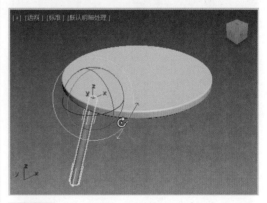

Step 05 按下W键，执行【选择并移动】命令，将圆锥体模型移动至合适的位置。在顶视图中选中圆锥体模型，在命令面板中单击【层次】按钮，进入【层次】面板，然后单击【仅影响轴】按钮。

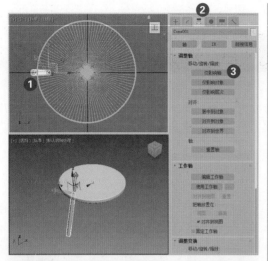

Step 06 按住鼠标左键拖动，将轴移动到切角圆柱体的中心。

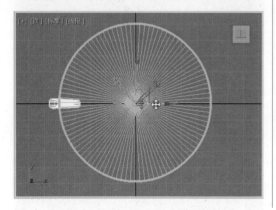

Step 07 在菜单栏中选择【工具】|【阵列】命令，打开【阵列】对话框，单击【旋转】选项后的 按钮，设置Z轴为360°，1D为3，然后单击【确定】按钮。

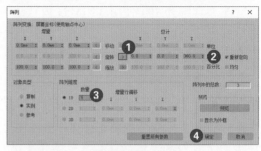

设置【阵列】对话框

Step 08 此时，将在场景中创建下图所示的圆几模型。

圆几模型效果

第 4 章
二维图形建模

本章导读

　　在 3ds Max 中，使用二维图形建模是一种常用的建模方法。利用二维图形建模时，通常需要配合编辑样条线、挤出、倒角、倒角剖面、车削、扫描等编辑修改器来进行操作。本章将通过介绍 3ds Max 2020 提供的二维图形创建和编辑命令，帮助用户了解如何建立与编辑二维图形，从而掌握二维图形建模的方法。

视频教学

例 4-1 制作客厅展示架　　　　　　例 4-5 制作茶几模型

例 4-2 制作玻璃杯模型　　　　　　例 4-6 制作铁艺椅子模型

例 4-3 制作倒角字　　　　　　　　例 4-7 制作花瓶模型

例 4-4 制作果篮模型　　　　　　　例 4-8 制作桌子模型

4.1 创建二维图形

在 3ds Max 中用户可以通过【创建】面板中的选项来创建二维图形。在【创建】面板中选择【图形】选项卡，即可显示二维图形创建工具（其中包括 13 种绘图工具），选择其中的一个工具后，即可在场景中绘制二维图形。

此外，在【图形】选项卡中单击【样条线】下拉按钮，在弹出的下拉列表中用户还可以选择图形的类型，不同类型的图形所提供的绘图命令各不相同。

【创建】面板中的【图形】选项卡

下面将通过在案例中创建模型，介绍【创建】面板【图形】选项卡中各主要工具的功能与使用方法。

4.1.1 矩形

使用【创建】面板中的【矩形】工具可以在场景中创建不同的矩形二维图形。

【例 4-1】使用矩形工具制作客厅展示架。

▶视频+素材

源文件：素材文件\第 04 章\例 4-1

Step 01 在【创建】面板中选择【图形】选项卡，然后单击该选项卡中的【矩形】按钮。在前视图中绘制一个矩形。

Step 02 选择【修改】面板，在【参数】卷展栏中设置矩形图形的长度为

200cm，宽度为100cm。

上图所示【修改】面板【参数】卷展栏中各选项的功能说明如下。

▶【长度】和【宽度】微调框：设置矩形对象的长度和宽度。

▶【角半径】微调框：设置矩形对象的

圆角效果。

Step 03 按下Ctrl+V快捷键，原地复制一个矩形，打开【克隆选项】对话框，选中【复制】单选按钮，然后单击【确定】按钮。

Step 04 在【修改】面板中设置复制矩形的长度为200cm，宽度为200cm。

Step 05 选中并右击主工具栏中的【捕捉开关】按钮3°，打开【栅格和捕捉设置】对话框，选中【顶点】和【边/线段】复选框后，单击【关闭】按钮×关闭该对话框。

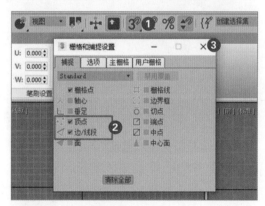

Step 06 在【创建】面板中单击【线】按钮，在前视图中按住Shift键绘制一条样条线。

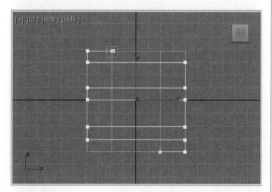

Step 07 选中步骤03复制的矩形，按下

Delete键将其删除。在场景中选中步骤01创建的矩形，选择【修改】面板，在【渲染】卷展栏中选中【在渲染中启用】和【在视口中启用】复选框，然后选中【矩形】单选按钮，设置【长度】参数为30cm，【宽度】参数为3cm。

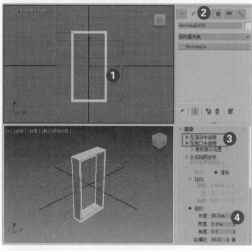

Step 08 在场景中选中步骤06绘制的线对象，执行与步骤07相同的操作，得到的结果如下图所示。

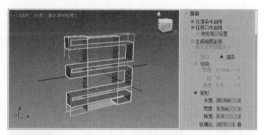

Step 09 在【创建】面板中单击【矩形】按钮，在前视图中绘制下图所示的3个矩形对象。

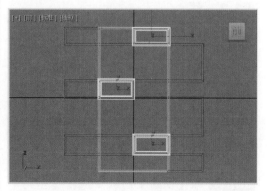

Step 10 选中绘制的矩形对象，在【修改】面板的【修改器列表】中选择【挤出】修改器，在【参数】卷展栏中设置【数量】为1。

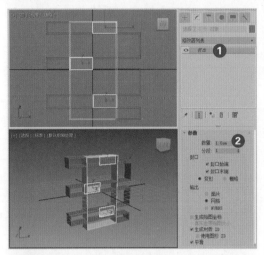

Step 11 按住Ctrl+A快捷键选中场景中的所有对象，在【创建】面板中单击【名称和颜色】卷展栏中的色块按钮，打开【对象颜色】对话框，为模型对象设置颜色，设置完成后展示架模型的效果如下图所示。

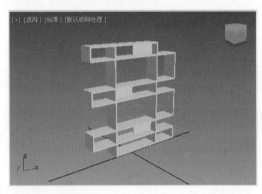

4.1.2 线

线在建模中是最常用的一种样条线，其使用方法非常灵活，形状也不受约束。在【创建】面板中使用【线】工具，用户可以随心所欲地创建所需的图形。

【例4-2】使用线工具制作玻璃杯模型。
▶视频+素材
源文件：素材文件\第04章\例4-2

Step 01 在【创建】面板中选择【图形】

选项卡 🔧，然后单击该选项卡中的【线】按钮，在左视图中绘制线。

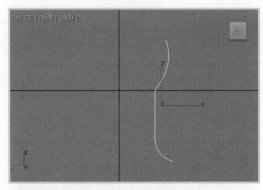

Step 02 选择【修改】面板，展开Line列表，将当前选择集定义为样条线，在【几何体】卷展栏中激活【轮廓】按钮，在该按钮后的微调框中输入2，然后按Enter键。

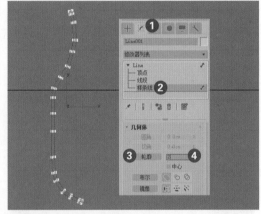

Step 03 在Line列表中将当前选择集定义为【顶点】，在场景中选择最上侧的两个顶点，右击鼠标，从弹出的快捷菜单中选择【平滑】命令。

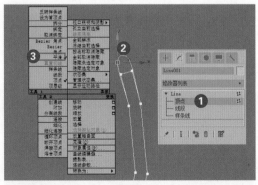

Step 04 使用同样的方法，对下侧的两顶

点进行平滑处理，并适当调整顶点的位置。

Step 05 关闭当前选择集。在【修改】面板的【修改器列表】中选择【车削】修改器，在【参数】卷展栏中将【分段】设置为30，然后单击【方向】选项组中的Y按钮，在【对齐】选项组中单击【最小】按钮。此时，在透视图中创建的玻璃杯模型效果如下图所示。

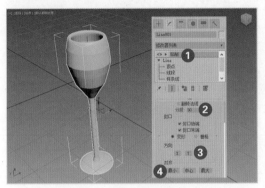

在【创建】面板的【图形】选项卡中选择【线】选项后，【创建方法】卷展栏中将显示两种创建类型，分别为【初始类型】和【拖动类型】，如下图所示。

其中，【初始类型】中包括【角点】和【平滑】；【拖动类型】中分为【角点】【平滑】和Bezier(贝塞尔)。

▶【初始类型】的含义为创建样条线时每次单击鼠标所创建的点的类型。

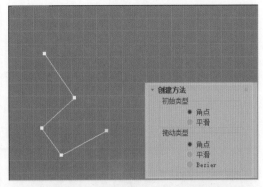

▶【拖动类型】的含义为创建样条线时每次单击并拖动鼠标所创建的点的类型。

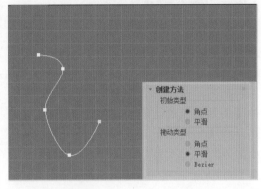

4.1.3 文本

使用【文本】工具可以很方便地在视图中创建出文字模型，并且可以根据模型设计需要更改字体的类型、大小和样式。

【例4-3】使用【文本】工具制作倒角字。
▶视频+素材
源文件：素材文件\第04章\例4-3

Step 01 在【创建】面板中单击【图形】选项卡中的【文本】按钮，在前视图中创建一个文本图形。

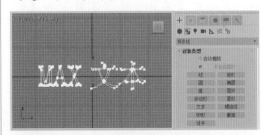

Step 02 选择创建的文本图形，选择【修改】面板，在【参数】卷展栏中设置【字体】为【方正综艺简体】，然后在【文

本】文本框中输入文字"建模入门"，【大小】为100mm。

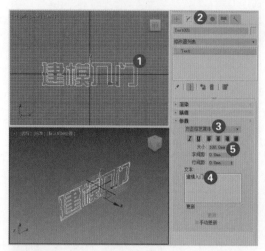

Step 03 单击【修改】面板中的【修改器列表】下拉按钮，在弹出的下拉列表中选择【倒角】选项，添加【倒角】修改器，然后在【倒角值】卷展栏中设置【起始轮廓】为0.2mm，【级别1】选项组中的【高度】为19mm，【轮廓】为0.2mm。

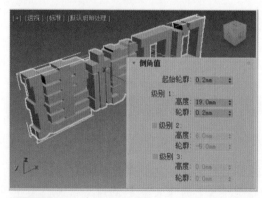

Step 04 选中【级别2】和【级别3】复选框，并分别设置其下的【高度】和【轮廓】参数。

Step 05 在创建倒角模型时，如果设置的倒角轮廓数值过大或过小，可能会出现交叉或收缩在一起的情况。此时，可以在【参数】卷展栏中选中【避免线相交】复选框，解决此类情况。

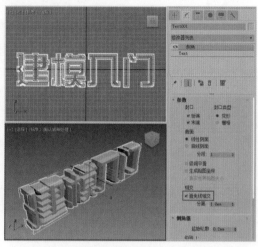

在【创建】面板的【图形】选项卡中单击【文本】按钮后，【参数】卷展栏中主要选项的功能说明如下。

▶【字体列表】下拉按钮：单击该下拉按钮，在弹出的下拉列表中可以选择文本字体。

▶【斜体】按钮**I**：设置文本为斜体文本。

▶【下画线】按钮**U**：设置文本为下画线文本。

▶【左对齐】按钮**≡**：将文本与边界框的左侧对齐。

▶【居中对齐】按钮**≡**：将文本与边界框的中心对齐。

▶【右对齐】按钮**≡**：将文本与边界框的右侧对齐。

▶【分散对齐】按钮**≡**：分隔所有文本以填充边界框的范围。

▶【大小】微调框：设置文本高度。

▶【字间距】微调框：调整文字间的距离。

▶【行间距】微调框：调整行间的距离，该选项只有在图形中包含多行文本时才起作用。

▶【文本】文本框：可以在其中输入多行文本。

4.1.4 圆和弧

使用圆和弧样条线可以在场景中快速创建出大小不一的圆形和弧形。

【例4-4】使用弧工具制作果篮模型。 ●视频+素材

源文件：素材文件\第04章\例4-4

Step 01 在【创建】面板中单击【几何体】选项卡 中的【标准基本体】下拉按钮，在弹出的下拉列表中选择【扩展基本体】选项，然后单击面板中显示的【切角圆柱体】按钮，在前视图中创建一个【半径】为110mm，【高度】为18mm，【圆角】为2.5，【高度分段】为1，【圆角分段】为3，【边数】为30，【端面分段】为1的切角圆柱体。

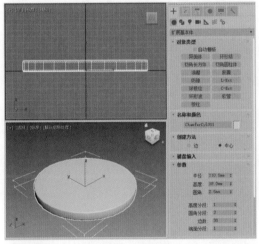

Step 02 在【创建】面板中选择【图形】选项卡 ，然后单击【圆】按钮，在顶视图中创建一个圆，在【参数】卷展栏中设置【半径】为160mm。

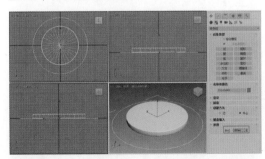

Step 03 选择【修改】面板，单击【修改器列表】下拉按钮，在弹出的下拉列表中选择【编辑样条线】选项，添加"编辑样条线"修改器，在【选择】卷展栏中单击【样条线】按钮 ，将当前选择集设定为样条线，然后在场景中选中圆。

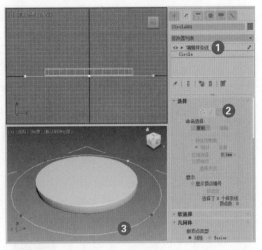

Step 04 在【几何】卷展栏中设置【轮廓】按钮文本框中的参数为28mm，然后单击【轮廓】按钮。

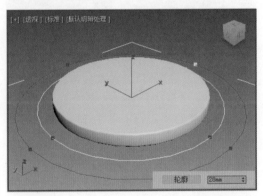

Step 05 关闭选择集，单击【修改器列表】下拉按钮，在弹出的下拉列表中选择【倒角】选项，添加"倒角"修改器，设置下图所示的倒角值。

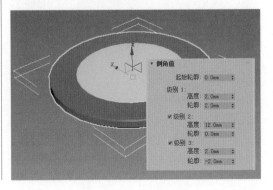

Step 06 按下W键，执行【选择并移动】命令，然后按住Shift键在前视图中调整倒角模型的位置，将其复制一份。

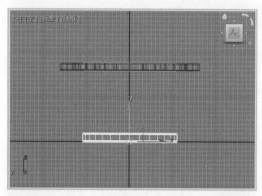

Step 07 选择【创建】面板，单击【弧】按钮，在左视图中创建弧，并在【渲染】卷展栏中选中【在渲染中启用】和【在视口中启用】复选框，设置【厚度】为9mm。

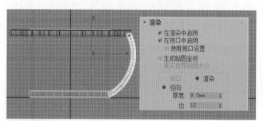

Step 08 在【创建】面板中选择【层次】选项卡 🔲 ，然后单击【轴】按钮，在【调整轴】卷展栏中单击激活【仅影响轴】按钮，在主工具栏中单击【对齐】按钮 🔲 ，在顶视图中选择步骤01绘制的切角圆柱体对象。

Step 09 打开【对齐当前选择】对话框，选中【X位置】【Y位置】和【Z位置】复选框，在【当前对象】和【目标对象】选项组中选中【轴点】单选按钮，单击【确定】按钮。

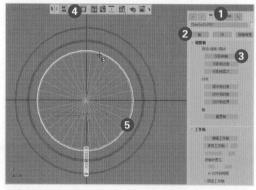

Step 10 在【层次】选项卡中再次单击【仅影响轴】按钮，关闭该按钮的激活状态。

Step 11 选择顶视图，选中视图中的圆弧，在菜单栏中选择【工具】|【阵列】命令，打开【阵列】对话框，在【增量】选项组中设置Z参数为15，在【阵列维度】选项组中设置1D的参数为24，然后单击【确定】按钮。

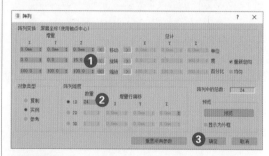

Step 12 在视图中选中步骤05创建的对象，在【创建】面板中单击【扩展基本体】下拉按钮，在弹出的下拉列表中选择【复合对象】选项，然后在显示的面板中单击【布尔】按钮。

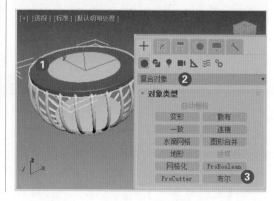

Step 13 在【布尔参数】卷展栏中单击【添加运算对象】按钮，然后在视图中单击模型顶部的切角圆柱体。

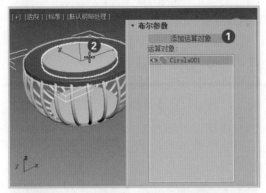

Step 14 在【运算对象参数】卷展栏中单击【差集】按钮，完成模型的制作。

在【创建】面板的【图形】选项卡中单击【圆】按钮后，【参数】卷展栏中只有【半径】微调框一个选项，用于设置圆的半径；单击【弧】按钮后，【参数】卷展栏中将显示【半径】【从】【到】【饼形切片】和【反转】多个选项，它们的功能说明如下。

▶【半径】微调框：设置圆弧的半径。

▶【从】和【到】微调框：设置圆弧的起始和结束位置。

▶【饼形切片】复选框：选中该复选框后，将以扇形形式创建闭合样条线。

▶【反转】复选框：选中该复选框后，弧形的起始点和端点的位置将进行互换，但形状不会发生变化。

4.1.5 其他二维图形

在【创建】面板的【图形】选项卡 中，【样条线】类型下除了上述介绍的几种按钮以外，还有椭圆、圆环、多边形、星形、卵形、截面、徒手、螺旋线等多个工具按钮。此外，单击【样条线】下拉按钮，在弹出的下拉列表中选择【扩展样条线】选项，在显示的面板中还有墙矩形、通道、T 形、角度、宽法兰几种工具按钮。

使用这些工具按钮创建对象的方法及参数设置与前面所介绍的内容基本相同，这里不再重复讲解。

4.1.6 二维图形的公共参数

在 3ds Max 中无论是创建规则的还是不规则的二维图形，都拥有二维图形的基本属性。用户可以根据建模需求对二维图形的基本属性进行设置。在创建图形时，命令面板的【渲染】和【插值】卷展栏中的选项，提供了这些基本属性的设置方法。

在默认情况下，二维图形是不能被渲染的，但在【渲染】卷展栏中可以更改二维图形的渲染设置，使线框图形能以三维形体的方式进行渲染。为了能在视口中也看到最后渲染时的效果，一般会将【在渲染中启用】和【在视口中启用】复选框选中。

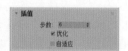

【渲染】和【插值】卷展栏

样条线被渲染时的横截面分为"径向"和"矩形"两种，当用户在【渲染】卷展栏中选中【径向】单选按钮时，样条线的横截面是圆形的，像一根圆管。

当在【渲染】卷展栏中选中【矩形】单选按钮时，样条线的横截面是矩形的。

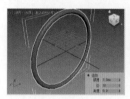

【插值】卷展栏中的参数可以控制样条线的生成方式。在 3ds Max 中所有的样条线都被划分成近似真实曲线的较小直线，样条线上的每个顶点之间的划分数量称为"步数"，使用的"步数"越多，视图中显示的曲线就越平滑。

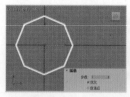
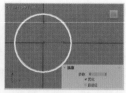

但如果"步数"过多，由二维图形生成的三维模型的面也会随之增多，这样会耗费过多的系统资源，导致工作效率降低。因此，当用户在【插值】卷展栏中选中【优化】复选框后，可以从样条线的直线线段中删除不需要的步数，从而生成最佳状态的图形。

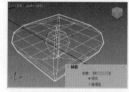
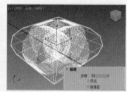

在【插值】卷展栏中选中【自适应】复选框后，【步数】微调框会变为不可用状态。此时 3ds Max 会根据二维图形不同的部位造型要求自动计算生成所需要的点。

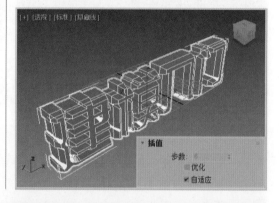

4.2 编辑样条线

3ds Max 中，二维图形不仅可以进行整体的编辑，还可以进入其子对象层级进行编辑，改变其局部形态。二维对象包含"顶点""线段"和"样条线"3 个子对象。下面将分别介绍它们的特点和编辑方法。

4.2.1 转换为可编辑样条线

3ds Max 提供的样条线对象，无论是规则和不规则图形，都可以被塌陷成一个可编辑样条线对象。在执行塌陷操作之后，参数化的图形将不能再访问之前的创建参数，其属性名称在堆栈中会变为"可编辑样条线"，并拥有 3 个子对象层级。

将二维图形塌陷为"可编辑样条线"的方法有两种：一种方法是选择要塌陷的二维图形，在【修改】面板中右击修改堆栈，从弹出的快捷菜单中选择【可编辑样条线】命令。

另一种方法是选择需要塌陷的二维图形，在视图中任意位置右击鼠标，在弹出的快捷菜单中选择【转换为】|【转换为可编辑样条线】命令。

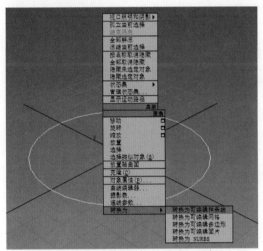

将二维图形转换为"可编辑样条线"后，即可在【修改】面板的修改堆栈中，对顶点、线段、样条线3个子对象进行【位移】【旋转】【缩放】等一系列操作，以此来编辑我们所需要的形态。当用户在【修改】面板中单击【顶点】子对象选项或单击【选择】卷展栏中的【顶点】按钮，将进入"顶点"子对象层级，再次单击该

子对象就回到了物理层级。采用相同的方法，我们可以进入任意子对象层级进行操作。

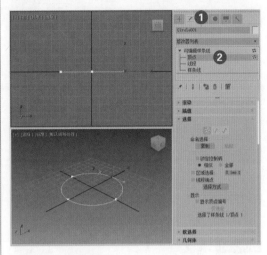

4.2.2 顶点

"顶点"子对象是二维图形最基本的子对象类型，也是构成其他子对象的基础。顶点与顶点相连，就构成了线段，线段与线段相连就构成了样条线。在3ds Max中，顶点有4种类型，分别为"角点""平滑""Bezier"和"Bezier角点"。其中"Bezier"和"Bezier角点"可以更改顶点的操纵手柄，从而改变曲线的弯曲效果。

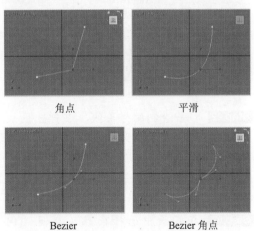

角点　　　　　　平滑

Bezier　　　　　Bezier 角点

"顶点"的4种类型可以互相转换。在场景中选中需要转换的顶点，在视图中任意位置右击鼠标，从弹出的快捷菜单中可以更改顶点的类型。

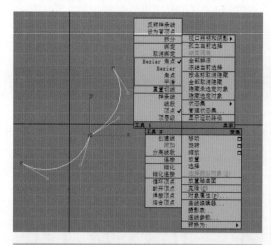

【例4-5】通过使用"编辑样条曲线"修改器中的常用命令制作一个茶几模型。 ▶视频+素材

源文件：素材文件 \ 第04章 \ 例4-5

Step 01 在【创建】面板的【图形】选项卡 中单击【线】按钮，在前视图中创建下图所示的线(在创建线时，按住Shift键的同时单击鼠标左键，可以创建垂直或水平的线)。

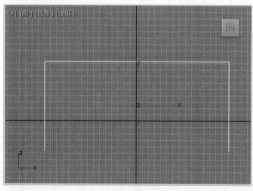

绘制线

Step 02 右击绘制的样条线，在弹出的快捷菜单中选择【转换为】|【转换为可编辑样条线】命令，然后选择【修改】面板，选中【顶点】子对象选项，进入"顶点"子对象层级。

Step 03 在场景中选择顶点，在【几何体】卷展栏中设置圆角为15mm。

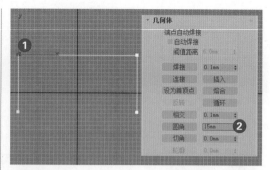

Step 04 按下Enter键，顶点的圆角效果将如下左图所示。使用同样的方法，为另一个顶点设置圆角效果，如下右图所示。

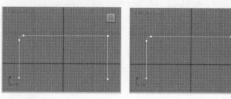

Step 05 在【渲染】卷展栏中选中【在渲染中启用】【在视口中启用】复选框和【矩形】单选按钮，设置【长度】为120mm，【宽度】为5mm。

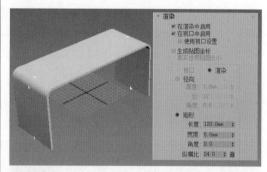

Step 06 在左视图中绘制【长度】为8mm，【宽度】为5mm的矩形。

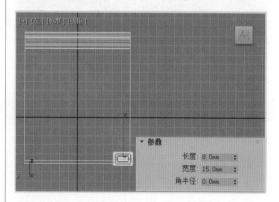

Step 07 在【修改】面板的【渲染】卷展栏中将【矩形】选项组中的【长度】设置为20mm。

Step 08 按下W键，执行【选择并移动】命令，然后按住Shift键拖动绘制的矩形，打开【克隆选项】对话框，将其复制3份。

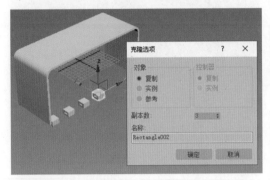

Step 09 将4个矩形对象移动至合适位置，完成茶几模型的制作。

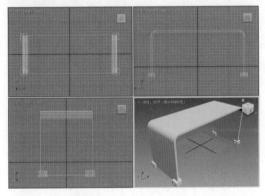

4.2.3 线段

"线段"子对象控制的是组成样条曲线的线段，即样条曲线上两个顶点中间的部分。

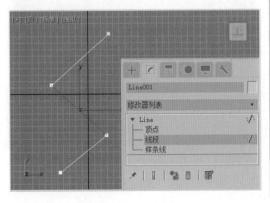

在"线段"子对象层级中，可以对"线段"子对象进行移动、旋转、缩放或复制等操作，并可以使用针对"线段"子对象层级的编辑命令。

【例4-6】通过使用"编辑样条曲线"修改器中的常用命令制作一个铁艺椅子模型。
▶视频+素材
源文件：素材文件 \ 第04章 \ 例4-6

Step 01 在【创建】面板的【图形】选项卡 中单击【矩形】按钮，在前视图中创建一个【长度】为800mm，【宽度】为800mm的矩形。

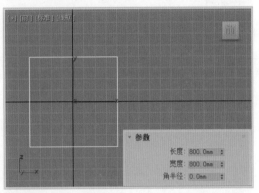

Step 02 选中场景中的模型，右击鼠标，在弹出的快捷菜单中选择【转换为】|【转换为可编辑样条线】命令，然后选择【修改】面板，选中【顶点】子对象选项，进入"顶点"子对象层级。

Step 03 在前视图中按住Ctrl键选中矩形上方的两个顶点，在【几何体】卷展栏的【圆角】微调框中输入6.5mm，按下Enter键。

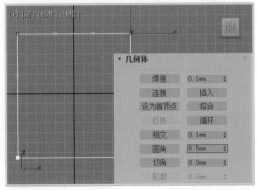

Step 04 按下W键，执行【选择并移动】

命令，在透视图中按住Ctrl键选中下图所示的两个顶点。

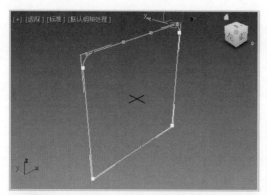

Step 05 沿Y轴向左移动选中的顶点。

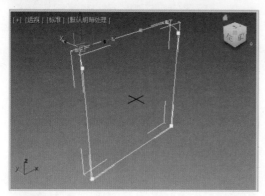

Step 06 在【修改】面板中选中【线段】子对象选项，进入"线段"子对象层级。在前视图中选中下图所示的线段进行等比缩放。

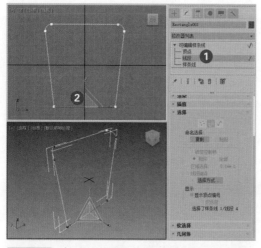

Step 07 在【渲染】卷展栏中选中【在渲染中启用】和【在视口中启用】复选框，

设置【厚度】为25mm。

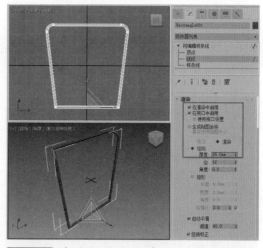

Step 08 在左视图中创建一个【长度】为900mm，【宽度】为800mm的矩形。

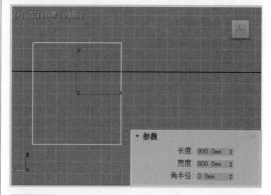

Step 09 右击创建的矩形，在弹出的快捷菜单中选择【转换为】|【转换为可编辑样条线】命令，将其转换为可编辑样条线，在透视图中按住Ctrl键选中矩形四周的顶点。

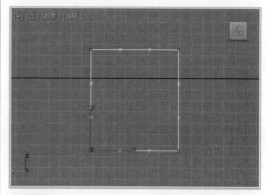

Step 10 在【几何体】卷展栏的【圆角】微调框中输入6.5mm，然后按下Enter键。

此时，场景中矩形的效果如下图所示。

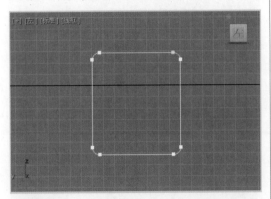

Step 11 选中【线段】子对象选项，进入"线段"子对象层级。在透视图中选择下左图所示的线段，并使用主工具栏中的【选择并均匀缩放】工具 对线段进行等比缩放。

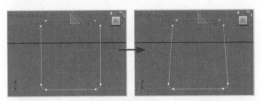

等比缩放线段

Step 12 在【渲染】卷展栏中选中【在渲染中启用】和【在视口中启用】复选框，然后设置【厚度】为2.5mm。

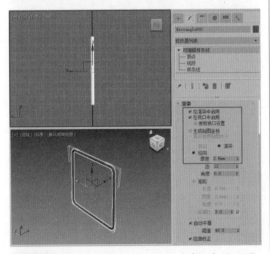

Step 13 按下W键，执行【选择并移动】命令，将模型移动到合适的位置。然后按住Shift键拖动模型将其复制，制作椅子腿

部分。

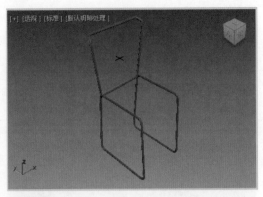

Step 14 选中下左图所示的对象，然后按住Shift键拖动该对象，将其沿Y轴复制。

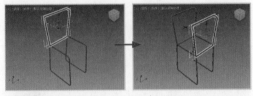

Step 15 按下E键，执行【选择并旋转】命令，将复制的对象先沿X轴旋转90°，再沿Y轴旋转180°。

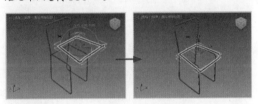

Step 16 进入"线段"子对象层级，适当调整线段。

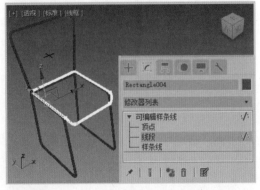

Step 17 在【修改】面板中单击【修改器列表】下拉按钮，在弹出的下拉列表中选择【挤出】选项，添加"挤出"修改器，

然后在【参数】卷展栏的【数量】微调框中输入3mm。

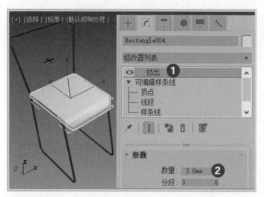

Step 18 在前视图中绘制一个矩形对象作为椅子的靠背，将该矩形转换为可编辑样条线，并进入"顶点"子对象层级，为矩形四周的顶点设置【圆角】为5.5mm。完成后的矩形效果如下图所示。

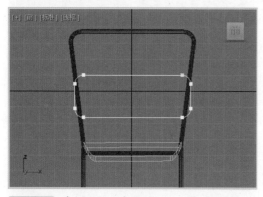

Step 19 在透视图中按住Ctrl键分别选中下图所示的两组顶点，使用主工具栏中的【选择并旋转】工具🔄将其沿Z轴旋转。

Step 20 最后，在【修改】面板中单击【修改器列表】下拉按钮，在弹出的下拉列表中选择【挤出】选项，为矩形添加"挤出"修改器，并在【参数】卷展栏中将【数量】设置为3mm，完成模型的创建。

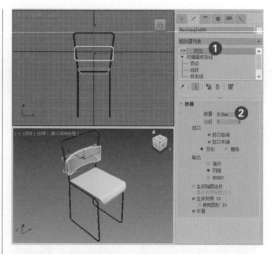

4.2.4 样条线

"样条线"子对象为二维图形中独立的样条曲线对象，它是一组相连线段的集合。在"样条线"子对象层级中，用户可以对"样条线"子对象执行移动、旋转、缩放或复制等操作，并可以使用针对"样条线"子对象层级的编辑命令。

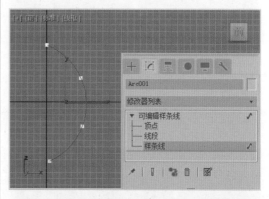

【例4-7】通过使用"编辑样条曲线"修改器中的常用命令制作一个花瓶模型。▶视频+素材

源文件：素材文件＼第04章＼例4-7

Step 01 在【创建】面板的【图形】选项卡🔄中单击【线】按钮，在前视图中绘制花瓶的截面轮廓线。

Step 02 右击创建的轮廓线，在弹出的快捷菜单中选择【转换为】|【转换为可编辑样条线】命令，将其转换为可编辑样条线，选择【修改】面板，选中【样条线】子对象选项，进入"样条线"子对象层

级，在【几何体】卷展栏中将【轮廓】设置为-4mm，按Enter键确认。

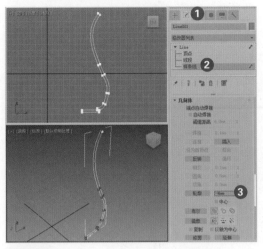

选项，添加"车削"修改器，在【参数】卷展栏中将【分段】设置为100mm，并单击【方向】选项组中的Y按钮和【对齐】选项组中的【最小】按钮。

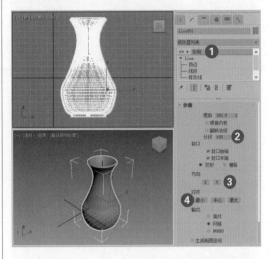

Step 03 退出"样条线"子对象层级，在【修改】面板中单击【修改器列表】下拉按钮，在弹出的下拉列表中选择【车削】

4.3 案例演练

二维图形建模是一种非常灵活的建模方式，使用二维图形可以创建出很多线性的模型(例如桌子、凳子等)。下面的案例演练部分，将通过案例操作帮助用户进一步巩固本章所学的知识，掌握二维图形建模的方法。

【例 4-8】制作一个简单的桌子模型。
▶ 视频+素材
源文件：素材文件\第 04 章\例 4-8)

Step 01 在顶视图中创建一个【长度】为1000mm,【宽度】为1600mm,【角半径】为3mm的矩形。

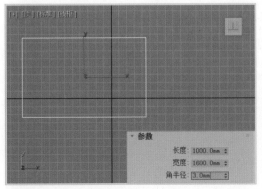

Step 02 在透视图中选中矩形，选择【修

改】面板，单击【修改器列表】下拉按钮，在弹出的下拉列表中选择【挤出】选项，添加"挤出"修改器，在【参数】卷展栏中设置【数量】为125mm。

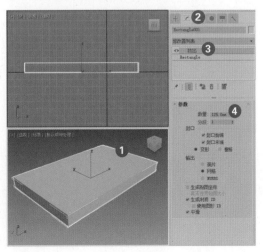

Step 03 在左视图中绘制一个【长度】为400mm，【宽度】为800mm的矩形。

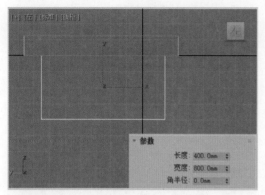

Step 04 在【渲染】卷展栏中选中【在渲染中启用】复选框、【在视口中启用】复选框和【矩形】单选按钮，设置【长度】为30mm。

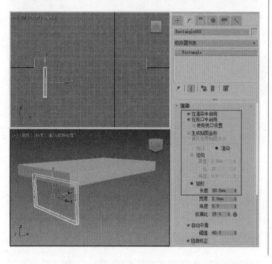

Step 05 按下W键，执行【选择并移动】命令，然后按住Shift键将选中的对象沿X轴复制，完成模型的制作。

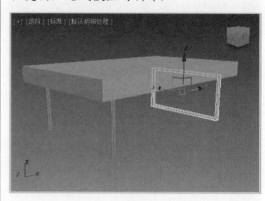

第5章
修改器建模

| 本章导读 |

　　修改器建模是在已有的基本模型的基础上，通过在【修改】面板中添加相应的修改器，将模型进行塑形或编辑。如此便可以快速地制作出特殊的模型效果。

　　本章将介绍 3ds Max 2020 提供的各种常用修改器，这些修改器有的可以为几何体重新塑形；有的则可以为几何体设置特殊的动画效果；还有的则可以为当前选中的对象添加力学绑定。

| 视频教学 |

5.1 修改器的基础知识

3ds Max 中修改器的应用有先后顺序之分。同样的一组修改器如果用不同的顺序添加在物体上，可能会得到不同的模型效果。用户可以在模型创建完成之后，在命令面板的【修改】面板上通过单击【修改器列表】下拉按钮，从弹出的下拉列表中添加修改器。

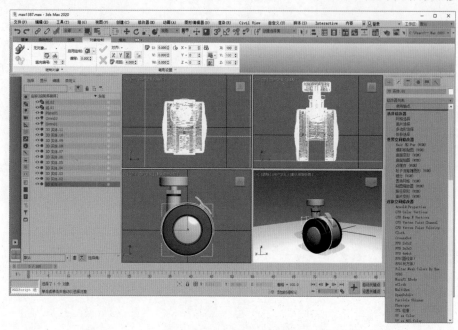

通过修改器列表添加修改器

在场景中选中的对象不同，修改器中所提供的命令也会有所不同，例如，有的修改器仅仅针对图形起作用，如果在场景中选择了几何体，相应的修改器命令就无法在【修改器列表】下拉列表中找到；又如，用户对图形应用修改器后，图形就转变成了几何体，这样即使仍然选中的是最初的图形对象，也无法再次添加仅对图形起作用的修改器。

下面将简单介绍一些关于修改器的基础知识。

◾ 修改器堆栈

修改器堆栈是【修改】面板中各个修改器叠加在一起的列表，在修改器堆栈中，可以查看选中的对象及应用于对象上的所有修改器，并包含累积的历史操作记录。用户可以向对象应用任意数目的修改器，包括重复

应用同一个修改器。当开始向对象应用对象修改器时，修改器会以应用它们时的顺序"入栈"。第一个修改器会出现在堆栈底部，紧挨着对象类型出现在它上方。

使用修改器堆栈时，单击堆栈中的项目即可返回到进行修改的点，然后可以重做决定，暂时禁用修改器，或者删除修改器。也可以在堆栈中的该点插入新的修改器，所做的更改会沿着堆栈向上改动，更改对象的当前状态。

当场景中的物体添加多个修改器后，若希望更改特定修改器中的参数，就必须到修改器堆栈中查找。修改器堆栈中的修改器可以在不同的对象上应用复制、剪切和粘贴操作。单击修改器名称前面的眼睛图标 还可以控制应用或取消所添加修改器的效果。

▶ 当眼睛图标显示为灰色 👁 时，修改器将应用于其下面的堆栈。

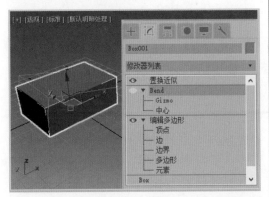

▶ 当眼睛图标显示为灰色 ▢ 时，将禁用修改器。

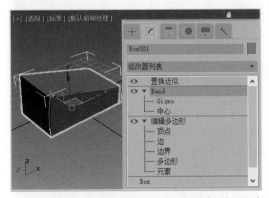

不需要的修改器，可以在堆栈中通过右击菜单中的【删除】命令将其删除。

在修改器堆栈的底部，第一个条目一直都是场景中选中物体的名称，并包含自身的属性参数。单击该条目可以修改原始对象的创建参数，如果没有添加新的修改器，那么这就是修改器堆栈中唯一的条目。

当修改器堆栈中添加的修改器名称前有倒三角符号 ▼ 时，说明该修改器内包含子层级，子层级的数目最少为 1 个，最多不超过 5 个。

此外，在修改器堆栈列表的下方还有5 个按钮，其各自的功能说明如下。

▶【锁定堆栈】按钮 ▨：用于将堆栈锁定到当前选中的对象，无论之后是否选择该物体对象或者其他对象，【修改】面板始终显示被锁定对象的修改命令。

▶【显示最终结果开 / 关切换】按钮 ▯：当对象应用了多个修改器时，激活显示最终结果后，即使选择的不是最上方的修改器，但视图中的显示结果仍然应为应用了所有修改器的最终结果。

▶【使唯一】按钮 ▨：当该按钮为可激活状态时，说明场景中可能至少有一个对象与当前所选中对象为实例化关系，或者场景中至少有一个对象应用了与当前选择对象相同的修改器。

▶【从堆栈中移除修改器】按钮 🗑：删除当前所选的修改器。

▶【配置修改器集】按钮 ▨：单击该按钮可以打开【修改器集】菜单。

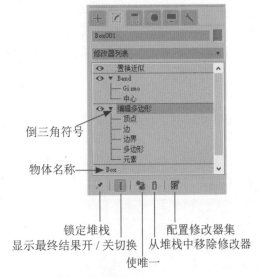

■ 修改器的顺序

3ds Max 中对象在【修改】面板中所添加的修改器按添加的顺序排列。该顺序如果颠倒可能会对当前对象产生新的结果或不正确的影响。

在 3ds Max 中应用了某些类型的修改器，会对当前对象产生"拓扑"行为。所谓"拓扑"指的是有的修改器命令会对物体的每个顶点或者面指定一个编号，这个编号是当前修改器内部使用的，这种数值型的结构称为"拓扑"。当单击产生拓扑行为修改器下方的其他修改器时，如果可能对物体的顶点数或者面数产生影响，导致物体内部编号的混乱，则非常有可能在最终模型上出现错误的结果。当我们试图执行类似的操作时，3ds Max 会打开【警告】对话框来提示用户。

■ **添加和删除修改器**

在 3ds Max 中，单击【修改】面板中的【修改器列表】下拉按钮，在弹出的下拉列表中，用户可以为当前选定对象添加修改器。

如果要删除对象上现有的修改器，可以在修改器堆栈中选择修改器后，单击【从堆栈中移除修改器】按钮 ，或者右击鼠标，从弹出的快捷菜单中选择【删除】命令。

■ **复制和粘贴修改器**

在修改器堆栈中，修改器可以复制，并可在多个不同的物体对象上粘贴，具体操作方法有两种。

▶ 在修改器名称上右击鼠标，从弹出的快捷菜单中选择【复制】命令，然后在场景中选中其他物体，在【修改】面板中右击鼠标，从弹出的快捷菜单中选择【粘贴】命令。

▶ 将修改器拖动至视图中的其他对象上。

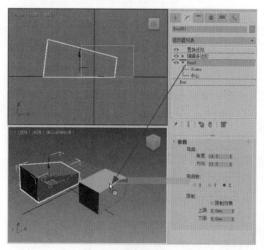

拖动修改器至对象上

此外，在选中物体的某一个修改器时，如果按住 Ctrl 键将其拖动到其他对象上，可以将这个修改器作为"实例"的方式粘

贴到此对象上；如果按住 Shift 键将其拖动到其他对象上，则相当于将修改器"剪切"并"粘贴"到新的对象上。

■ **可编辑对象**

在 3ds Max 中进行复杂模型的创建时，可将对象直接转换为可编辑对象，并在其子对象层级中进行编辑修改。根据转换为可编辑对象类型的不同，其子对象层级的命令也各不相同。用户可以在视图中选择对象，然后右击鼠标，从弹出的快捷菜单中选择【转换为】命令中的子命令进行不同对象类型的转换。

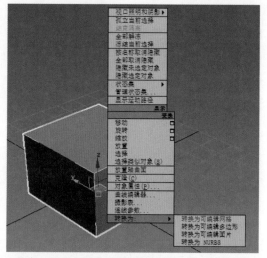

▶ 当对象类型为可编辑网格时，其【修改】面板中的子对象层级为：顶点、边、面、多边形和元素。

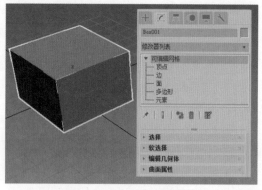

▶ 当对象类型为可编辑面片时，其【修改】面板中的子对象层级为：顶点、边、面片、元素和控制柄。

▶ 当对象类型为可编辑样条线时，其【修改】面板中的子对象层级为：顶点、线段和样条线。

▶ 当对象类型为 NURBS 曲面时，其【修改】面板中的子对象层级为：CV 曲线和曲线。

当对象转换为可编辑对象时，可以在视图操作中获取更有效的操作命令，缺点是丢失了对象的初始创建参数；当为对象添加修改器时，优点是保留创建参数，但是由于命令受限，以至于工作效率难以提升。

■ 塌陷修改器堆栈

当用户在 3ds Max 中完成模型制作并确定所应用的修改器均不再需要改动时，可以将修改器堆栈进行塌陷。塌陷之后的对象会失去所有修改器命令及调整参数，而仅保留模型的最终效果。该操作的优点是简化了模型的多余数据，使模型更加稳定，同时也节省了系统的资源。

塌陷修改器堆栈有【塌陷到】和【塌陷全部】两种方法。

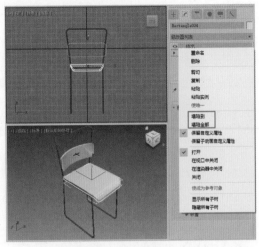

▶ 如果只需要在多个修改器命令中的某一个命令上塌陷，可以在当前修改器上右击鼠标，从弹出的快捷菜单中选择【塌陷到】命令。

▶ 如果需要塌陷所有的修改器命令，则可以在修改器名称上右击鼠标，从弹出的快捷菜单中选择【塌陷全部】命令。

5.2 修改器的类型

修改器有很多种，在【修改】面板中的【修改器列表】下拉列表中，3ds Max 将这些修改器默认分为"选择修改器""世界空间修改器"和"对象空间修改器"3 个集合。

5.2.1 选择修改器

"选择修改器"集合中包括【网格选择】【面片选择】【多边形选择】和【体积选择】4 种修改器。

▶【网格选择】修改器：可以选择网格子对象。

▶【面片选择】修改器：选择面片子对象后可以对面片子对象应用其他修改器。

▶【多边形选择】修改器：选择多边形子对象后可以对其应用其他修改器。

▶【体积选择】修改器：可以从一个对象或多个对象选定体积内的所有子对象。

5.2.2 世界空间修改器

"世界空间修改器"集合基于世界空间坐标，而不是基于单个对象的局部坐标系。当应用了一个世界空间修改器后，无论物体是否发生了移动，它都不会受到任何影响。

▶【Hair 和 Fur(WSM)】修改器：用于为物体添加毛发。

▶【摄影机贴图 (WSM)】修改器：使摄影机将 UVW 贴图坐标应用于对象。

▶【点缓存 (WSM)】修改器：该修改器可以将修改器动画存储到磁盘文件中，然后使用磁盘文件中的信息来播放动画。

▶【路径变形 (WSM)】修改器：可以根据样条线或 NURBS 曲线的路径将对象变形。

▶【面片变形 (WSM)】修改器：可以根据面片将对象变形。

▶【曲面变形 (WSM)】修改器：该修改器的工作方式与【路径变形 (WSM)】修改器相同，只是它使用的是 NURBS 点或 CV 曲面，而不是使用曲线。

▶【曲面贴图 (WSM)】修改器：将贴图指定给 NURBS 曲面，并将其投射到修改的对象上。

▶【贴图缩放器 (WSM)】修改器：用于调整贴图大小，并保持贴图比例不变。

▶【细分 (WSM)】修改器：提供用于光能传输处理创建网格的一种算法。处理光能传递需要网格的元素尽可能地接近等边三角形。

▶【置换网格 (WSM)】修改器：用于查看置换贴图的效果。

5.2.3 对象空间修改器

"对象空间修改器"集合中的修改器非常多。这个集合中的修改器主要应用于单独对象，使用的是对象的局部坐标系，因此当移动对象时，修改器也会随着移动。

【修改器列表】中的对象空间修改器

5.3 常用修改器

本节将通过案例操作，介绍 3ds Max 常用修改器的使用方法。

5.3.1 车削修改器

【车削】修改器可以通过绕轴旋转一个图形或 NURBS 曲线来创建 3D 对象。

【例 5-1】利用【车削】修改器制作烛台模型。

▶视频+素材

源文件：素材文件 \ 第 05 章 \ 例 5-1

Step 01 在【创建】面板的【图形】选项卡 中单击【线】按钮,在前视图中绘制一条线。

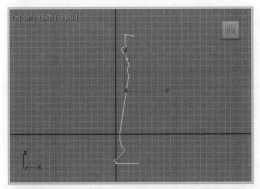

Step 02 选择【修改】面板,单击【修改器列表】下拉按钮,在弹出的下拉列表中选择【车削】选项,添加【车削】修改器。

Step 03 在【参数】卷展栏中选中【焊接内核】复选框,设置【分段】为50,【方向】为Y轴,然后在【对齐】选项组下单击【最大】按钮。此时,烛台模型效果如下图所示

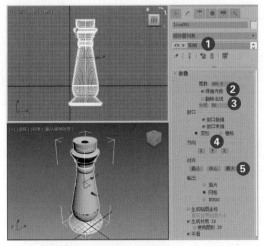

【车削】修改器【参数】卷展栏中主要选项的功能说明如下。

▶【度数】微调框:确定对象绕轴旋转多少度(范围是 0~360,默认值是 360)。可以为【度数】设置关键点来设置车削对象圆环增强的动画。车削轴自动将尺寸调整到与要车削图形同样的高度。

▶【焊接内核】复选框:通过将旋转轴中的顶点焊接来简化网格。如果要创建一

个变形对象,应禁用该复选框。

▶【翻转法线】复选框:依赖图形上顶点的方向和旋转方向,旋转对象可能会内部翻转。通过选中【翻转法线】复选框可以修正这个问题。

▶【分段】微调框:在起始点之间确定在曲面上创建多少插补线段。该微调框中的参数也可设置动画,其默认值为 16。

▶【封口始端】复选框:选中该复选框后,封口设置的“度”小于 360°的车削对象的始点,并形成闭合图形。

▶【封口末端】复选框:选中该复选框后,封口设置的“度”小于 360°的车削对象的终点,并形成闭合图形。

▶【变形】单选按钮:按照创建变形目标所需的可预见且可重复的模式排列封口面。渐进封口可以产生细长的面,而不像栅格封口需要渲染或变形。如果要车削出多个渐进目标,主要使用渐进封口的方法。

▶【栅格】单选按钮:在图形边界上的方形修剪栅格中安排封口面。此方法产生尺寸均匀的曲面,可使用其他修改器方便地将这些曲面变形。

▶ X、Y、Z 按钮:相对对象轴点,设置轴的旋转方向。

▶【最小】【中心】【最大】按钮:将旋转轴与图形的最小、中心或最大范围对齐。

▶【面片】单选按钮:产生一个可以折叠到面片对象中的对象。

▶【网格】单选按钮:产生一个可以折叠到网格对象中的对象。

▶ NURBS 单选按钮:产生一个可以折叠到 NURBS 对象中的对象。

▶【生成贴图坐标】复选框:选中该复选框后,将贴图坐标应用到车削对象中。当【度数】微调框中的值小于360并启用【生成贴图坐标】复选框时,则将另外的贴图坐标应用到末端封口中,并在每一封口上放置一个 1×1 的平铺图案。

▶【真实世界贴图大小】复选框：控制应用于该对象的纹理贴图材质所使用的缩放方法。缩放值由位于应用材质的坐标卷展栏中的【使用真实世界比例】选项控制。

▶【生成材质 ID】复选框：将不同的材质 ID 指定给挤出对象的侧面与封口。具体情况为：侧面接收 ID3，封口（当【度数】微调框中的值小于 360 且车削图形闭合时）接收 ID1 和 ID2。

▶【使用图形 ID】复选框：将材质 ID 指定给在挤出产生的样条线中的线段，或指定给 NURBS 挤出产生的曲线子对象。该复选框只有在启用【生成材质 ID】复选框时可用。

▶【平滑】复选框：为车削图形应用平滑效果。

5.3.2 挤出修改器

【挤出】修改器将深度添加到二维图形中，并使其成为一个参数对象。

【例 5-2】利用【挤出】修改器制作公园石凳模型。▶视频+素材

源文件：素材文件 \ 第 05 章 \ 例 5-2

Step 01 在【创建】面板的【图形】选项卡中单击【矩形】按钮，在左视图中创建一个较大的矩形，并在【参数】卷展栏中设置其【长度】为500mm，【宽度】为600mm，【角半径】为0。

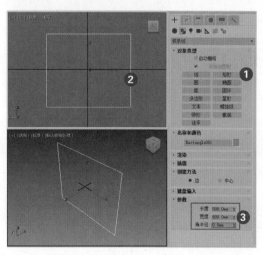

Step 02 使用同样的方法，在左视图中再绘制一个【长度】为135mm，【宽度】为475mm，【角半径】为50mm的矩形(较小的矩形)。

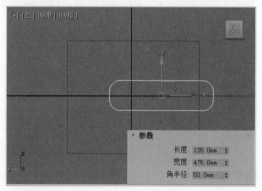

Step 03 选中步骤01创建的矩形，选择【修改】面板，单击【修改器列表】下拉按钮，从弹出的下拉列表中选择【编辑样条线】选项，添加"编辑样条线"修改器，然后在【几何体】卷展栏中单击【附加】按钮，并选中场景中步骤02绘制的矩形对象。

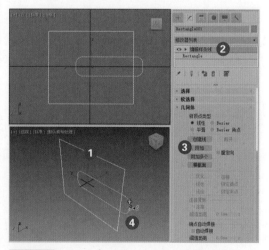

Step 04 再次单击【几何体】卷展栏中的【附加】按钮，在场景资源管理器中右击生成的新对象，在弹出的快捷菜单中选择【对象属性】命令，将该对象重命名为"石凳-01"。

Step 05 在【修改】面板中选择【样条线】选项，将当前选择集定义为样条线，在视图中选择大矩形的样条线，在【几何体】卷展栏中单击【布尔】按钮和【差

集】按钮 。

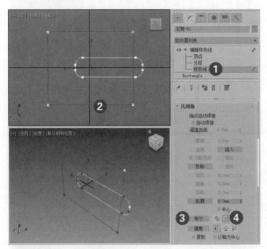

Step 06 在视图中拾取小矩形的样条线，执行布尔运算。

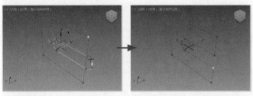

Step 07 在【修改】面板中将选择集定义为【顶点】，在【几何体】卷展栏中单击【优化】按钮，在左视图中添加两个顶点。

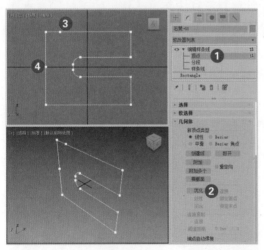

添加顶点

Step 08 再次单击【几何体】卷展栏中的【优化】按钮，在左视图中选中并右击图形左上角的3个顶点，在弹出的快捷菜单中选择【角点】命令，然后按下W键，

执行【选择并移动】命令，调整顶点的位置。

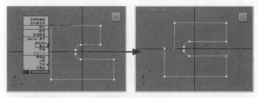

调整顶点的位置

Step 09 选中图形右上角的两个顶点，在左视图中将其向左调整。

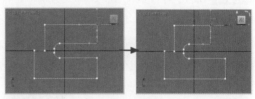

Step 10 在【修改】面板中单击【修改器列表】下拉按钮，从弹出的下拉列表中选择【挤出】选项，添加"挤出"修改器。在【参数】卷展栏中将【数量】设置为170mm，创建下图所示的石凳腿部模型。

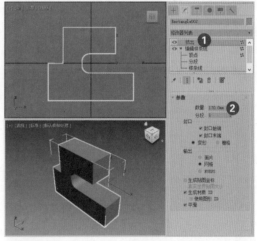

Step 11 在视图中选中创建的模型，按住Shift键拖动石凳腿部模型对象，打开【克隆选项】对话框将对象复制一份。

Step 12 在【创建】面板的【几何体】选项卡 中单击【长方体】按钮，在左视图中绘制一个长方体，并根据两个石凳腿部模型的长度、宽度和高度，调整长方体模型。

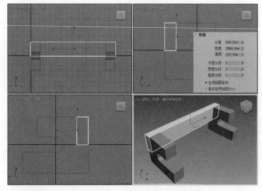

Step 13 使用同样的方法绘制长方体，并按住Shift键拖动将其复制两份。

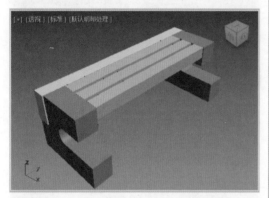

Step 14 在【创建】面板的【图形】选项卡 中单击【矩形】按钮，在前视图中创建【长度】为180mm，【宽度】为120mm的矩形。

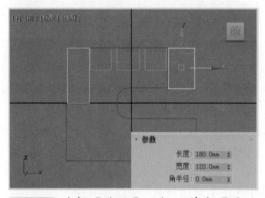

Step 15 选择【修改】面板，单击【修改器列表】下拉按钮，从弹出的下拉列表中选择【圆角/切角】修改器，将当前选择集定义为【顶点】，然后选择矩形上方的两个顶点。

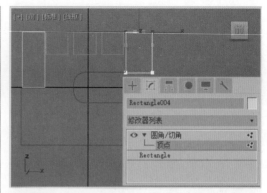

Step 16 在【编辑顶点】卷展栏中将【圆角】选项组中的【半径】参数设置为15mm，单击【应用】按钮。

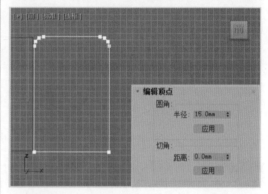

Step 17 单击【修改】面板中的【修改器列表】下拉按钮，从弹出的下拉列表中选择【挤出】选项，添加"挤出"修改器，在【参数】卷展栏的【数量】微调框中输入1550mm，完成模型的制作，效果如下图所示。

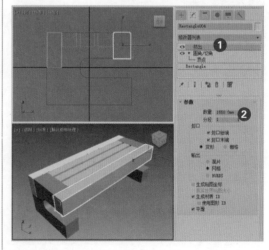

【挤出】修改器【参数】卷展栏中主要的两个选项的功能说明如下。

▶ 【数量】微调框：设置挤出深度。

▶ 【分段】微调框：指定将要在挤出对象中创建线段的数量。

5.3.3 弯曲修改器

【弯曲】修改器可以将物体在任意3个轴上进行弯曲处理，用户可以调节弯曲的角度和方向，以及限制对象在一定区域内的弯曲程度。

【例5-3】利用【弯曲】修改器制作水龙头模型。

▶视频+素材

源文件：素材文件 \ 第 05 章 \ 例 5-3

Step 01 在【创建】面板的【图形】选项卡中单击【矩形】按钮，在顶视图中创建【长度】为35mm，【宽度】为56mm，【角半径】为12mm的矩形。

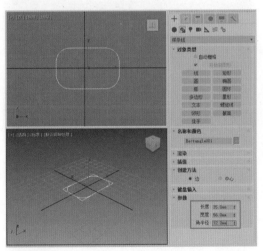

Step 02 选中步骤01绘制的矩形，在【修改】面板中单击【修改器列表】下拉按钮，从弹出的下拉列表中选择【挤出】选项，添加"挤出"修改器，然后在【参数】卷展栏的【数量】微调框中输入6mm。

Step 03 再次在【创建】面板的【图形】选项卡中单击【矩形】按钮，在顶视图中创建一个【长度】为24mm，【宽度】为40mm，【角半径】为8mm的矩形。

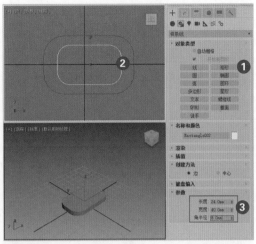

Step 04 选择【修改】面板，单击【修改器列表】下拉按钮，从弹出的下拉列表中选择【挤出】选项，添加"挤出"修改器，在【参数】卷展栏的【数量】微调框中输入70mm。

Step 05 在【创建】面板的【图形】选项卡中单击【矩形】按钮，在顶视图中创建一个【长度】为15mm，【宽度】为10mm，【角半径】为3mm的矩形。

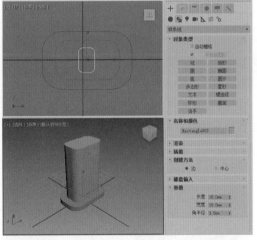

Step 06 选择【修改】面板，单击【修改器列表】下拉按钮，从弹出的下拉列表中选择【挤出】选项，添加"挤出"修改器，在【参数】卷展栏中设置【数量】为300mm，【分段】为36。

Step 07 在【修改】面板中单击【修改器列表】下拉按钮，从弹出的下拉列表中选择【Bend】选项，添加"Bend(弯曲)"修改器，在【参数】卷展栏中设置【角度】为90，【方向】为90，【弯曲轴】为Z轴。

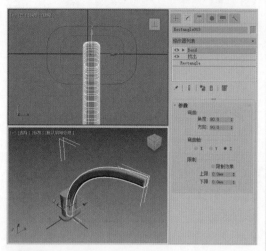

Step 08 在【参数】卷展栏中选中【限制效果】复选框，然后在【上限】微调框中输入37mm。在修改器堆栈中单击Gizmo选项，将当前选择集定义为Gizmo，然后按下W键，执行【选择并移动】命令，移动Gizmo的位置。

Step 09 选择【创建】面板，在【几何体】选项卡●中单击【切角圆柱体】按钮，绘制一个切角圆柱体，在【参数】卷展栏中设置【半径】为14mm，【高度】为3.3mm，【圆角】为0.5mm，【高度分段】为1，【边数】为24。

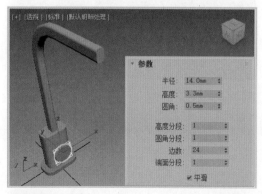

Step 10 再次单击【切角圆柱体】按钮，创建第二个切角圆柱体，在【参数】卷展栏中设置【半径】为14mm，【高度】为15mm，【圆角】为0.5mm，【高度分段】为1，【边数】为24。

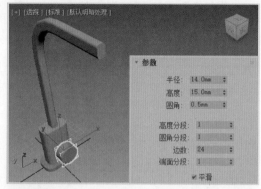

Step 11 单击【创建】面板中的【切角长方体】按钮，在顶视图中创建一个切角长方体，在【参数】卷展栏中设置【长度】为4mm，【宽度】为7mm，【高度】为8mm，【圆角】为0.6mm。

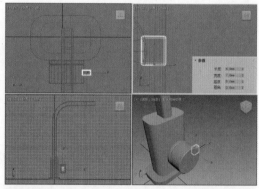

Step 12 再次单击【切角长方体】按钮，创建一个【长度】为2mm，【宽度】为2mm，【高度】为45mm，【圆角】为1mm的切角长方体。

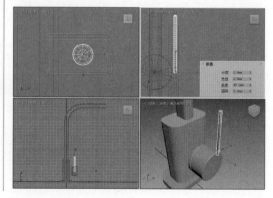

Step 13 按下E键，执行【选择并旋转】命令，沿Z轴旋转绘制的切角长方体。

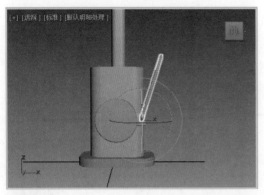

Step 14 在【创建】面板中单击【管状体】按钮，在视图中创建一个【半径1】为4mm，【半径2】为3mm，【高度】为3mm，【高度分段】为1的管状体，完成模型的制作。

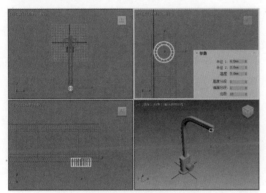

"弯曲"修改器【参数】卷展栏中主要选项的功能说明如下。

▶ 【角度】微调框：设置围绕垂直于坐标轴方向的弯曲量。

▶ 【方向】微调框：使弯曲物体的任意一端相互靠近。其参数值为负时，对象弯曲会与 Gizmo 中心相邻；参数值为正时，对象弯曲远离 Gizmo 中心；参数值为 0 时，对象将进行均匀弯曲。

▶ 【弯曲轴】选项组：用于设定弯曲所沿的坐标轴。

▶ 【限制效果】复选框：对弯曲效果应用限制约束。

▶【上限】微调框：设置弯曲效果的上限。

▶ 【下限】微调框：设置弯曲效果的下限。

5.3.4 扭曲修改器

【扭曲】修改器可以在对象几何体中产生旋转效果。

【例 5-4】利用【扭曲】修改器制作扭曲戒指模型。 ▶视频+素材
源文件：素材文件 \ 第 05 章 \ 例 5-4

Step 01 在【创建】面板中单击【几何体】选项卡●中的【切角长方体】按钮，在前视图中创建一个切角长方体，在【参数】卷展栏中设置【长度】为3300mm，【宽度】为55mm，【高度】为96mm，【圆角】为6mm，【长度分段】为97，【宽度分段】为2，【高度分段】为3，【圆角分段】为3。

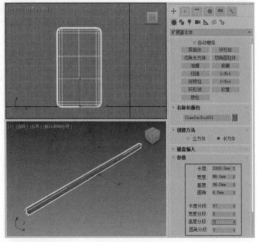

Step 02 选中创建的切角长方体，选择【修改】面板，单击【修改器列表】下拉按钮，从弹出的下拉列表中选择【Twist】选项，添加 "Twist(扭曲)"修改器，然后在【参数】

卷展栏中设置【角度】为680，【扭曲轴】为Y，并选中【限制效果】复选框，设置【上限】为900mm，【下限】为-900mm。

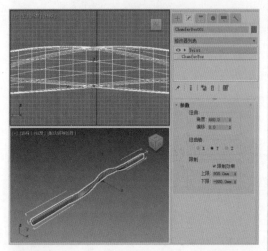

Step 03 单击【修改】面板中的【修改器列表】下拉按钮，在弹出的下拉列表中选择【Bend(弯曲)】选项，添加"弯曲"修改器，然后在【参数】卷展栏中设置【角度】为360，【弯曲轴】为Y轴，完成模型的创建，效果如下图所示。

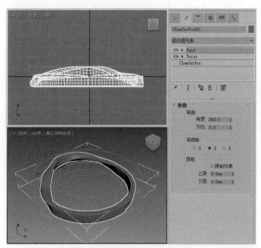

　　【扭曲】修改器的【参数】卷展栏与【弯曲】修改器的【参数】卷展栏类似，其中主要选项的功能说明如下。

　▶【角度】微调框：设置围绕垂直于坐标轴方向的扭曲量。

　▶【偏移】微调框：使扭曲物体的任意一端相互靠近，其参数值为负时，对象扭

曲会与Gizmo中心相邻；参数值为正时，对象扭曲会远离Gizmo中心；参数值为0时，对象将进行均匀扭曲。

　▶【扭曲轴】选项组：指定扭曲所沿的坐标轴。

　▶【限制效果】复选框：对扭曲效果应用限制约束。

　▶【上限】微调框：设置扭曲效果的上限。

　▶【下限】微调框：设置扭曲效果的下限。

5.3.5　晶格修改器

　　【晶格】修改器可以将图形的线段或边转换为圆柱形结构，并在顶点上产生可选择的关节多面体。

【例5-5】利用【晶格】修改器制作水晶灯模型。
▶视频+素材
源文件：素材文件\第05章\例5-5

Step 01 在【创建】面板的【几何体】选项卡●中单击【切角圆柱体】按钮，绘制一个【半径】为255mm，【高度】为80mm，【圆角】为1mm，【圆角分段】为6，【边数】为40的切角圆柱体。

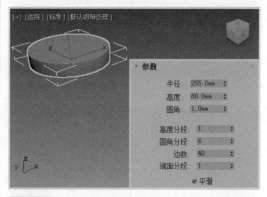

Step 02 再次单击【创建】面板中的【切角圆柱体】按钮，创建第二个切角圆柱体，在【参数】面板中设置其【半径】为280mm，【高度】为10mm，【圆角】为1mm，【圆角分段】为6，【边数】为40。

Step 03 单击【创建】面板中的【圆柱体】按钮，在视图中创建一个圆柱体，并在【参数】卷展栏中设置其【半径】为260mm，【高度】为1100mm，【边数】为24。

Step 04 选中上一步创建的圆柱体对象，选择【修改】面板，单击【修改器列表】下拉按钮，从弹出的下拉列表中选择【晶格】选项，添加"晶格"修改器，然后在【参数】卷展栏中设置【支柱】的【半径】为3mm，【边数】为4。

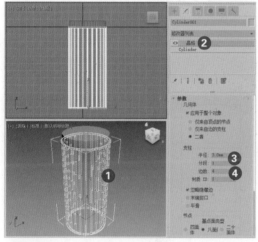

Step 05 在【创建】面板中单击【几何球体】按钮，在模型下方创建一个【半径】为260mm，【分段】为4的几何球体。

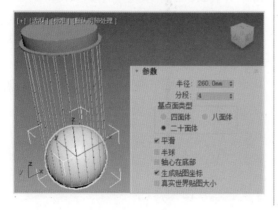

Step 06 选中上一步创建的几何球体，选择【修改】面板，单击【修改器列表】下拉按钮，从弹出的下拉列表中选择【晶格】选项，添加"晶格"修改器，在【参数】卷展栏中设置【支柱】的【半径】为1mm，【边数】为4。

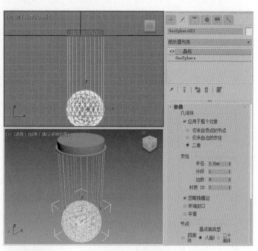

Step 07 在【参数】卷展栏的【节点】选项组的【半径】微调框中输入20mm，完成模型的制作，效果如下图所示。

　　【晶格】修改器【参数】卷展栏中主要选项的功能说明如下。

　　◼ **【几何体】选项组**

　　▶【应用于整个对象】复选框：将【晶格】修改器应用到对象的所有边或线段上。

　　▶【仅来自顶点的节点】单选按钮：仅显示由原始网格顶点产生的关节 (多面体)。

　　▶【仅来自边的支柱】单选按钮：仅显示由原始网格线段产生的支柱 (圆柱体)。

▶【二者】单选按钮：显示支柱和关节。

　　■【支柱】选项组

▶【半径】微调框：指定结构的半径。

▶【分段】微调框：指定沿结构的分段数量。

▶【边数】微调框：指定结构边界的边数量。

▶【材质 ID】微调框：指定用于结构的材质 ID，使结构和关节具有不同的材质 ID。

▶【忽略隐藏边】复选框：仅生成可视边的结构。如果禁用该选项，将生成所有边的结构，包括不可见边。

▶【末端封口】复选框：将末端封口应用于结构。

▶【平滑】复选框：将平滑效果应用于结构。

　　■【节点】选项组

▶【基点面类型】子选项组：指定用于关节的多面体类型，包括【四面体】【八面体】和【二十面体】3 种类型。

▶【半径】微调框：设置关节的半径。

▶【分段】微调框：指定关节中的分段数量。分段越多，关节形状就越接近球形。

▶【材质 ID】微调框：指定用于结构的材质 ID。

▶【平滑】复选框：将平滑效果应用于关节。

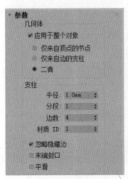

"晶格"修改器【参数】卷展栏

　　■【贴图坐标】选项组

▶【无】单选按钮：不指定贴图。

▶【重用现有坐标】单选按钮：将当前

贴图指定给对象。

▶【新建】单选按钮：使用专用于"晶格"修改器的贴图。将圆柱形贴图应用于每个结构，将球形贴图应用于每个关节。

5.3.6　壳修改器

　　【壳】修改器通过添加一组朝向现有面相反方向的额外面，而产生厚度，无论曲面在原始对象中的任何地方消失，边将连接内部和外部曲面。可以为内部和外部曲面、边的特性、材质 ID 以及边的贴图类型指定偏移距离。

【例 5-6】利用【壳】修改器制作蛋壳雕刻模型。

▶视频+素材

源文件：素材文件 \ 第 05 章 \ 例 5-6

Step 01 在【创建】面板的【几何体】选项卡●中单击【球体】按钮，绘制一个【半径】为 60mm，【分段】为 80 的球体。

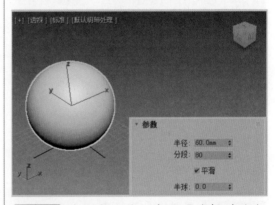

Step 02 使用主工具栏中的【选择并均匀缩放】工具，在前视图中将球体按 Y 轴的正方向缩放，使球体变为椭圆形体。

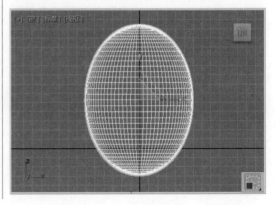

Step 03 单击【创建】面板【图形】选项卡 中的【文本】按钮，在前视图中创建文本，并在【参数】卷展栏中设置文本【大小】为60mm。

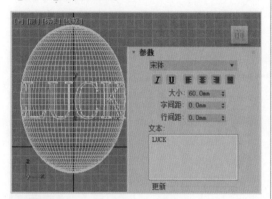

Step 04 按下E键，执行【选择并旋转】命令，将场景中的文本沿X轴旋转。

Step 05 选中椭圆形体，在【创建】面板的【几何体】选项卡 中单击【标准基本体】下拉按钮，在弹出的下拉列表中选择【复合对象】选项，然后先单击【图形合并】按钮，再单击【拾取图形】按钮，拾取场景中的文本。

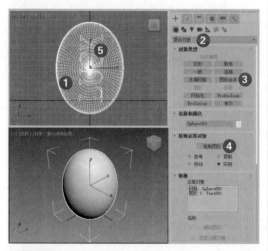

Step 06 选中图形合并后的模型，选择【修改】面板，单击【修改器列表】下拉按钮，从弹出的下拉列表中选择【编辑多边形】选项，添加"编辑多边形"修改器，然后在【选择】卷展栏中单击【多边形】按钮，进入多边形子层级，选中文本部分。

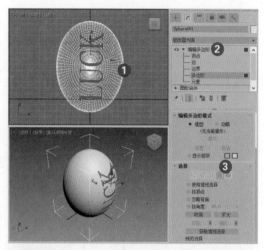

Step 07 按下Delete键将选中的多边形删除。

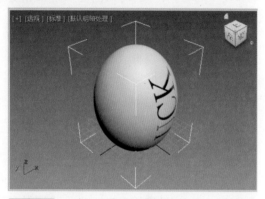

Step 08 选择场景中的球体模型，在【修改】面板中单击【修改器列表】下拉按钮，从弹出的下拉列表中选择【壳】选项，添加"壳"修改器，在【参数】卷展栏中设置【外部量】为0.1，完成模型的制作。

【壳】修改器【参数】卷展栏中各选项的功能说明如下。

▶【内部量】和【外部量】微调框：通

过使用 3ds Max 通用单位的距离，将内部曲面从原始位置向内移动，将外部曲面从原始位置向外移动。

▶【分段】微调框：设置每一边的细分值。

▶【倒角边】复选框：选中该复选框后，并指定【倒角样条线】微调框中的参数，3ds Max 会使用样条线定义边的剖面和分辨率。

▶【倒角样条线】微调框：单击该按钮，可以选择打开样条线定义边的形状和分辨率 (像圆形或星形这样的闭合形状将不起作用)。

▶【覆盖内部材质 ID】复选框：选中该复选框，使用【内部材质 ID】微调框中的参数，可以为所有的内部曲面多边形指定材质 ID。该复选框默认为禁用状态。

▶【内部材质 ID】微调框：为内部面指定材质 ID。该微调框只有在选中【覆盖内部材质 ID】复选框后才可用。

▶【覆盖外部材质 ID】复选框：选中该复选框后，设置【外部材质 ID】微调框中的参数，可以为所有的外部曲面多边形指定材质 ID。该复选框默认为禁用状态。

▶【外部材质 ID】微调框：为外部面指定材质 ID。该微调框只有在选中【覆盖外部材质 ID】复选框后才可用。

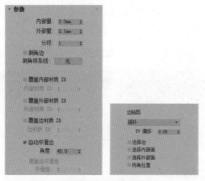

"壳"修改器的【参数】卷展栏

▶【覆盖边材质 ID】复选框：选中该复选框，设置【边材质 ID】微调框中的参数，为所有的新边多边形指定材质 ID。该复选框默认为禁用状态。

▶【边材质 ID】微调框：为边的面指定材质 ID。该微调框只有在启用【覆盖边材

质 ID】复选框后才可用。

▶【自动平滑边】复选框：应用自动、基于角平滑到边面。禁用【自动平滑边】复选框后，不再应用平滑。

▶【角度】微调框：在边和面之间指定最大角，该边和面由【自动平滑边】设置平滑。该微调框只有在启用【自动平滑边】复选框之后才可用 (默认值为 45.0)。

▶【覆盖平滑组】复选框：使用【平滑组】微调框中的参数设置，用于为新边多边形指定平滑组。该选项只有在禁用【自动平滑边】复选框之后才可用。

▶【平滑组】微调框：为新边多边形设置平滑组。该微调框只有在启用【覆盖平滑组】复选框后才可用。

▶【边贴图】下拉列表：指定应用于新边的纹理贴图类型。

▶【TV 偏移】微调框：确定边的纹理顶点间隔。该微调框只有在【边贴图】下拉列表中选择【剥离】【插补】选项时才可用。

▶【选择边】复选框：从其他修改器的堆栈上传递选择的边。

▶【选择内部面】复选框：选择内部面，从其他修改器的堆栈上传递选择。

▶【选择外部面】复选框：选择外部面，从其他修改器的堆栈上传递选择。

▶【将角拉直】复选框：调整角顶点以维持直线边。

5.3.7　FFD(长方体) 修改器

FFD 修改器即自由变形修改器，该修改器使用晶格框包围选中的几何体，用户可以通过调整晶格的控制点来改变封闭几何体的形状。

【例 5-7】利用 FFD 修改器制作沙发抱枕模型。

▶视频+素材

源文件：素材文件 \ 第 05 章 \ 例 5-7

Step 01 在【创建】面板的【几何体】选项卡●中单击【切角长方体】按钮，在顶

视图中创建一个切角长方体，在【参数】卷展栏中设置【长度】为400mm，【宽度】为400mm，【高度】为100mm，【圆角】为50mm，【长度分段】为5，【宽度分段】为6，【圆角分段】为3。

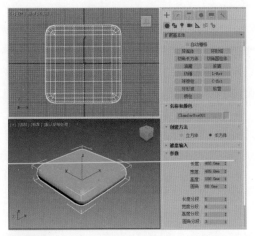

Step 02 选中创建的切角长方体对象，选择【修改】面板，单击【修改器列表】下拉按钮，从弹出的下拉列表中选择【FFD(长方体)】选项，添加"FFD(长方体)"修改器，然后在【FFD参数】卷展栏中单击【设置点数】按钮。

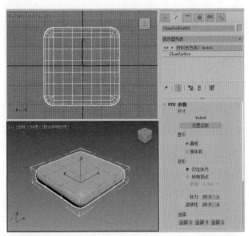

Step 03 打开【设置FFD尺寸】对话框，设置【长度】为5，【宽度】为6，【高度】为2，然后单击【确定】按钮。

Step 04 在【修改】面板的修改器堆栈中选择【控制点】选项，将当前选择集定义为控制点，在顶视图中选择模型最外围所有的控制点。

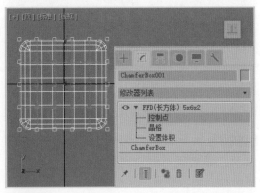

Step 05 在主工具栏中单击【选择并均匀缩放】按钮，在前视图中沿Y轴向下调整控制点。

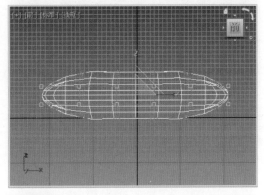

Step 06 在顶视图中选择模型最外围除每个角以外的所有控制点。

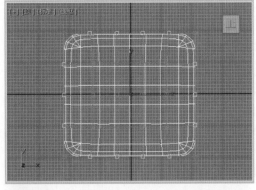

Step 07 单击主工具栏中的【选择并均匀缩放】按钮，将鼠标移动至X轴、Y轴中

心处并按住鼠标左键进行拖动。

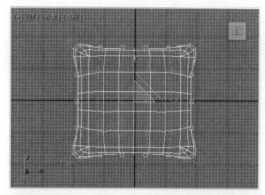

Step 08 按下W键，执行【选择并移动】命令，在前视图和左视图中沿Y轴调整上下两边上的控制点。

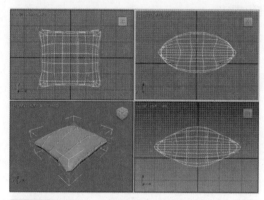

Step 09 最后，在【修改】面板中关闭当前选择集，单击【修改器列表】下拉按钮，从弹出的下拉列表中选择【网格平滑】选项，添加"网格平滑"选择器。该修改器可以使场景中的物体棱角变得平滑，使其外观更接近现实中的真实物体。

【FFD(长方体)】修改器【FFD 参数】卷展栏中各选项的功能说明如下。

▶【尺寸】提示框：显示晶格中当前的控制点数目。

▶【设置点数】按钮：单击【设置点数】按钮可以打开【设置 FFD 尺寸】对话框，在该对话框中可以设置晶格中所需控制点的数量。

▶【晶格】复选框：控制是否让连接控制点的线条形成栅格。

▶【源体积】复选框：选中该复选框可

以将控制点和晶格以未修改的状态显示出来。

▶【仅在体内】单选按钮：选中该单选按钮后，只有位于源体积内的顶点会变形。

▶【所有顶点】单选按钮：所有顶点都会变形。

▶【衰减】微调框：设定 FFD 的效果减少为 0 时离晶格的距离。

▶【张力】和【连续性】微调框：调整变形样条线的张力和连续性。

▶【全部 X】【全部 Y】和【全部 Z】按钮：选中由这 3 个按钮指定的轴向的所有控制点。

▶【重置】按钮：将所有控制点恢复到原始位置。

▶【全部动画】按钮：单击该按钮可以将控制器指定给所有的控制点，使它们在轨迹视图中可见。

▶【与图形一致】按钮：在对象中心控制点位置之间沿直线方向延长线条，可将每一个 FFD 控制点移到修改对象的交叉点上。

▶【内部点】复选框：仅控制受【与图形一致】影响的对象内部的点。

▶【外部点】复选框：仅控制受【与图形一致】影响的对象外部的点。

▶【偏移】微调框：设置控制点偏移对象曲面的距离。

▶【关于】按钮：单击该按钮，可打开显示版权信息和许可信息的对话框。

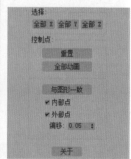

"FFD(长方体)"修改器的【参数】卷展栏

5.3.8 噪波修改器

【噪波】修改器可以使对象表面的顶点进行随机变动，从而让表面变得起伏不规则。该修改器可以应用于任何类型的对象上，常用于制作复杂的地形、地面和水面效果。

【例 5-8】利用【噪波】修改器制作海洋效果。
▶视频+素材
源文件：素材文件 \ 第 05 章 \ 例 5-8

Step 01 在【创建】面板中单击【几何体】选项卡中的【平面】按钮，在顶视图中创建一个平面对象。

Step 02 选择【修改】面板，在【参数】卷展栏中设置【长度】为2000mm，【宽度】为2000mm，【长度分段】为200，【宽度分段】为200。

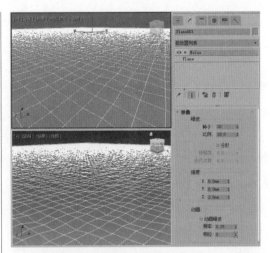

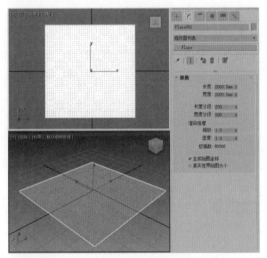

Step 03 单击【修改器列表】下拉按钮，在弹出的下拉列表中选择【噪波】选项，添加"噪波"修改器，然后在【参数】卷展栏中设置【噪波】选项组中的【种子】为10，【比例】为10，【强度】选项组中的Z为3。制作完成后的海洋模型效果如右上图所示。

【噪波】修改器【参数】卷展栏中各选项的功能说明如下。

▶【种子】微调框：从设置的数值中生成一个随机起始点。该参数在创建地形时非常有用，因为每种设置都可以生成不同的效果。

▶【比例】微调框：设置噪波影响(非强度)的大小。若其参数值较大可产生平滑的噪波，参数值较小则产生锯齿现象非常严重的噪波。

▶【分形】复选框：控制是否产生分形效果。

▶【粗糙度】微调框：控制分形变化的程度。

▶【迭代次数】微调框：控制分形功能所使用的迭代数量。

▶ X、Y 和 Z 微调框：设置噪波在 X/Y/Z 坐标轴上的强度。

▶【动画噪波】复选框：调节噪波和强度参数的组合效果。

▶【频率】微调框：调节噪波效果的速度。较高的频率可使噪波振动得更快；较低的频率可产生较为平滑或更温和的噪波。

▶【相位】微调框：移动基本波形的开始和结束点。

5.4 案例演练

修改器建模是 3ds Max 中非常特殊的建模方式，用户可以通过对二维图形或三维模型添加相应的修改器，使二维图形变为三维模型，或使三维模型产生特殊的变化。下面的案例演练部分，将通过实例操作帮助用户进一步掌握所学的知识。

【例5-9】使用"挤出"修改器制作半圆形沙发模型。▶视频+素材

源文件：素材文件\第05章\例5-9

Step 01 在【创建】面板的【图形】选项卡中单击【线】按钮，在前视图中绘制一条闭合的线。选择【修改】面板，在【选择】卷展栏中单击【顶点】按钮，选中闭合线上的所有6个顶点。

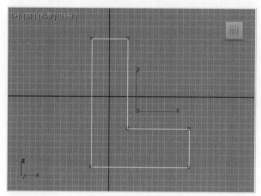

Step 02 在【几何体】卷展栏中设置【圆角】为120mm，使线变得更圆滑。

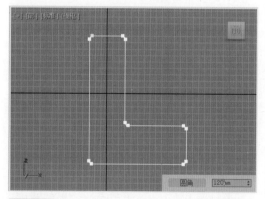

Step 03 再次单击【选择】卷展栏中的【顶点】按钮，取消该按钮的激活状态，然后选中场景中的线，单击【修改】面板中的【修改器列表】按钮，从弹出的下拉列表中选择【挤出】选项，添加【挤出】修改器，在【参数】卷展栏中设置【数量】为11000mm，【分段】为50。

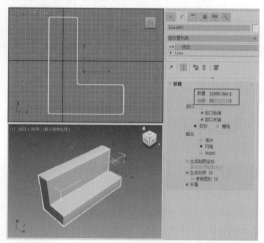

Step 04 再次单击【修改器列表】下拉按钮，从弹出的下拉列表中选择【Bend】选项，添加"Bend(弯曲)"修改器，在【参数】卷展栏中设置【角度】为90，【弯曲轴】为Z轴。

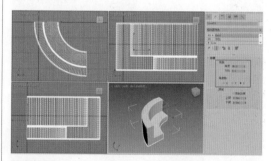

Step 05 选中创建的模型，单击主工具栏中的【镜像】按钮，打开【镜像：世界坐标】对话框，设置【镜像轴】为Y轴，【偏移】为-35mm，单击【确定】按钮，制作效果如下图所示的半圆形沙发模型。

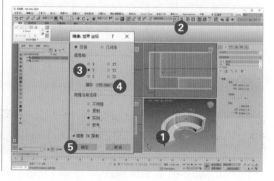

第 6 章
复合对象建模

| 本章导读 |

　　复合对象建模是一种特殊的建模方法，该方法可以将两个或两个以上的物体通过特定的合成方式合并为一个物体，以创建出更复杂的模型。在合并过程中，不仅可以反复调节，还可以记录为动画，制作出特殊的动画效果。

| 视频教学 |

6.1 创建复合对象

在 3ds Max 工作界面右侧的【创建】面板中选择【几何体】选项卡 ◎，在【标准基本体】下拉列表中选择【复合对象】选项，可以显示用于创建复合对象的命令面板（此时，在【对象类型】卷展栏中有些按钮是灰色的，这表示当前选定的对象不符合该复合对象的创建条件）。

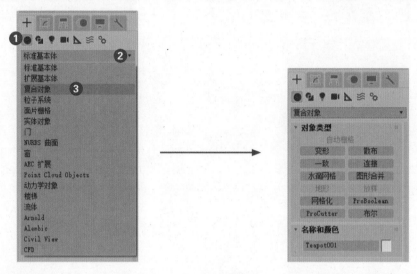

6.1.1 散布

"散布"对象能够将选定的源对象通过散布控制，分散、覆盖到目标对象的表面。通过【修改】面板可以设置对象分布的数量和状态，并可以设置散布对象的动画。

【例 6-1】通过【散布】对象制作仙人掌模型。
▶ 视频+素材
源文件：素材文件 \ 第 06 章 \ 例 6-1

Step 01 在【创建】面板中选择【图形】选项卡 ◎，然后单击【线】按钮，在前视图中绘制下图所示的剖面线。

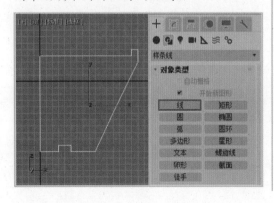

Step 02 选择【修改】面板，单击【修改器列表】下拉按钮，从弹出的下拉列表中选择【车削】选项，然后在【参数】卷展栏中将【分段】设置为40，再单击Y和【最小】按钮，将剖面线进行旋转，创建花盆。

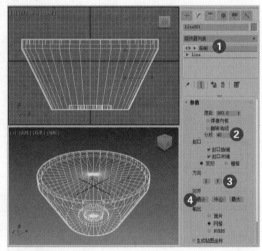

Step 03 选择【创建】面板，选择【几何体】选项卡 ◎，单击【球体】按钮，在顶

视图的花盆中央创建球体，然后使用主工具栏中的【选择并移动】按钮✛，将绘制的球体调整到花盆的正上方。

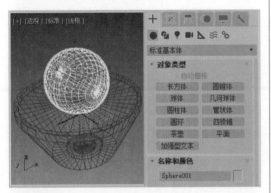

Step 04 在主工具栏中长按【选择并均匀缩放】下拉按钮🔳，从弹出的下拉列表中选择【选择并挤压】工具🔳，然后分别在左视图和前视图中将球体沿Y轴方向进行缩放，制作下图所示的仙人掌模型。

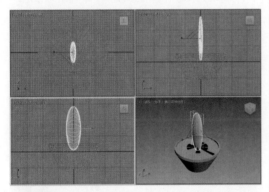

Step 05 选择【创建】面板，在【几何体】选项卡中单击【圆锥体】按钮，在前视图中创建下图所示的圆锥体模型，创建仙人掌上的刺模型(参数如下图所示)。

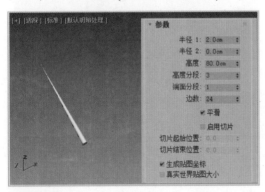

Step 06 选中绘制的刺模型，激活主工具栏中的【选择并移动】工具✛，然后按住Shift键在场景中拖动刺模型，打开【克隆选项】对话框，在【副本数】微调框中输入2，然后单击【确定】按钮。

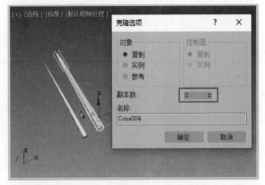

Step 07 选择【修改】面板，在【参数】卷展栏中调整复制的两个刺模型的【高度】和【半径】参数，使它们大小不相同。

Step 08 使用主工具栏中的【选中并移动】工具✛和【选中并旋转】工具🔄，调整场景中3个刺模型的位置，使效果如下图所示。

Step 09 选中一根刺模型，在【修改】面板中单击【修改器列表】下拉按钮，从弹出的下拉列表中选择【编辑网格】选项，然后单击【编辑几何体】卷展栏中的【附加】按钮，选取场景中的其他两个刺模型，将它们附加为一个整体。

Step 10 选择【创建】面板，单击【标准基本体】下拉按钮，从弹出的下拉列表中选择【复合对象】选项。

Step 11 选中场景中合为一体的3个刺模型，然后单击【复合对象】面板中的【散布】按钮，再单击【拾取分布对象】卷展栏中的【拾取分布对象】按钮，然后单击透视图中的仙人掌模型。

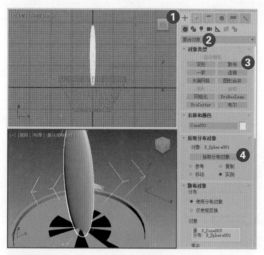

Step 12 在【散布对象】卷展栏中选中【所有顶点】单选按钮。

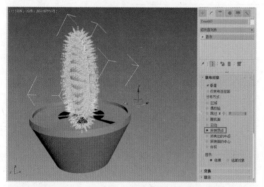

Step 13 最后，将制作好的仙人掌模型复制几个并调整它们的大小，效果如下图所示。

仙人掌模型效果

在设置"散布"复合对象时，【散布】

面板中包含【拾取分布对象】【散布对象】【变换】和【显示】4个卷展栏，其中各选项的说明如下。

■ 【拾取分布对象】卷展栏

【拾取分布对象】卷展栏中的选项用于设置散布的目标对象。

▶【对象】框：提示使用【拾取】按钮选择的分布对象名称。

▶【拾取分布对象】按钮：用于在场景中拾取一个对象，将其指定为分布对象。

▶【参考】【复制】【移动】和【实例】单选按钮：用于指定将分布对象转换为散布对象的方式。它可以作为参考、副本、实例或移动的对象进行转换。

■ 【散布对象】卷展栏

【散布对象】卷展栏用于指定源对象如何进行散布，并可以访问构成散布合成物体的源对象和目标对象。

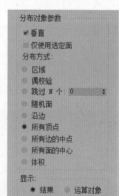

▶【使用分布对象】单选按钮：将源对象散布到目标对象的表面。

▶【仅使用变换】单选按钮：将不使用目标对象，通过【变换】卷展栏中的设置来影响源对象的分配。

▶【对象】选项组：该选项组用于显示参与散布命令的源对象和目标对象的名称，并可对其进行编辑（其中各选项的功能与创建对象时相应的参数一致，这里不再阐述）。

▶【重复数】微调框：用于设置源对象分配在目标对象表面的复制数量。

▶【基础比例】微调框：用于设置源对象的缩放比例。

▶【顶点混乱度】微调框：用于设置源对象随机分布在目标对象表面的顶点混乱度，值越大，混乱度就越大。

▶【动画偏移】微调框：用于指定每个源对象重复项的动画随机偏移原点的帧数。

▶【垂直】复选框：选中该复选框后，每个复制的源对象都保持与其所在的顶点、面或边垂直关系。

▶【仅使用选定面】复选框：该选项可将散布对象分布在目标对象所选择的面上。

▶【区域】单选按钮：此选项可将源对象分布在目标对象的整个表面区域。

▶【偶校验】单选按钮：该选项可以将源对象以偶数的方式分布在目标对象上。

▶【跳过 N 个】单选按钮：该选项可设置面的间隔数，源对象将根据单选按钮后面微调框中的参数进行分布。

▶【随机面】单选按钮：此选项可将源对象以随机的方式分布在目标对象的表面。

▶【沿边】单选按钮：该选项可将源对象以随机的方式分布到目标对象的边上。

▶【所有顶点】单选按钮：该选项可以将源对象以随机的方式分布在目标对象的所有基点上，其数量与目标对象顶点数相同。

▶【所有边的中点】单选按钮：该选项可将源对象随机分布到目标对象边的中心，其数量与目标对象边数相同。

▶【所有面的中心】单选按钮：该选项可将源对象随机分布到目标对象每个三角

面的中心，其数量与目标对象面数相同。

▶【体积】单选按钮：该选项可将源对象随机分布到目标对象的体积内部。

▶【结果】单选按钮：该选项将显示分布后的结果。

▶【运算对象】单选按钮：选中该单选按钮后，将只显示散步之前的操作对象。

■ 【变换】卷展栏

【变换】卷展栏用于设置源对象分布在目标对象表面后的变换偏移量，并可记录为动画，参数面板如下图所示（其中各选项的功能与所标注的说明一致，这里不再阐述）。

■ 【显示】卷展栏

【显示】卷展栏中的参数用于控制散布对象的显示情况。

▶【代理】单选按钮：该选项将以简单的方块替代源对象，以加快视图刷新速度，常用于结构复杂的散布合成对象。

▶【网格】单选按钮：该选项显示源对象的原始形态。

▶【显示】微调框：用于设置所有源对象在视图中的显示百分比，不会影响渲染结果，系统默认参数为100%。

▶【隐藏分布对象】复选框：该选项将会隐藏目标对象，仅显示源对象（该选项影响渲染结果)。

► 【新建】按钮：用于随机生成新的种子数。

► 【种子】微调框：用于设置并显示当前的散布种子数，可以在相同设置下产生不同的散布效果。

6.1.2 图形合并

"图形合并"复合对象能够将一个二维图形投影到三维对象表面，从而产生相交或相减的效果。该工具常用于对象表面的镂空文字或花纹的制作。

【例6-2】通过【图形合并】工具制作镂空文字的戒指模型。▶视频+素材

源文件：素材文件\第06章\例6-2

Step 01 选择【创建】面板，在【几何体】选项卡●中单击【管状体】按钮，在场景中创建一个下图所示的管状体模型。

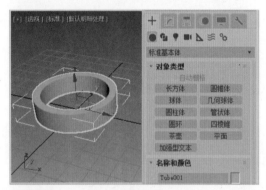

Step 02 在【创建】面板中选择【图形】选项卡，然后单击【文本】按钮，在视图中插入一段文本。

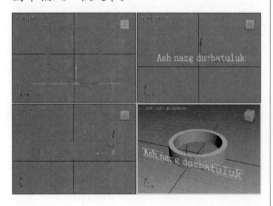

Step 03 选中场景中的文本对象，选择【修改】面板，单击【修改器列表】下拉按钮，从弹出的下拉列表中选择【Bend】选项，添加【Bend(弯曲)】修改器，在【参数】卷展栏中设置【角度】为175，【弯曲轴】为X轴。

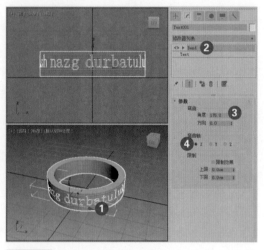

Step 04 选中场景中的管状体对象，选择【创建】面板，单击【标准基本体】下拉按钮，在弹出的下拉列表中选择【复合对象】选项，显示【复合对象】面板。

Step 05 在【复合对象】面板中单击【图形合并】按钮，然后在【拾取运算对象】卷展栏中单击【拾取图形】按钮。

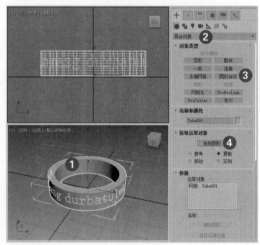

Step 06 在场景中单击拾取文本对象。选择【修改】面板，单击【修改器列表】下拉按钮，在弹出的下拉列表中选择【面挤

出】选项，添加【面挤出】修改器，然后在【参数】卷展栏中设置【数量】为0.8，并选中【从中心挤出】复选框。此时，模型上的文本效果如下图所示。

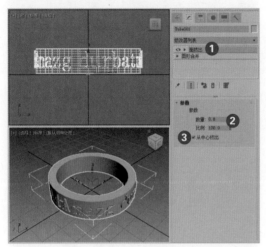

在设置"图形合并"复合对象时，命令面板中包含【拾取运算对象】【参数】【显示 / 更新】3 个卷展栏，其中主要选项的说明如下。

◼ 【拾取运算对象】卷展栏

▶【拾取图形】按钮：单击该按钮后，可以在场景中拾取要嵌入网格对象中的图形对象。

▶【参考】【复制】【移动】和【实例】单选按钮：指定以何种方式将图形对象传输到复合对象中。

◼ 【参数】卷展栏

▶【运算对象】列表：在复合对象中列出所有操作对象。

▶【删除图形】按钮：从复合对象中删除选中的图形。

▶【提取运算对象】按钮：提取选中运算对象的副本或实例（在【运算对象】列表中选择运算对象可使该按钮可用）。

▶【实例】和【复制】单选按钮：指定

以何种方式提取运算对象（可作为"实例"或"副本"提取）。

▶【饼切】单选按钮：切去网格对象曲面外部的图形。

▶【合并】单选按钮：将图形与网格对象曲面合并。

▶【反转】复选框：反转【饼切】或【合并】效果。

◼ 【显示 / 更新】卷展栏

▶【更新】选项组：当用户在该选项组中选中除【始终】单选按钮之外的任意选项时，显示【更新】按钮（用于更新显示）。

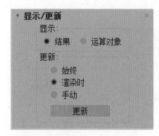

6.1.3 布尔运算

使用【布尔】命令能够对两个或两个以上的对象进行交集、并集和差集运算，从而对基本几何体进行组合，创建出新的对象形态。

【例 6-3】通过布尔运算制作胶囊模型。

▶视频+素材

源文件：素材文件 \ 第 06 章 \ 例 6-3

Step 01 在菜单栏中选择【自定义】|【单位设置】命令，打开【单位设置】对话框，将【显示单位比例】和【系统单位比例】设置为【毫米】。

Step 02 在【创建】面板中选择【图形】选项卡 🗋，然后单击【矩形】按钮，在顶视图中创建一个矩形，并在【参数】卷展栏中设置【长度】为110mm，【宽度】为70mm，【角半径】为6mm。

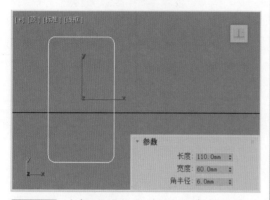

Step 03 选择【修改】面板，单击【修改器列表】下拉按钮，在弹出的下拉列表中选择【挤出】选项，为矩形添加【挤出】修改器，并在【参数】卷展栏的【数量】微调框中输入0.3mm。

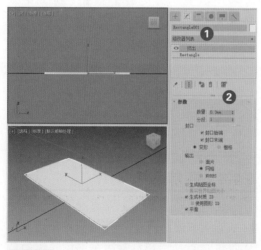

Step 04 选择【创建】面板，单击【扩展基本体】面板中的【胶囊】按钮，在前视图中创建一个【半径】为5mm，【高度】为25mm的胶囊对象，并在【参数】卷展

栏中选中【启用切片】复选框，设置【切片起始位置】为180。

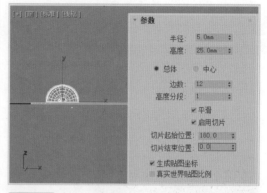

Step 05 按下W键执行【选择并移动】命令，选中步骤04创建的胶囊对象，按住Shift键，然后拖动鼠标打开【克隆选项】对话框，复制胶囊对象(2份)。

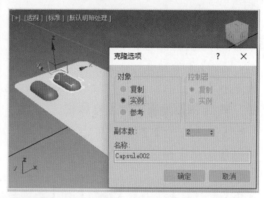

Step 06 按住Ctrl键选中场景中的3个胶囊对象，然后按住Shift键拖动选中的对象，将它们再次复制，完成后的效果如下图所示。

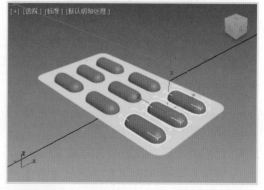

Step 07 选中场景中的所有胶囊对象，选

择【实用程序】面板，单击【塌陷】按钮，然后在【塌陷】卷展栏中单击【塌陷选定对象】按钮。此时，场景中所有选中的胶囊物体将变成一个物体。

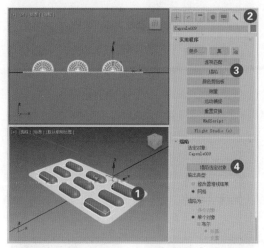

Step 08 在场景中选中矩形模型，在【创建】面板中选择【几何体】选项卡，单击【标准基本体】下拉按钮，在弹出的下拉列表中选择【复合对象】选项，显示【复合对象】面板，然后单击【布尔】按钮，在【运算对象参数】卷展栏中单击【并集】按钮。

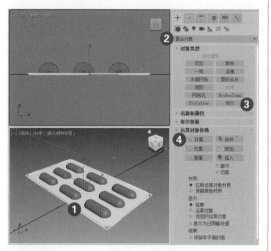

Step 09 在【布尔参数】卷展栏中单击【添加运算对象】按钮，然后在场景中单击步骤07塌陷过的胶囊模型。

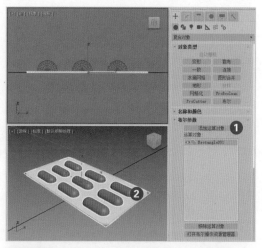

Step 10 此时胶囊模型的效果如下图所示。

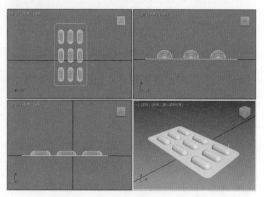

在设置"布尔"复合对象时，命令面板中包含【布尔参数】和【运算对象参数】两个卷展栏，其中主要选项的说明如下。

【布尔参数】卷展栏

▶【添加运算对象】按钮：单击该按钮可以在场景中拾取另一个运算物体来完成布尔运算。

▶【运算对象】列表框：用于显示当前运算对象的名称。

▶【移除运算对象】按钮：在【运算对象】列表框中选中一个对象后，单击该按钮，可以将选中的对象从【运算对象】列表框中移除。

▶【打开布尔操作资源管理器】按钮：单击该按钮，可以打开【布尔操作资源管理器】对话框，管理【运算对象】列表框中包括的对象。

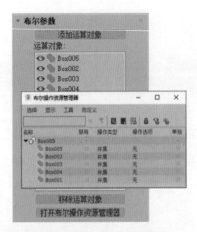

■ 【运算对象参数】卷展栏

▶【并集】按钮：将两个对象合并，其相交的部分将被删除，运算完成后两个物体将合并为一个物体。

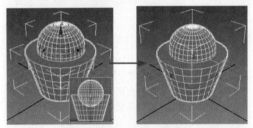

▶【交集】按钮：将两个对象相交的部分保留，删除不相交的部分。

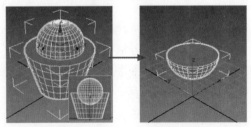

▶【差集】按钮：在 A 物体中减去其与 B 物体重合的部分。

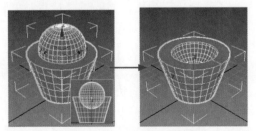

▶【合并】按钮：将两个或两个以上的对象相交并组合，而不删除任何原始对象。

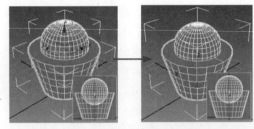

▶【附加】按钮：将多个对象合并成一个对象，但不影响各对象的拓扑（各对象实际上是复合对象中的独立元素）。

▶【插入】按钮：从操作对象 A(当前对象)减去操作对象 B(新添加的操作对象) 的边界图形，而操作对象 B 不受影响。

▶【盖印】复选框：选中该复选框后，可以在操作对象与原始网格之间插入（盖印）相交边，而不移除或添加面。

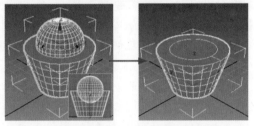

▶【切面】复选框：选中该复选框后，可以执行指定的布尔操作（如"差集"），但不会将操作对象的面添加到原始网格。可以通过该选项在网格中剪切一个洞，或者获取网格在另一个对象内部的部分。

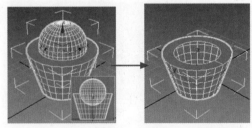

▶【应用运算对象材质】单选按钮：将已添加运算对象的材质应用于整个复合图形。

▶【保留原始材质】单选按钮：保留应用到复合图形的现有材质。

▶【显示为已明暗处理】复选框：选中该复选框后，在视口中会显示已明暗处理的对象。

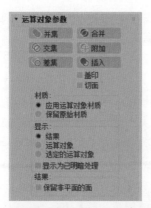

6.1.4　编辑执行过布尔运算的图形

在 3ds Max 中执行布尔运算后的对象，用户可以在【修改】面板中对其进行编辑。

【例6-4】通过布尔运算制作藤椅模型。

▶视频+素材

源文件：素材文件 \ 第 06 章 \ 例 6-4

Step 01 选择【创建】面板，在【几何体】选项卡 ● 中单击【球体】按钮，在场景中创建一个球体模型。

Step 02 选择【修改】面板，在【参数】卷展栏中设置球体的【半径】为50mm，【半球】为0.25。

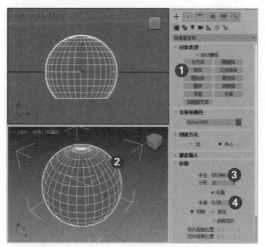

Step 03 在场景中再创建一个半径为45mm的球体模型，并调整其位置。

Step 04 选择第一个球体对象，在【创建】面板中单击【标准基本体】下拉按钮，在弹出的下拉列表中选择【复合对象】选项，然后单击【布尔】按钮，在

【布尔参数】卷展栏中单击【添加运算对象】按钮。

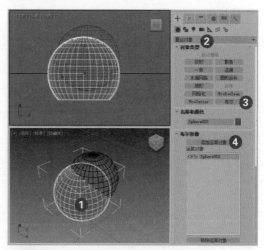

Step 05 在场景中单击拾取第二个球体模型。选择【修改】面板，单击【运算对象参数】卷展栏中的【差集】按钮，执行布尔运算，创建下图所示的模型对象。

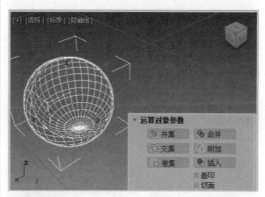

Step 06 选择【修改】面板，在【运算对象】列表框中选中Sphere004对象，在【修改器列表】列表框中单击Sphere选项，显示【参数】卷展栏，将【半径】设置为40mm。

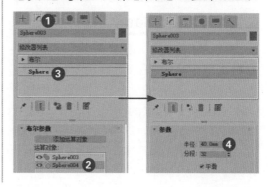

Step 07 此时，视图中模型的半径将发生变化。在【修改】面板的【运算对象】列表框中选中Sphere003对象，然后单击【修改器列表】下拉按钮，在弹出的下拉列表中选择【晶格】选项，添加【晶格】修改器。

Step 08 在【参数】卷展栏中选中【仅来自边的支柱】单选按钮，并在【半径】微调框中输入1mm。

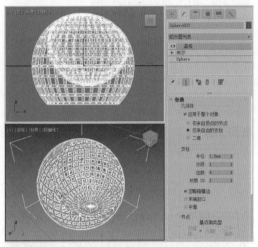

Step 09 调整模型的位置和视图显示方式，藤椅模型的效果如下图所示。

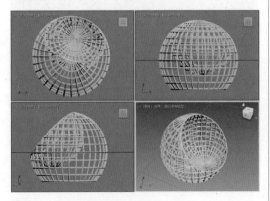

6.1.5 ProBoolean

ProBoolean 可以通过对两个或多个其他对象执行超级布尔运算将它们组合起来。ProBoolean 提供了一系列功能，例如，一次合并多个对象的功能，每个对象使用不同的布尔操作。这种运算方式比传统的布尔运算要强大得多。下面将举例进行介绍。

【例6-5】通过布尔运算制作骰子模型。

▶ 视频+素材

源文件：素材文件 \ 第 06 章 \ 例 6-5

Step 01 选择【创建】面板，在【几何体】选项卡中单击【标准基本体】下拉按钮，在弹出的下拉列表中选择【扩展基本体】选项，然后单击【切角长方体】按钮，创建一个切角长方体模型，并在【参数】卷展栏中设置【长度】【宽度】【高度】都为80mm，【圆角】为9mm，【圆角分段】为3。

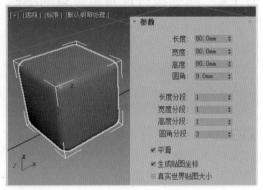

Step 02 在场景中创建一个球体，选择【修改】面板，设置其【半径】为8mm，【分段】为32。

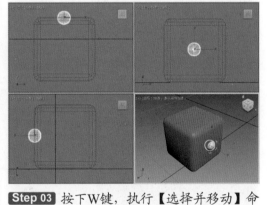

Step 03 按下W键，执行【选择并移动】命令，然后按住Shift键拖动场景中的球体，打开【克隆选项】对话框，将球体复制20份。

Step 04 使用【选择并移动】工具，将复制的球体分别移动至切角长方体模型的周围，然后选中场景中的所有球体，选择【实用程序】面板，单击【塌陷】按钮，在【塌陷】卷展栏中单击【塌陷选定对象】按钮。

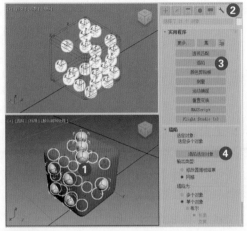

Step 05 在场景中单击切角长方体模型。选中场景中的切角长方体,选择【创建】面板中的【几何体】选项卡●,单击【标准基本体】下拉按钮,在弹出的下拉列表中选择【复合对象】选项,然后单击ProBoolean按钮,在【拾取布尔对象】卷展栏中单击【开始拾取】按钮。

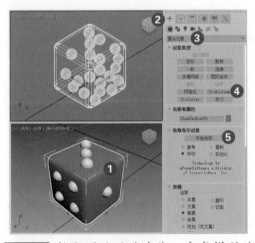

Step 06 拾取塌陷后的球体,完成模型的制作。

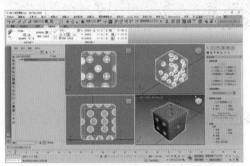

在【实用程序】面板中单击ProBoolean按钮后,将显示【拾取布尔对象】【参数】和【高级选项】等几个卷展栏,其中主要选项的说明如下。

■ 【拾取布尔对象】卷展栏

▶ 【开始拾取】按钮:单击该按钮,然后在场景中依次单击要传输至布尔对象的每个运算对象。在拾取每个运算对象之前,可以设置【参考】【复制】【移动】【实例化】选项(单选按钮)。

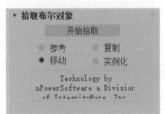

■ 【参数】卷展栏

▶ 【并集】单选按钮:将两个或多个单独的实体组合到单个布尔对象中。

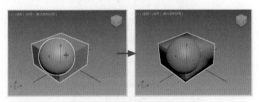

▶ 【交集】单选按钮:从原始对象之间的物理交集中创建一个"新"对象;移除未相交的体积。

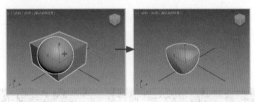

▶ 【差集】单选按钮:从原始对象中移除选定对象的体积。

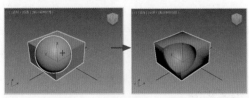

▶ 【合集】单选按钮:将对象组合到单

个对象中，而不移除任何几何体。在相交对象的位置创建新边。

▶【附加 (无交集)】单选按钮：将两个或多个单独的实体合并成单个布尔对象，而不更改各实体的拓扑。

▶【插入】单选按钮：先从第一个操作对象减去第二个操作对象的边界体积，然后再组合这两个对象。

▶【盖印】复选框：将图形轮廓 (或相交边) 打印到原始网格对象上。

▶【切面】复选框：切割原始网格图形的面，只影响这些面。

▶【结果】单选按钮：只显示布尔运算而非单个运算对象的结果。

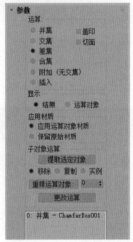

▶【运算对象】单选按钮：显示定义布尔结果的运算对象。使用该模式编辑运算对象并修改结果。

▶【应用运算对象材质】单选按钮：布

尔运算产生的新面获取运算对象的材质。

▶【保留原始材质】单选按钮：布尔运算产生的新面保留原始对象的材质。

▶【提取选定对象】按钮：根据选择的单选按钮，有【移除】【复制】【实例】3 种模式。

▶【重排运算对象】微调框：在层次视图列表中更改高亮显示的运算对象的顺序。

　【更改运算】按钮：为高亮显示的运算对象更改运算类型。

　■ 【高级选项】卷展栏

▶【更新】选项组：该选项组中的选项确定在进行更改后，何时在布尔对象上执行更新。可以选择【始终】【手动】【仅限选定时】和【仅限渲染时】4 种方式。

▶【四边形镶嵌】选项组：该选项组中的选项用于启用布尔对象的四边形镶嵌。

▶【移除平面上的边】选项组：该选项组中的选项用于确定如何处理平面上的多边形。

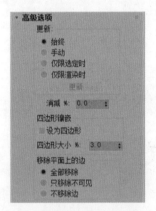

6.2　创建放样对象

所谓放样，就是由一个或几个二维形体沿着一定的放样路径延伸产生的复杂的三维对象。一个放样对象由"放样路径"和"放样截面"两部分组成。"放样路径"用于定义物体的深度，"放样截面"用于定义物体的截面状态。

【例 6-6】通过放样对象创建花瓶模型。

▶ 视频 + 素材

源文件：素材文件 \ 第 06 章 \ 例 6-6

Step 01 选择【创建】面板，在【图形】选项卡 中单击【圆】按钮，在场景中创建一个【半径】为10mm的圆形作为"放样截面"。

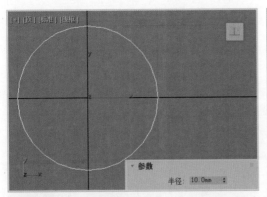

Step 02 单击【线】按钮，在前视图中创建一条垂直线作为"放样路径"。

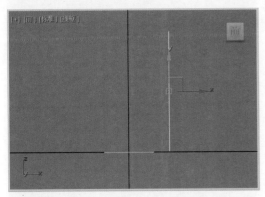

Step 03 在【创建】面板中选择【几何体】选项卡 ●，单击【标准基本体】下拉按钮，从弹出的下拉列表中选择【复合对象】选项，然后单击【放样】按钮。在【创建方法】卷展栏中选中【实例】单选按钮，单击【获取图形】按钮，在场景中拾取步骤01绘制的圆。

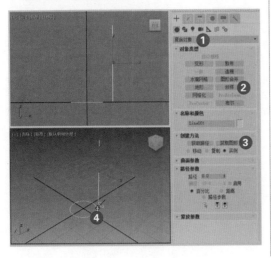

Step 04 此时，将在场景中生成一个圆柱体。选择【修改】面板，在【蒙皮参数】卷展栏中设置【图形步数】为10，【路径步数】为5。

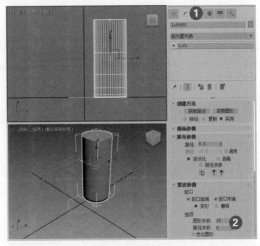

Step 05 在【变形】卷展栏中单击【缩放】按钮，打开【缩放变形(X)】对话框，在对话框中插入Bezier点并调整点的位置。

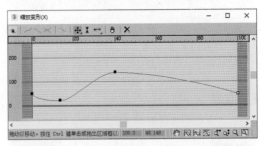

Step 06 此时视图中模型的效果如下图所示。

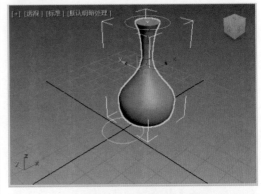

6.2.1 使用多个截面图形进行放样

在一条路径上放置多个截面可以创建出复杂的放样对象(其重点在于设置不同

的路径参数，从而通过不同的路径参数拾取不同的界面）。

【例6-7】通过放样对象创建窗帘模型。

▶视频+素材

源文件：素材文件\第06章\例6-7

Step 01 在【创建】面板的【图形】选项卡●中单击【线】按钮，在【创建方法】卷展栏中将【初始类型】和【拖动类型】都设置为【平滑】，然后在顶视图中绘制一条样条线。

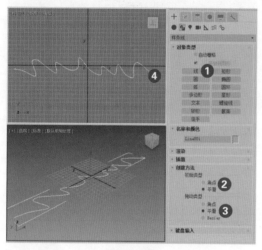

创建样条线

Step 02 使用同样的方法，在顶视图中再创建一条样条线(如下左图所示)。

Step 03 继续使用【线】工具，在前视图中按住Shift键创建一条垂直样条线(如下右图所示)。

Step 04 选择上一步创建的样条线，单击【创建】面板【几何体】选项卡●中的【标准基本体】下拉按钮，从弹出的下拉列表中选择【复合对象】选项，然后单击【放样】按钮，在【创建方法】卷展栏中单击【获取图形】按钮，在视图中拾取步骤01创建的样条线。

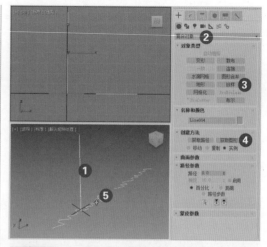

Step 05 在【路径参数】卷展栏中设置【路径】为100，然后单击【创建方法】卷展栏中的【获取图形】按钮，拾取步骤02绘制的样条线。

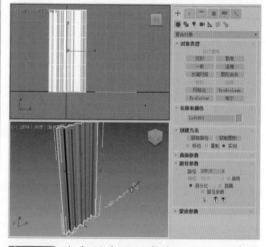

Step 06 选中创建的"窗帘"物体，单击主工具栏中的【镜像】按钮。

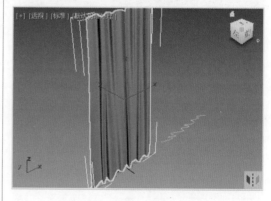

Step 07 打开【镜像：世界坐标】对话框，设置【镜像轴】为X轴，【克隆当前选择】为【复制】，然后单击【确定】按钮。

Step 08 按下W键，执行【选择并移动】命令，调整复制后的"窗帘"的位置。

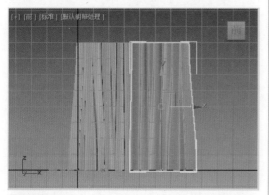

Step 09 使用【长方体】工具制作窗帘顶部的盖板，完成后的模型效果如下图所示。

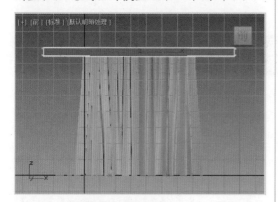

6.2.2 编辑放样对象

在创建放样对象后，用户可以在【修改】面板中对其进行编辑。放样对象的路径、截面图形都可以编辑，甚至可以在路径上插入新的截面图形。

◾ 【曲面参数】卷展栏

【曲面参数】卷展栏用于控制放样对象表面渲染方式的选择。

在【曲面参数】卷展栏的【平滑】选项组中有【平滑长度】和【平滑宽度】两个复选框，分别用于控制放样对象的表面是否光滑。

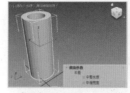

◾ 【路径参数】卷展栏

【路径参数】卷展栏设置的是下一次"获取图形"时，截面被拾取时所在路径上的位置。"路径"数值的计算方式有3种，分别是【百分比】【距离】和【路径步数】，这3种方式的含义大同小异，都是设置截面路径从起始到终点之间所在的位置。

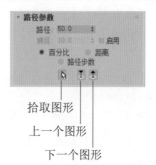

拾取图形
上一个图形
下一个图形

如果要选择放映对象上的截面，用户

可以通过【路径参数】卷展栏底部的 3 个按钮来选择，这 3 个按钮分别为【拾取图形】按钮、【上一个图形】按钮、【下一个图形】按钮。

■ 【蒙皮参数】卷展栏

【蒙皮参数】卷展栏中包含许多选项，这些选项可以调整放样对象网格的复杂性，还可以通过控制面数来优化网格。

例如：

▶下图所示为选中与未选中【封口始端】和【封口末端】复选框的效果。

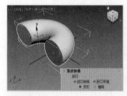 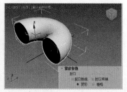

▶下图所示为设置【图形步数】为 1 和 5 的效果。

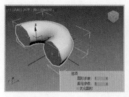 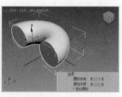

▶下图所示为设置【路径步数】为 1 和 5 的效果。

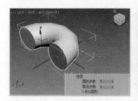 

■ 【变形】卷展栏

在【变形】卷展栏中，提供了 5 种变形方法，分别为【缩放】【扭曲】【倾斜】【倒角】和【拟合】。

除了拟合变形比较特殊以外，其余 4 个选项使用方法类似 (后面将通过实例进行介绍)。

6.3 案例演练

本章主要介绍了【创建】面板的【几何体】选项卡中【复合对象】分类下的一些常用命令，所谓复合对象就是指利用两种或两种以上的二维图形或三维模型复合生成一种新的三维造型。下面的案例演练部分，将通过实例操作帮助用户巩固所学的知识。

【例 6-8】使用 3ds Max 制作笛子模型。
▶视频+素材
源文件：素材文件 \ 第 06 章 \ 例 6-8

Step 01 单击【创建】面板【几何体】选项卡中的【管状体】按钮，在左视图中绘制一个管状体，然后选择【修改】面板，在【参数】卷展栏中设置【半径1】为40mm，【半径2】为50mm，【高度】为1300mm，【高度分段】为20，【端面分段】为1，【边数】为18。

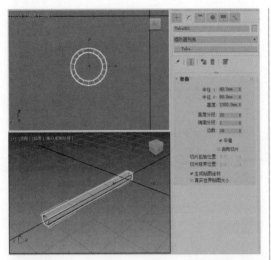

30mm，【高度】为100mm的圆柱体，按
下W键，执行【选择并移动】命令，调整
其位置。

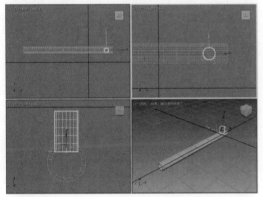

Step 03 选中上一步绘制的圆柱体，选择
【工具】|【阵列】命令，打开【阵列】对
话框，设置阵列参数如下图所示。

Step 04 在【阵列】对话框中单击【确
定】按钮后，按下W键，执行【选择并移
动】命令，然后按住Shift键拖动步骤02创
建的圆柱体将其复制两份。

Step 05 在场景中选中圆管体对象为当前
对象，在【创建】面板中选择【几何体】
选项卡●，单击【标准基本体】下拉按
钮，在弹出的下拉列表中选择【复合对
象】选项，显示【复合对象】面板，然后
单击【布尔】按钮，在【运算对象参数】
卷展栏中单击【差集】按钮。

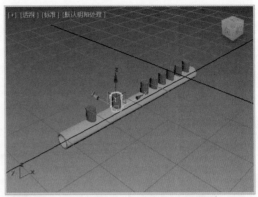

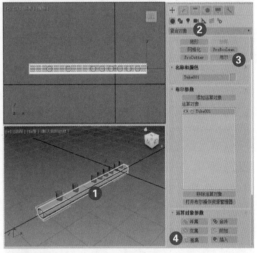

Step 06 单击【布尔参数】卷展栏中的
【添加布尔对象】按钮，然后在场景中依
次选中所有的圆柱体，进行布尔运算，得
到下右图所示的模型。

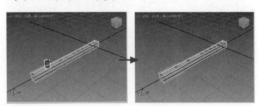

Step 07 在【创建】面板中单击【复合对
象】下拉按钮，从弹出的下拉列表中选择

【标准基本体】选项，然后在显示的面板中单击【圆柱体】按钮，在场景中绘制下图所示的圆柱体。

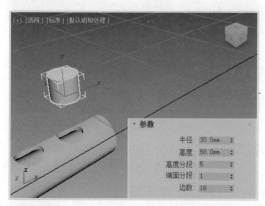

Step 08 使用同样的方法绘制第二个圆柱体。

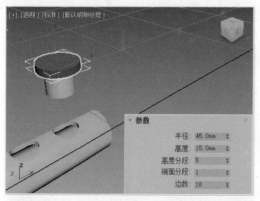

Step 09 按下W键，执行【选择并移动】命令，调整场景中两个圆柱体的位置。

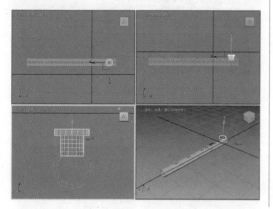

Step 10 选择【工具】|【阵列】命令，打开【阵列】对话框设置阵列，将场景中的两个圆柱体复制6个。

Step 11 在【阵列】对话框中单击【确定】按钮后，场景中笛子模型的效果如下图所示。

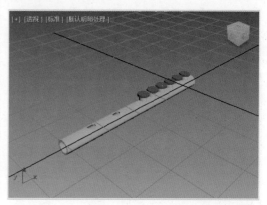

第 7 章
多边形建模

| 本章导读 |

　　多边形建模是 3dx Max 中一种常用的建模方法，该方法可以进入子对象层级对模型进行编辑，从而制作出更加复杂的模型效果，例如家具、楼房、汽车以及包括复杂曲面的人物面部模型。本章将详细介绍 3ds Max 多边形建模的具体使用方法。

| 视频教学 |

例 7-1 制作课桌模型　　　　　　　例 7-4 制作铅笔模型

例 7-2 制作柜子模型　　　　　　　例 7-5 制作矮柜模型

例 7-3 制作脚凳模型

7.1 认识多边形建模

多边形建模是一种常用的建模方法，该方法可以进入子对象层级对模型进行编辑，从而实现更复杂的效果。通过多边形建模不仅可以创建家具、建筑等简单的模型，还可以创建交通工具、人物角色等带有复杂曲面的模型。

3ds Max 的多边形建模方式大致分为两种：一种是将模型转换为"可编辑网格"；另一种是将模型转换为"可编辑多边形"。这两种建模方式在功能及使用上几乎是一致的。不同的是，"编辑网格"是由三角形面构成的框架结构，而"编辑多边形"既可以是三角网格模型，也可以是四边，也可以更多。

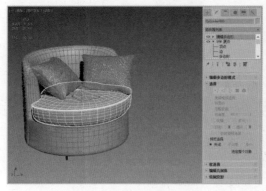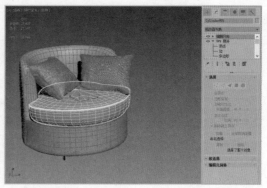

"编辑多边形"方式（左图）和"编辑网格"方式（右图）

1. 多边形建模的工作方式

可编辑多边形对象包括顶点、边、边界、多边形和元素 5 个子对象层级，用户可以在任何一个子对象层级进行深层的编辑操作。

【例7-1】通过多边形建模制作一个课桌模型。
▶视频+素材
源文件：素材文件 \ 第 07 章 \ 例 7-1

Step 01 选择【创建】面板，在【几何体】选项卡●中单击【长方体】按钮，创建一个长方体模型。

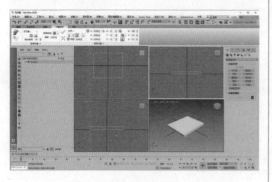

Step 02 选择【修改】面板，在【参数】卷展栏中将长方体模型的【长度】设置为60cm，【宽度】设置为100cm，【高度】设置为10cm。

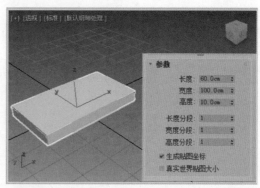

Step 03 在【修改】面板中单击【修改器列表】下拉按钮，在弹出的下拉列表中选择【编辑多边形】选项，添加【编辑多边形】修改器。

Step 04 在【选择】卷展栏中单击【边】按钮◁，进入【边】层级，然后按住Ctrl键选择下图所示的4条边。

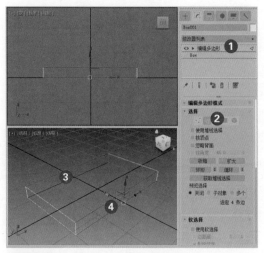

Step 05 在【编辑边】卷展栏中单击【连接】按钮右侧的【设置】按钮□，在弹出的面板中设置【分段】为2，【收缩】为74，然后单击【确定】按钮☑。

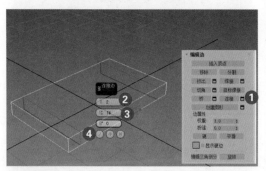

Step 06 按住Ctrl键选中下图所示的8条边。

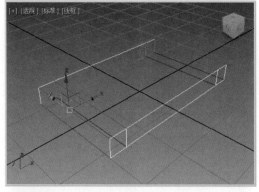

Step 07 再次单击【编辑边】卷展栏【连接】按钮右侧的【设置】按钮□，在弹出的面板中设置【分段】为2，【收缩】为58，然后单击【确定】按钮☑。

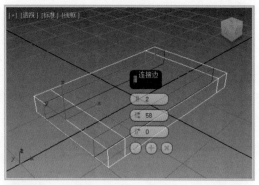

Step 08 在【选择】卷展栏中单击【多边形】按钮■，进入【多边形】层级，在场景中选择下图所示的两个多边形，然后按下Delete键将它们删除。

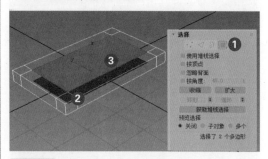

Step 09 在【选择】卷展栏中单击【边界】按钮◑，按住Ctrl键选择下图所示的边。

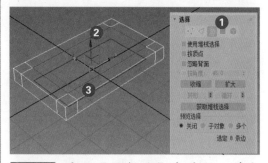

Step 10 展开【编辑边】卷展栏，单击【桥】按钮。

Step 11 在【选择】卷展栏中单击【多边形】按钮■，进入【多边形】层级，在场景中按住Ctrl键选择下图所示的4个面，然后单击【编辑多边形】卷展栏中【倒角】按钮右侧的【设置】按钮□。

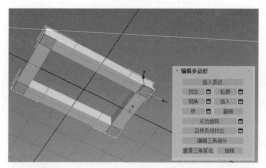

Step 12 在场景中弹出的面板中设置【高度】为80cm，【轮廓】为-2cm，单击【确定】按钮。

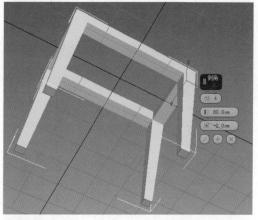

Step 13 在【选择】卷展栏中单击【顶点】按钮，然后使用主工具栏中的缩放工具调整顶点的位置。

Step 14 在【选择】卷展栏中单击【边】按钮，选中右上图所示的边，然后在【编辑边】卷展栏中单击【挤出】按钮右侧的【设置】按钮。

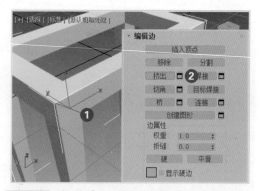

Step 15 在弹出的【挤出边】面板中设置【高度】为-2cm，【宽度】为0.2cm，然后单击按钮。

Step 16 使用同样的方法挤出模型上的其他边。

Step 17 在场景中创建一个切角长方体并调整其位置，完成模型的制作(效果如下图所示)。

知识点滴

"编辑多边形"命令实际上就是在对象的5个层级之间来回切换，在不同的层级中会有不同的针对当前层级的命令，熟练使用这些命令，可以创建出复杂的模型。

2. 塌陷多边形对象

在 3ds Max 中有两种方法可以对物体进行多边形编辑：

▶ 将对象塌陷为可编辑的多边形。

▶ 为对象添加"编辑多边形"修改器。

其中，将对象塌陷为可编辑多边形的方法又有以下两种：

▶ 选择要塌陷的对象，在视图中的任意位置右击，在弹出的快捷菜单中选择【转换为】|【转换为可编辑多边形】命令，将对象塌陷为多边形对象。

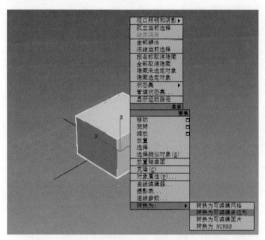

▶ 选中要塌陷的对象后，选择【修改】面板，在修改器堆栈中右击，从弹出的快捷菜单中选择【可编辑多边形】命令。

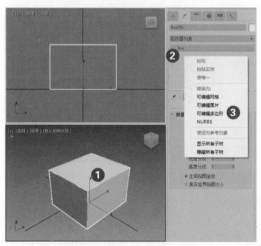

另一种对物体进行多边形编辑的方法是为对象添加【编辑多边形】修改器，选

择要进行多边形编辑的对象后，选择【修改】面板，单击【修改器列表】下拉按钮，从弹出的下拉列表中选择【编辑多边形】选项。

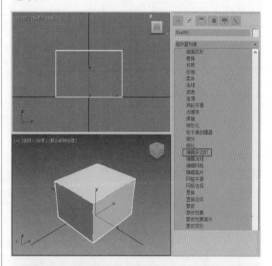

【例 7-2】使用【多边形建模】命令制作柜子模型。 ▶视频+素材

源文件：素材文件 \ 第 07 章 \ 例 7-2

Step 01 在【创建】面板中使用【长方体】工具在顶视图中创建一个【长度】为 46mm，【宽度】为 49mm，【高度】为 48mm 的长方体。

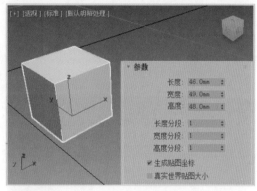

Step 02 在场景中右击创建的长方体模型，在弹出的快捷菜单中选择【转换】|【转换为可编辑多边形】命令，将模型转换为可编辑的多边形，然后在【修改】面板的【选择】卷展栏中单击【边】按钮，进入【边】层级，按住 Ctrl 键选择下图所示的两条边。

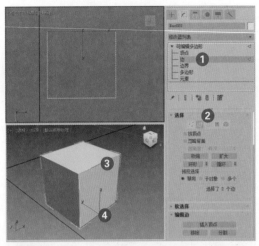

Step 03 在【编辑边】卷展栏中单击【连接】按钮右侧的【设置】按钮□，从弹出的面板中设置【分段】为2，【收缩】为92，然后单击☑按钮。

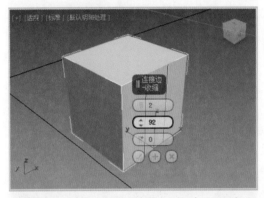

Step 04 在【选择】卷展栏中单击【多边形】按钮▦，进入多边形层级，选择下图所示的面。

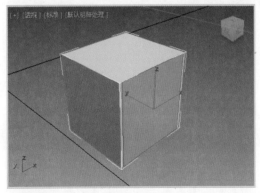

Step 05 在【编辑多边形】卷展栏中单击【挤出】按钮右侧的【设置】按钮□，在

弹出的面板中设置【高度】为-0.5mm，单击☑按钮。

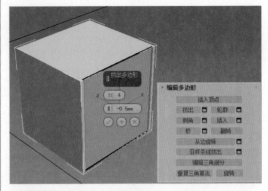

Step 06 选中下左图所示的两个面，按下Delete键将它们删除。

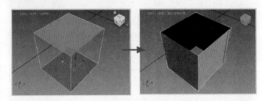

Step 07 在【选择】卷展栏中单击【边界】按钮◯，进入边界层级，选择下图所示的两条边，然后单击【编辑边界】卷展栏中的【封口】按钮。

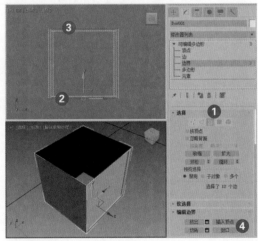

Step 08 在【选择】卷展栏中单击【边】按钮✓，进入边层级，选择下图所示的边，然后在【编辑边】卷展栏中单击【切角】按钮右侧的【设置】按钮□，在弹出的面板中设置【边切角量】为0.3mm，【连接边分段】为4，单击☑按钮。

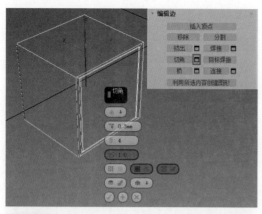

Step 09 使用同样的方法对下图所示的边也进行"切角"处理。

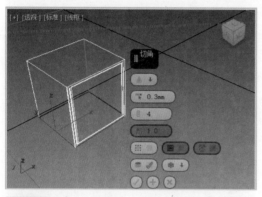

Step 10 单击【创建】面板中的【切角长方体】按钮，创建一个切角长方体，设置其【长度】为49mm，【宽度】为50mm，【高度】为2mm，【圆角】为0.3mm，【圆角分段】为4。

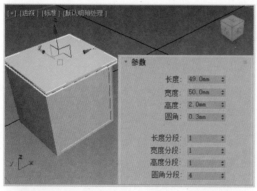

Step 11 在视图中再创建一个切角长方体，设置其【长度】为18mm，【宽度】为48mm，【高度】为1.8mm，【圆角】为0.3mm，【圆角分段】为4。

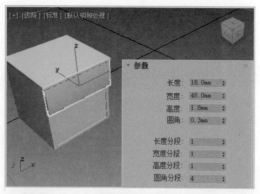

Step 12 按住Shift键拖动上一步创建的切角长方体，将其沿Z轴复制一个。

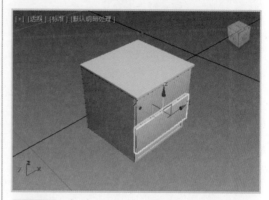

Step 13 在前视图中创建一个【长度】为2mm，【宽度】为15mm，【高度】为1mm的切角长方体。

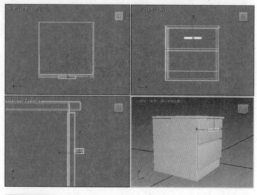

Step 14 右击上一步创建的切角长方体，在弹出的快捷菜单中选择【转换为】|【转换为可编辑多边形】命令，将其转换为可编辑多边形。

Step 15 在【修改】面板的【选择】卷展栏中单击【顶点】按钮，进入顶点层级，然后在【编辑顶点】卷展栏中单击

【目标焊接】按钮，在前视图中单击下图
所示的顶点。

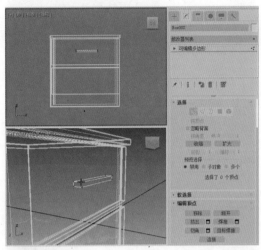

Step 16 此时，从光标处将拉出一条虚
线，单击与之相邻的顶点，即可完成顶点
的焊接。

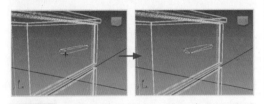

Step 17 使用同样的方法，将切角长方体另

一端的两个顶点也进行焊接，创建柜子把手。

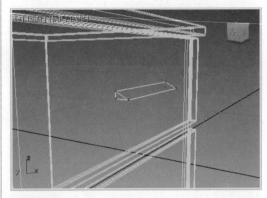

Step 18 按住Shift键拖动创建的柜子把
手，将其沿Z轴复制一个。完成模型制作
后的效果如下图所示。

7.2 编辑多边形对象的子对象

将物体塌陷为可编辑多边形对象后，即可对可编辑多边形对象的顶点、边、边界、
多边形和元素这5个层级的物体级别分别进行编辑。可编辑多边形的参数设置面板包括
【选择】【软选择】【编辑几何体】【细分曲面】【细分置换】和【绘制变形】6个卷展栏。

7.2.1 多边形对象的公共参数

■ 【选择】卷展栏

在视图中选中一个多边形对象后，
选择【修改】面板，在【选择】卷展栏中
包含相关子对象的选择命令。【按顶点】
复选框在除"顶点"之外的其他4个层级
中都能启用。例如，在【选择】卷展栏
中单击【多边形】按钮，进入多边形层
级，选中【按顶点】复选框后，只需选择
子对象的顶点，即可选择顶点四周的相

应面。

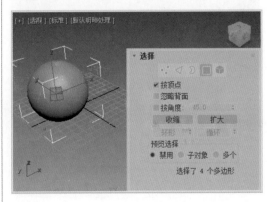

选中【忽略背面】复选框后，只能选中法线指向当前视图的子对象。例如，在【选择】卷展栏中选中【忽略背面】复选框后，在前视图中框选下图所示的顶点。

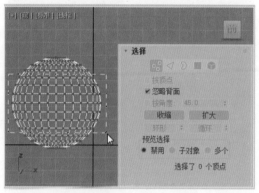

此时将选择物体正面的顶点，背面的顶点不会被选中。

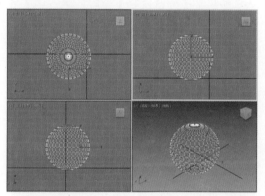

而如果不选中【忽略背面】复选框，在前视图中执行同样的操作，框选区域内的顶点，将会选中物体背面的顶点。

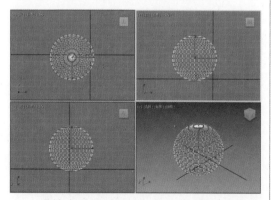

【按角度】复选框只有在【多边形】层级下才能启用，当用户在【选择】卷展栏中

选中【按角度】复选框后，可以根据面的转折度来选择子对象。例如，如果单击长方体的一个侧面，且角度值小于90.0，则仅选择该侧面，因为所有侧面相互成90°角。

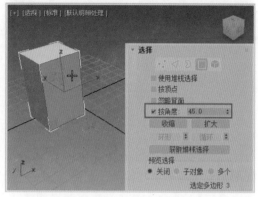

但如果角度值为90.0或更大，将选择长方体的所有侧面。

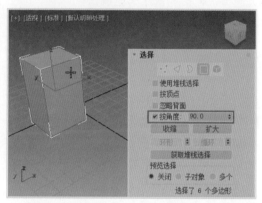

使用【按角度】复选框，可以加快连续区域的选择速度。该复选框右侧微调框内的参数决定了转折角度的范围。

下面通过对一个球体进行操作，介绍编辑多边形特有的几种选择命令。

Step 01 在【创建】面板的【几何体】选项卡中单击【球体】按钮，绘制一个球体，然后右击该球体，从弹出的快捷菜单中选择【转换为】|【转换为可编辑多边形】命令，将其转换为可编辑多边形。

Step 02 选择【修改】面板，在【选择】卷展栏中单击【多边形】按钮，然后在场景中选中下左图所示的面，

Step 03 在【选择】卷展栏中单击【收缩】按钮，可以从选择集的最外围开始缩小选择集(当选择集无法再缩小时，将取消选择集)，如下右图所示。

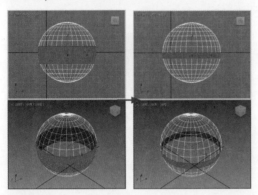

Step 04 在场景中选择一个对象集后(如下左图所示)，单击【选择】卷展栏中的【扩大】按钮，可以在选中对象的对象集外围扩大选择子对象集(如下右图所示)。

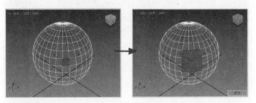

Step 05 在【选择】卷展栏中单击【边】按钮，进入边层级，在场景内选中球体对象上的一条边(如下左图所示)，然后单击【选择】卷展栏中的【环形】按钮，此时与当前选择边平行的边会同时被选择(如下右图所示)，【环形】按钮只能用于边或边界层级。

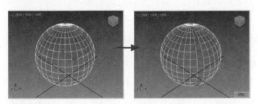

Step 06 单击【选择】卷展栏中【环形】按钮右侧的微调按钮，可以将当前选择移动到相同环上的其他边。

Step 07 在场景中选中一条边后，单击【选择】卷展栏中的【循环】按钮，将沿被选择的子对象形成一个环形的选择集。

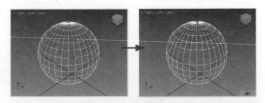

在【选择】卷展栏的【预览选择】选项组中有【禁用】【子对象】和【多个】单选按钮，默认选中【禁用】单选按钮。

如果在【预览选择】卷展栏中选中【子对象】单选按钮，无论当前在哪个层级中，根据鼠标的位置，可以在当前子对象层级预览。例如，进入"多边形"层级，当鼠标在球体上移动时，光标位置的子对象就会用黄色高亮显示。此时如果单击鼠标，就会选择高亮显示的对象。

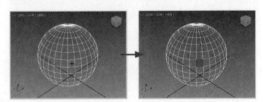

若要在当前层级选择多个子对象，按住 Ctrl 键，将鼠标移动到高亮显示的子对象处，然后单击鼠标可全选高亮显示的子对象。

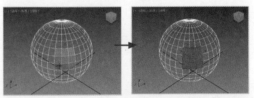

如果用户在【预览选择】选项组中选中【多个】单选按钮，无论当前在哪个层级中，根据光标的位置，也可以预览其他层级的对象。例如，当前在"多边形"层级，

将鼠标光标放在场景中物体的边上，边就会高亮显示，单击鼠标将选中该边并激活"边"子对象层级。

■ 【软选择】卷展栏

"软选择"是以选中的子对象为中心向四周扩散，以放射状的方式选择子对象。在对选择的部分子对象进行变换时，可以使子对象以平滑的方式进行过渡。此外，可以通过设置【衰减】【收缩】和【膨胀】数值来控制所选子对象区域的大小及对子对象控制力的强弱。

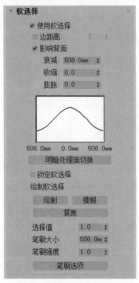

在【软选择】卷展栏中选中【使用软选择】复选框，可以开启"软选择"功能。开启"软选择"功能后，选择一个或一个区域的子对象，会以这个子对象为中心向外选择其他对象。下面通过几个操作步骤，介绍【软选择】卷展栏中各选项的功能。

Step 01 在【创建】面板的【几何体】选项卡●中单击【球体】按钮，在场景中绘制一个球体模型，然后右击该对象，在弹出的快捷菜单中选择【转换为】|【转换为可编辑多边形】命令，将其转换为可编辑多边形。

Step 02 选择【修改】面板，在【选择】卷展栏中单击【顶点】按钮，然后在视图中选择右上图所示的顶点对象。

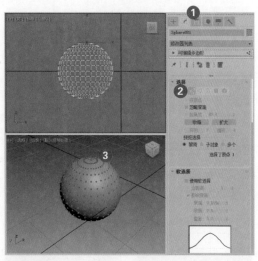

Step 03 按下W键，执行【选择并移动】命令，沿着Z轴拖动顶点对象，结果如下图所示。

Step 04 按下Ctrl+Z快捷键撤回步骤03的操作，在【修改】面板中展开【软选择】卷展栏，选中【使用软选择】复选框。此时，若选中【边距离】复选框，在该复选框右侧的微调框中，可以将软选择限制到指定的面数。

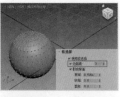

Step 05 在【软选择】卷展栏中选中【影响背面】复选框后，与选定法线相反的子对象也会受到相同的影响。

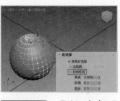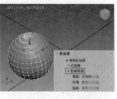

Step 06 【软选择】卷展栏中的【衰减】

微调框中的参数用于设置影响区域的距离，【衰减】参数值越大，软选择的影响范围越小。

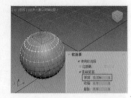

Step 07 在【软选择】卷展栏中，【收缩】和【膨胀】微调框中的参数用于调节软选择时，红、橙、绿、蓝、黄5种影响力平滑过渡的缓急程度。

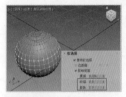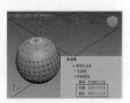

Step 08 单击【软选择】卷展栏中的【明暗处理面切换】按钮，可以切换颜色变换模式。

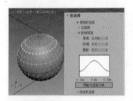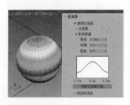

Step 09 选中【软选择】卷展栏中的【锁定软选择】复选框后，在视图中选择其他子对象时，当前选中的子对象并不会被替换。

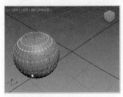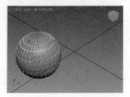

Step 10 单击【软选择】卷展栏中的【绘制】按钮，可以使用笔刷工具在视图中绘制软选择区域。

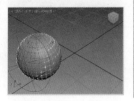

Step 11 单击【软选择】卷展栏中的【模糊】按钮，然后在视图中绘制，可以使之前的软选择区域过渡得更加平滑。

Step 12 单击【软选择】卷展栏中的【复原】按钮，然后在视图中绘制，可以将之前选择的区域还原。

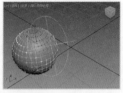

Step 13 【软选择】卷展栏的【选择值】微调框中的参数可以调节【绘制】或【复原】时，软选择受力区域的大小。

Step 14 【软选择】卷展栏的【笔刷大小】微调框中的参数可以调节当前【绘制】或【复原】时笔刷的大小，也就是在视图中绘制软选择的范围大小。

Step 15 【软选择】卷展栏的【笔刷强度】微调框中的参数值是【绘制】或【复原】时到达【选择值】的速度。

Step 16 单击【软选择】卷展栏中的【笔刷选项】按钮，可以打开【绘制选项】对话框，在该对话框中可以设置笔刷的自定义属性。

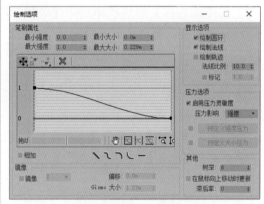

【绘制选项】对话框

■ 【编辑几何体】卷展栏

【编辑几何体】卷展栏中的工具适用于所有子对象，主要用来全局修改多边形几何体。

下面通过几个操作步骤，介绍【编辑几何体】卷展栏中主要选项的功能。

Step 01 在【选择】卷展栏中单击【顶点】按钮，进入对象的【顶点】子层级，在【编辑几何体】卷展栏中选中【约束】选项组中的【边】单选按钮。

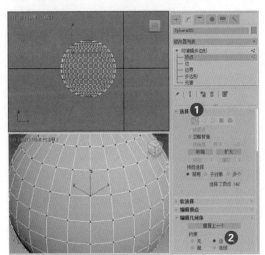

Step 02 此时，按下W键，执行【选择并移动】命令，移动模型中的【顶点】子对象，只能沿着当前顶点所连接的边滑动，而不能移动至模型边界以外的位置，如下左图所示。

Step 03 在上一步的操作中，移动【顶点】子对象时，对象贴图会发生扭曲。此时，如果在【编辑几何体】卷展栏中选中

【保持UV】复选框，再移动顶点贴图就不会发生扭曲了。

Step 04 单击【编辑几何体】卷展栏中的【创建】按钮，在视图空白处单击，在【顶点】层级下可以创建【顶点】子对象。

Step 05 选中物体上的多个顶点对象后，单击【编辑几何体】卷展栏中的【塌陷】按钮，可以将选中的顶点塌陷为一个顶点。

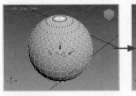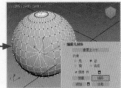

Step 06 单击【编辑几何体】卷展栏中的【附加】按钮，可以将其他几何体(一个或多个)或者二维图形添加到当前选择的对象中，使之成为一个对象。

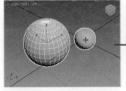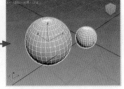

Step 07 如果需要一次将多个对象添加到选中的对象，可以单击【附加】按钮后的【附加列表】按钮，在打开的对话框中选择想要添加的对象，然后单击【附加】按钮。

Step 08 单击【编辑几何体】卷展栏中的【分离】按钮，可以打开【分离】对话框，将子对象分离成一个单独的对象(【分离】按钮的作用与【附加】按钮的作用相反)，或者分离成当前对象的一个元素。

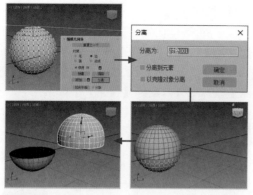

Step 09 如果在上图所示的【分离】对话框中选中【以克隆对象分离】复选框后，再单击【确定】按钮，则会将选中的子对象分离成一个单独的对象。

Step 10 如果在【分离】对话框中选中【分离到元素】复选框，单击【确定】按钮后，选择的子对象将被分离成当前对象的一个"元素"。

Step 11 进入【顶点】层级后，单击【编辑几何体】卷展栏中的【切片平面】按钮，在视图中将会显示一个黄色的"平面"，同时在"平面"处为对象添加一圈"顶点"，如下右图所示。

Step 12 此时，在视图中可以对该"平面"进行位移、旋转等操作，新添加的点的位置也随着"平面"对象位置和角度的改变而改变。

Step 13 将"平面"调整到合适的位置后，单击【编辑几何体】卷展栏中的【切片】按钮，可以为对象添加一圈新的【顶点】(如下右图所示)。

Step 14 再次单击【切片平面】按钮，结束

该命令的操作。如果在单击【切片平面】按钮之前，选中【编辑几何体】卷展栏中的【分割】复选框，那么在对对象切片的同时，会在切线处把对象分割成两个元素。

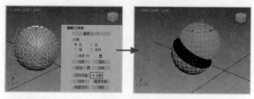

Step 15 单击【编辑几何体】卷展栏中的【快速切片】按钮，在视图中的任意位置单击，移动鼠标时将显示一条通过网格的线。再次单击，可以将当前对象进行快速切片。

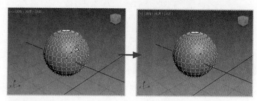

Step 16 使用【编辑几何体】卷展栏中的【切割】按钮，可以在对象上任意切割，然后再对对象进行整体编辑。单击【切割】按钮，在模型上单击起点，移动鼠标，创建新的连接边，然后右击鼠标退出当前切割操作。

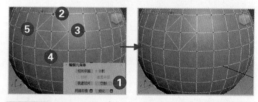

Step 17 【切割】命令可以在【顶点】【边】和【面】上切割，光标形态也各不相同。

Step 18 单击【编辑几何体】卷展栏中的【细化】和【网格平滑】按钮，可以将场景中的模型进行细化和平滑操作。

Step 19 单击【编辑几何体】卷展栏中的【平面化】按钮，可以将场景中的整个对象或者选定的子对象"压"成一个平面，单击该按钮后的X、Y、Z按钮，可以强制对象沿着某一个轴向"压"成一个平面。

 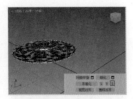

Step 20 单击【编辑几何体】卷展栏中的【视图对齐】按钮，可以将当前选择对象与当前视图所在的平面对齐，如下左图所示。

Step 21 单击【编辑几何体】卷展栏中的【栅格对齐】按钮，可以将当前选择对象与当前栅格平面对齐，如下右图所示。

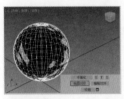 

Step 22 单击【编辑几何体】卷展栏中的【松弛】按钮，可以规划网格空间，模型对象的每个顶点将朝着邻近对象的平均位置移动，实现松弛的效果。

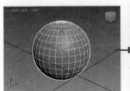 

Step 23 单击【编辑几何体】卷展栏中的【隐藏选定对象】按钮，可以将选定的子对象隐藏；单击【隐藏未选定对象】按钮，可以将未被选择的子对象隐藏(【隐藏选定对象】主要是为了方便在视图上进行操作，例如，制作一个人物头部模型时，需要编辑口腔内部的顶点，但可能面部的其他一些面会妨碍操作，此时就可以隐藏选定对象)。

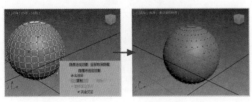

Step 24 单击【全部取消隐藏】按钮，可以将隐藏的子对象全部显示。

■ 【细分曲面】和【细分置换】卷展栏

在模型创建与编辑完成后，要对模型进行平滑处理以得到最终的效果。此时，使用【细分曲面】卷展栏中的选项参数(如下左图所示)可以将平滑的效果应用于多边形对象(在一般情况下，会直接为模型添加【网格平滑】或【涡轮平滑】修改器，这样在后期的操作时更加方便)。【细分曲面】卷展栏中的选项参数与【网格平滑】编辑修改器中的参数设置基本一致。

【细分置换】卷展栏主要用于设置对象在赋予置换贴图后的效果。

■ 【绘制变形】卷展栏

【绘制变形】卷展栏中的选项主要是利用【笔刷】工具，通过"绘制"的方式使模型凸起或凹陷(这有点像用刻刀雕刻一件艺术品)。

下面通过几个操作步骤，介绍【绘制变形】卷展栏中各选项的功能。

Step 01 在场景中创建一个几何球体对象，并将其塌陷为可编辑多边形。选择【修改】面板，在【绘制变形】卷展栏中单击【推/拉】按钮，将鼠标指针放置在"球体"对象上，将显示笔刷图标。

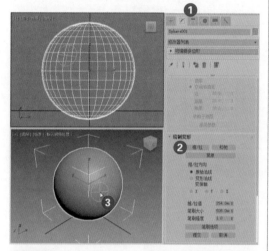

Step 02 在"球体"对象上按住鼠标左键拖动，可以将模型上的顶点向外拉出。

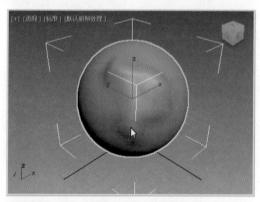

Step 03 单击【绘制变形】卷展栏中的【松弛】按钮，可以将靠近的顶点推开，或将离得远的顶点拉近。

推开或拉近顶点

Step 04 单击【绘制变形】卷展栏中的【复原】按钮，通过在对象上按住鼠标左键拖动，可以逐渐擦除"推/拉"或"松弛"的效果。

Step 05 使用【绘制变形】卷展栏中的选项对模型进行修改后，单击【提交】按钮，可以将操作确认并应用到对象上。如果单击【取消】按钮，将取消之前的操作。

7.2.2 【顶点】子对象

在 3ds Max 视图中选择一个多边形对象后，选择【修改】面板，在修改器堆栈中单击【可编辑多边形】选项前的"+"按钮，然后选择【顶点】选项，或者单击【选择】卷展栏中的【顶点】按钮，即可进入【顶点】子对象层级。

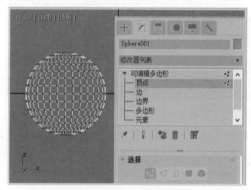

此时，在【修改】面板中将会增加一个【编辑顶点】卷展栏，专用于编辑顶点子对象。

下面通过一个实例，介绍【编辑顶点】卷展栏中各选项的功能。

Step 01 在场景中创建一个几何球体对象，然后右击该对象，从弹出的快捷菜单中选择【转换为】|【转换为可编辑多边形】命令，将其转换为可编辑多边形。

Step 02 选择【修改】面板，在【选择】卷展栏中单击【顶点】按钮，进入"顶点"子对象层级。

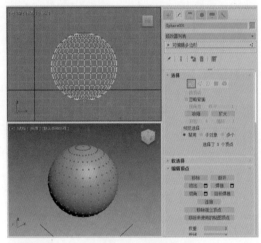

Step 03 单击【编辑顶点】卷展栏中的【移除】按钮，可以将选择的"顶点"子对象移除。

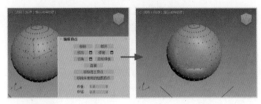

Step 04 在模型中选择某一个"顶点"对象，单击【编辑顶点】卷展栏中的【断开】按钮，可以在选择点的位置创建更多的顶点，选择点周围的表面将不再共用一个顶点，每个多边形表面在此位置会拥有独立的顶点，执行该命令后，不能直接看到效果，执行【选择并移动】命令移动该区域的顶点时，对象中连续的表面会产生分裂。

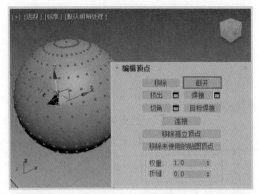

Step 05 【编辑顶点】卷展栏中的【焊接】按钮与【断开】按钮的作用相反。单击【焊接】按钮可以将两个或多个顶点焊接为一个顶点，单击【焊接】按钮右侧的【设置】按钮，在打开的面板中设置"焊接阈值"参数，顶点之间的距离小于该阈值将会被焊接，而大于该阈值将不会被焊接。

Step 06 单击【编辑顶点】卷展栏中的【目标焊接】按钮将其激活，在视图中单击某个顶点，并移动鼠标会拖出一条虚线。将鼠标指针移动到想要焊接的顶点上再次单击，可以将先前单击的顶点焊接到后单击的顶点上。

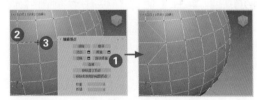

Step 07 单击【编辑顶点】卷展栏中的【挤出】按钮将其激活，然后将鼠标指针移动至对象中的某个顶点上，当鼠标指针改变形状后，单击并拖动鼠标，即可对顶点执行挤出操作。

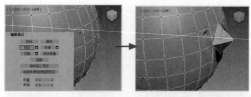

Step 08 如果要精确控制挤出的效果，可以单击【挤出】按钮右侧的【设置】按钮■，打开【挤出顶点】面板，其中【宽度】参数■控制挤出底面部分的尺寸，【高度】参数■控制挤出顶点的高度。

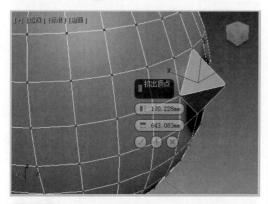

Step 09 选中模型上的某一个顶点后，单击【编辑顶点】卷展栏中的【切角】按钮，然后按住鼠标左键拖动，对选择的顶点进行切角处理。

Step 10 单击【切角】按钮右侧的【设置】按钮■，在打开的面板中可以通过设置其中的参数控制切角的大小(如下左图所示)，还可以通过启用【打开切角】控件，将被切角的区域删除(如下右图所示)。

Step 11 选择模型上的两个顶点，单击【连接】按钮，选中顶点之间将产生新的边。

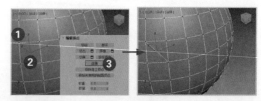

Step 12 【编辑顶点】卷展栏下方【权重】微调框中的参数用于设置所选顶点的权重，当在【细分曲面】卷展栏中启用【使用NURMS细分】复选框后，可以通过调整【权重】微调框中的参数调整顶点效果。

7.2.3 【边】子对象

【边】子对象层级中有些命令与【顶点】子对象层级中的命令类似(这里不再重复介绍)。【边】子对象由两个顶点确定，通过3条或3条以上的边可以组成一个平面。

当进入【边】子对象层级后，在【修改】面板中将增加一个【编辑边】卷展栏，专用于编辑【边】子对象。

下面通过几个操作步骤，介绍【编辑边】卷展栏中各选项的功能。

Step 01 在场景中创建一个圆柱体对象，然后右击该对象，从弹出的快捷菜单中选择【转换为】|【转换为可编辑多边形】命令，将其转换为可编辑多边形。

Step 02 选择【修改】面板，在【选择】卷展栏中单击【边】按钮，进入"边"子对象层级。在【编辑边】卷展栏中单击【插入顶点】按钮，可以手动对模型上的可视边界进行细分，在边界上单击可以添加任意数量的点。

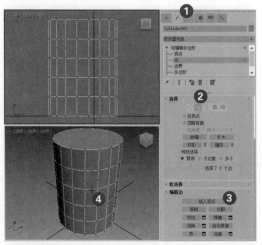

Step 03 选中模型上的边后，单击【编辑边】卷展栏中的【移除】按钮，可以将选择的边移除。

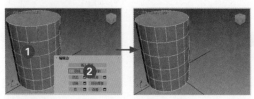

Step 04 如果按住Ctrl键的同时单击【移除】按钮，再进入"顶点"子层级，将发现被移除边的顶点一同被删除了。

Step 05 在【选择】卷展栏中单击【多边形】按钮■，进入"多边形"子对象层级，选择下左图所示的面，按下Delete键将其删除。

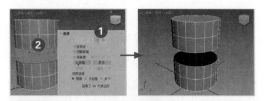

Step 06 返回"边"子对象层级，单击【编辑边】卷展栏中的【桥】按钮，可以创建新的多边形，从而连接对象中选定的边。

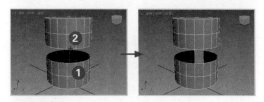

Step 07 选中右上左图所示的边，然后单击【编辑边】卷展栏中的【连接】按钮，可以在选择边的中间位置创建一圈边，如下右图所示。

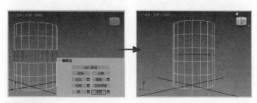

Step 08 单击【连接】按钮右侧的【设置】按钮■，在打开的面板中可以设置【分段】■、【收缩】■和【滑块】■参数。

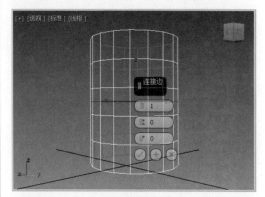

Step 09 单击【编辑边】卷展栏中的【利用所选内容创建图形】按钮，在打开的【创建图形】对话框中可以设置图形名称和图形类型。如果选择【平滑】单选按钮，生成平滑的样条线；如果选择【线性】单选按钮，生成的样条线的形状与选择边的形状保持一致。单击【创建图形】对话框中的【确定】按钮，可将选择的边创建为样条线图形。

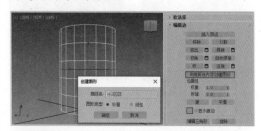

Step 10 单击【编辑边】卷展栏中的【编辑三角形】按钮，多边形内部隐藏的区域将以虚线的形式显示。此时，鼠标光标将显示为"+"形状，单击多边形的顶点并拖动到对角的顶点位置，释放鼠标后四边

形内部的划分方式将会发生改变。

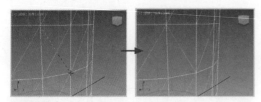

Step 11 单击【编辑边】卷展栏中的【旋转】按钮，单击虚线形式的对角线，可以方便地改变多边形的细分方式。

7.2.4 【边界】子对象

【边界】是多边形对象开放的边，可以将其理解为孔洞的边缘。在【边界】子对象层级中，包含与【顶点】和【边】子对象相同的命令参数（这里不再重复介绍）。

当在【修改】面板的【选择】卷展栏中单击【边界】按钮，进入"边界"子对象层级后，在【修改】面板中将增加一个【编辑边界】卷展栏，专用于编辑【边界】子对象。

例如，选择下左图所示的边界，单击【编辑边界】卷展栏中的【封口】按钮，会沿着"边界"子对象出现一个新的面，形成封闭的多边形对象，如下右图所示。

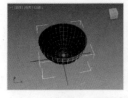 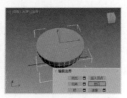

"边界"子层级中的【桥】按钮，比"边"子层级中的【桥】按钮的参数更多，可以设置更复杂的桥接效果，例如，选择右上左图所示的边界，然后在【编辑边界】卷展栏中单击【桥】按钮右侧的【设置】按钮，在显示的面板中可以设置更多的桥参数，如下右图所示。

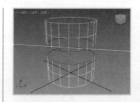 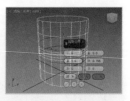

7.2.5 【多边形】和【元素】子对象

由于"多边形"和"元素"子对象的编辑命令类似，因此下面将通过一个操作，综合介绍这两个子对象中的主要编辑命令。

Step 01 在场景中创建一个平面对象，将其塌陷为可编辑多边形。

Step 02 选择【修改】面板，在【选择】卷展栏中单击【多边形】按钮，进入"多边形"子对象层级，在视图中选择下左图所示的"多边形"对象。

Step 03 单击【编辑多边形】卷展栏中的【挤出】按钮，将鼠标指针移动至需要挤出的面上，然后拖动鼠标左键，即可执行挤出操作，如下右图所示。

Step 04 如果需要对挤出的面进行精确设置，可以在【编辑多边形】卷展栏中单击【挤出】按钮右侧的【设置】按钮，在打开的面板中设置【挤出高度】参数和【挤出类型】参数。

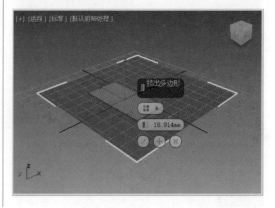

Step 05 上图所示的【挤出类型】选项组
中包括【组】【局部法线】和【按多边形】
3个选项，选择【组】选项后，将根据面选
择集的平均法线方向挤出多边形；选择【局
部法线】选项后，将沿着多边形自身的法线
方向挤出；而选择【按多边形】选项，则每
个多边形将被单独挤出。

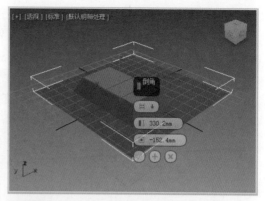

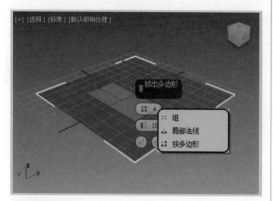

Step 06 单击【编辑多边形】卷展栏中的
【轮廓】按钮，可以在视图中对选择的面
进行调整轮廓的操作。

 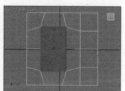

Step 07 单击【编辑多边形】卷展栏中
【倒角】按钮右侧的【设置】按钮，在
打开的面板中可对选择的多边形进行挤出
和轮廓处理。

Step 08 【编辑多边形】卷展栏中的【从
边旋转】按钮是一个特殊的工具，单击该
按钮右侧的【设置】按钮，在显示的面
板中可以指定多边形的一条边作为旋转轴
(单击按钮选择旋转轴)，使选择的多边
形沿着旋转轴旋转并产生新的多边形。

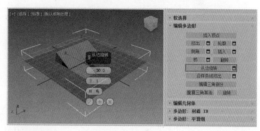

Step 09 单击【编辑多边形】卷展栏中的
【沿样条线挤出】按钮右侧的【设置】按
钮，在显示的面板中可以指定多边形面
沿样条线精确挤出。

7.3 石墨建模工具

　　"石墨"建模工具包含【建模】【自由形式】【选择】【对象绘制】和【填充】
5个选项卡，其中每个选项卡都包含许多工具。在默认情况下，3ds Max "石墨"建模工
具的工具栏会自动出现在操作界面中，且位于主工具栏的下方(如下图所示)。其包括3
种不同的状态，单击选项卡右侧的下拉按钮，在弹出的下拉列表中可以选择相应的显
示状态。

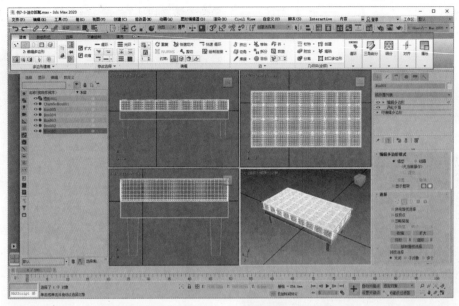

下面先通过一个简单的实例，帮助用户对"石墨"建模工具建立一个初步的印象。

【例7-3】使用"石墨"建模工具制作脚凳模型。
▶视频+素材
源文件：素材文件\第07章\例7-3

Step 01 在【创建】面板的【几何体】选项卡●中单击【长方体】按钮，在顶视图中创建一个长方体，在【参数】卷展栏中设置其【长度】为150mm，【宽度】为300mm，【高度】为30mm，【长度分段】为4，【宽度分段】为9。

Step 02 选中场景中的"长方体"模型，右击鼠标，从弹出的快捷菜单中选择【转换为】|【转换为可编辑多边形】命令，将对象塌陷为可编辑的多边形，在"石墨"建模工具的【建模】选项卡中单击【边缘】按钮◢，进入"边"子层级。

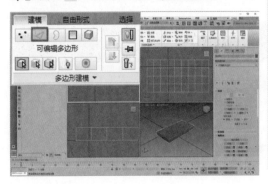

Step 03 在【建模】选项卡的【修改选择】面板中单击【环模式】按钮☰，在视图中单击下图所示的边。此时，系统会自动选择与该边呈环形的边。

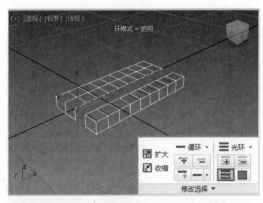

Step 04 按住Ctrl键选择下图所示的边。

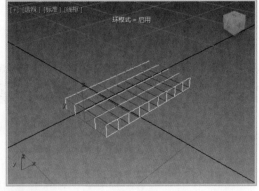

Step 05 在【循环】面板中单击【连接】

下拉按钮，从弹出的下拉列表中选择【连接设置】选项，在显示的面板中设置【分段】为2，【收缩】为60。

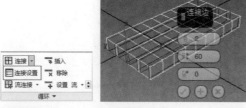

Step 06 选中下左图所示的边，使用同样的方法对选中的边也执行连接处理。

Step 07 在"石墨"建模工具的【建模】选项卡中单击【顶点】按钮，进入"顶点"子层级。按住Ctrl键选中下图所示的顶点。

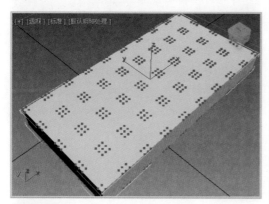

Step 08 在【顶点】面板中单击【顶点】下拉按钮，从弹出的下拉列表中选择【切角设置】选项，在显示的面板中设置【切角量】为2。

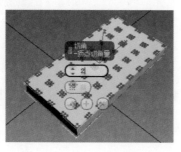

Step 09 按下W键，执行【选择并移动】命令，将选中的顶点沿Z轴向下移动。

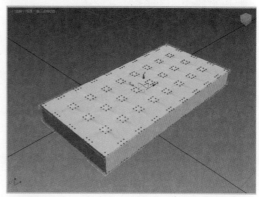

Step 10 在"石墨"建模工具的【建模】选项卡中单击【边缘】按钮，进入"边"子层级。按住Ctrl键选中下左图所示的边，然后按下W键，使用【选择并移动】命令沿Z轴向下移动，如下右图所示。

Step 11 选中下图所示的边，进入【边】面板，单击【边】面板中的【切角】下拉按钮，从弹出的下拉列表中选择【切角设置】选项。

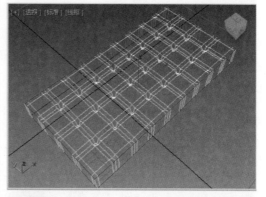

Step 12 在场景中显示的面板中设置【边切角量】参数为1mm，【连接分段】参数为2，然后单击按钮。

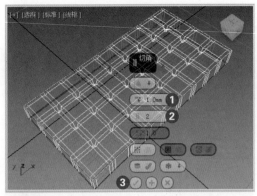

Step 13 选择下左图所示的边，用同样的方法进行切角处理(效果如下右图所示)。

 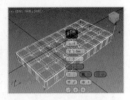

Step 14 选择下图所示的边，在【边】面板中单击【利用所选内容创建图形】按钮。

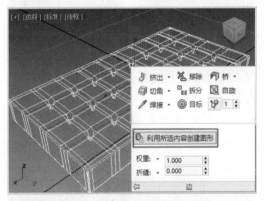

Step 15 打开【创建图形】对话框，选中【平滑】复选框，然后单击【确定】按钮。

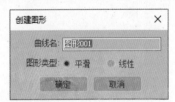

Step 16 选择上一步操作所选中的样条线，在【修改】面板的【渲染】卷展栏中选中【在渲染中启用】和【在视口中启用】复选框，激活【径向】选项组，设置【厚度】为1mm。

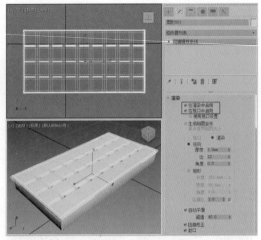

Step 17 选中视图中的长方体，单击【修改器列表】下拉按钮，从弹出的下拉列表中选择【涡轮平滑】选项，添加"涡轮平滑"修改器，在【涡轮平滑】卷展栏中设置【迭代次数】为2。

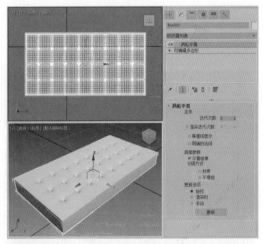

Step 18 在顶视图中创建一个【长度】为150mm，【宽度】为300mm，【高度】为25mm，圆角为1的切角长方体，并执行【选择并移动】命令调整其位置。

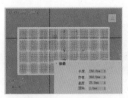 

Step 19 再创建一个【长度】为16mm，【宽度】为16mm，【高度】为50mm的长

方体，并调整其位置。

Step 20 将上一步创建的长方体转换为可编辑多边形，然后在【选择】卷展栏中单击【顶点】按钮 ∵，进入"顶点"子层级，选择下图所示的顶点进行缩放。

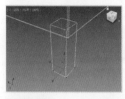

Step 21 在【选择】卷展栏中单击【边】按钮 ，进入"边"子层级，选择下图所示的边，对其进行切角处理，设置【边切角量】为0.5，【连接边分段】为4。

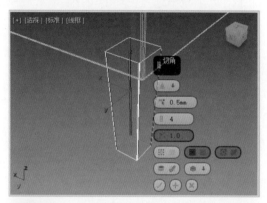

Step 22 将设置好的长方体再复制3个并调整其位置，最终效果如下图所示。

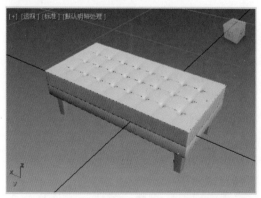

"石墨"建模工具中各选项中主要选项的功能说明如下（其中【建模】选项卡中的选项比较常用，下面将进行重点介绍）。

1.【建模】选项卡

【建模】选项卡中包含了多边形建模的大部分常用工具，它们被分成若干不同的面板。

■ 【多边形建模】面板

▶【顶点】按钮 ∵：进入多边形的"顶点"子层级，在该层级中可以选择对象的顶点。

▶【边缘】按钮 ◁：进入多边形的"边"子层级，在该层级中可以选择对象的边。

▶【边界】按钮 ⊙：进入多边形的"边界"子层级，在该层级中可以选择对象的边界。

▶【多边形】按钮 □：进入多边形的"多边形"子层级，在该层级中可以选择对象中的多边形。

▶【元素】按钮 ◎：进入多边形的"元素"子层级，在该层级中可以选择对象的元素。

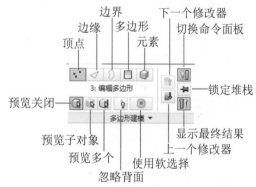

▶【切换命令面板】按钮 ▣：控制【命令】面板的可见性。

▶【锁定堆栈】按钮 ⯀：将修改器堆栈和【建模工具】控件锁定到当前选定的对象。

▶【显示最终结果】按钮 ⯀：显示在修改器堆栈中所有修改完毕后出现的选定对象。

▶【下一个修改器】按钮 ⯀ 和【上一个修改器】按钮 ⯀：通过上移或下移堆栈，从而相应地使次高或低修改器成为当前修改器。

▶【预览关闭】按钮 ▣：关闭预览功能。

▶【预览子对象】按钮 ▣：开启预览子

对象功能。

▶【预览多个】按钮 ：开启预览多个对象功能。

▶【忽略背面】按钮 ：开启忽略对背面对象的选择。

▶【使用软选择】按钮 ：在软选择和【软选择】面板之间切换。

单击【多边形建模】面板右下角的倒三角按钮▼，将显示如下图所示的扩展面板，其中各选项的功能说明如下。

▶【塌陷堆叠】按钮：将选定对象的整个堆栈塌陷为可编辑多边形。

▶【转换为多边形】按钮：将对象转换为可编辑多边形并进入"修改"模式。

▶【应用编辑多边形模式】按钮：为对象加载"编辑多边形"修改器并切换到"修改"模式。

▶【生成拓扑】按钮：打开下左图所示的【拓扑】对话框。

▶【对称工具】按钮：打开下右图所示的【对称工具】对话框。

▶【完全交互】按钮：切换【快速切片】工具和【切割】工具的反馈层级及所有的设置对话框。

■【修改选择】面板

▶【扩大】按钮：向所有可用方向的外侧扩展选择区域。

▶【收缩】按钮：通过取消选择最外部的子对象缩小子对象的选择区域。

▶【循环】按钮：根据当前选择的子对象来选择一个或多个循环。

▶【增长循环】按钮 ：根据选择的子对象来增长循环。

▶【收缩循环】按钮 ：通过从末端移除子对象来减小选定循环的范围。

▶【循环模式】按钮 ：激活该按钮，则选择子对象时也会自动选择关联循环。

▶【点循环】按钮 ：选择有间距的循环。

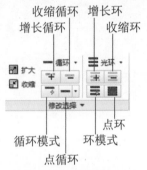

▶【光环】按钮：根据当前选中的子对象来选择一个或多个环。

▶【增长环】按钮 ：分步扩大一个或多个边环，只能用在"边"和"边界"层级中。

▶【收缩环】按钮 ：通过从末端移除边来减小选定边循环的范围，不适用于圆形环，只能用在"边"和"边界"层级中。

▶【环模式】按钮 ：激活该按钮，系统会自动选择环。

▶【点环】按钮 ：基于当前选择，选择有间距的边环。

单击【修改选择】面板右下角的倒三角按钮▼，将显示如下图所示的扩展面板，其中各主要选项的功能说明如下。

► 【轮廓】按钮：选择当前子对象的边界，并取消其余部分。

► 【相似】按钮：根据选定的子对象特性来选择其他类似的元素。

► 【填充】按钮：选择两个选定子对象之间的所有子对象。

►【填充孔洞】按钮 ：选中由"轮廓选择"和"轮廓内的独立选择"指定的闭合区域中的所有子对象。

► 【步长循环】按钮：在同一循环上的两个选定子对象之间选择循环。

► 【步模式】按钮：使用"步模式"来分布选择循环，并通过选择各个子对象增加循环长度。

► 【点间距】微调框：指定用"点循环"选择的循环中的子对象之间的间距范围，或用"点环"选择的环中边之间的间距范围。

■ 【编辑】面板

【编辑】面板中提供了用于修改多边形的各种工具，如下图所示。

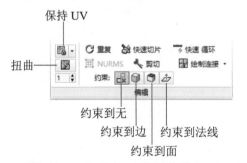

► 【保持 UV】按钮：激活该按钮后，可以编辑子对象，而不影响对象的 UV 贴图。

► 【扭曲】按钮 ：激活该按钮后，可以扭曲 UV。

► 【重复】按钮：重复最近使用的命令。

► 【快速切片】按钮：可以将对象快速切片 (右击鼠标可以停止切片操作)。

► 【快速循环】按钮：通过单击该按钮来放置边循环 (按住 Shift 键单击可以插入边循环，并调整新循环以匹配曲面流)。

► NURMS 按钮：通过 NURMS 方法应用平滑并打开【使用 NURMS】面板。

► 【剪切】按钮：用于创建一个多边形到另一个多边形的边，或在多边形内创建边。

► 【绘制连接】按钮：激活该按钮后，可以以交互的方式绘制边和顶点之间的连接线。

► 【约束】选项组：可以使用现有的几何体来约束子对象的变换，包括【约束到无】 、【约束到边】 、【约束到面】 和【约束到法线】 4 个按钮。

■ 【几何体 (全部)】面板

【几何体 (全部)】面板中提供了编辑几何体的一些工具，如下图所示。

► 【松弛】按钮：使用该按钮可以将松弛效果应用于当前选定的对象。

► 【创建】按钮：创建新的几何体。

► 【附加】按钮：用于将场景中的其他对象附加到选定的多边形对象。

► 【塌陷】按钮：通过将子对象的顶点与选择中心的顶点焊接起来，使连续选定的子对象组产生塌陷效果。

► 【分离】按钮：将选定的子对象和附加到子对象的多边形作为单独的对象或元素分离出来。

► 【封口多边形】按钮：从顶点或边选择创建一个多边形并选择该多边形 (仅在

"边"和"边界"子对象层级上可用)。

单击【几何体 (全部)】面板右下角的倒三角按钮▼，将显示如下左图所示的扩展面板，其中各主要选项的功能说明如下。

▶【四边形化全部】下拉按钮：单击该按钮，在弹出的下拉列表中将显示一组用于将三角形转化为四边形的工具，如下右图所示。

▶【切片平面】按钮：为切片平面创建Gizmo，可以通过定位和旋转它来指定切片位置。

■ 各种子对象面板

在不同的子对象层级中，子对象的面板显示状态各不相同，分别为【顶点】【边】【边界】【多边形】和【元素】层级下的子对象面板，如下图所示。

【顶点】【边】和【边界】面板

【多边形】和【元素】面板

■【循环】面板

【循环】面板中的工具和参数主要用于处理边循环，如下图所示。

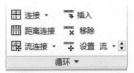

▶【连接】按钮：在选中的对象之间创建新边。

▶【距离连接】按钮：在跨越一定距离和其他拓扑的顶点和边之间创建边循环。

▶【流连接】按钮：跨越一个或多个边循环来连接选定边。

▶【插入】按钮：根据当前的子对象选择创建一个或多个边循环。

▶【移除】按钮：移除当前子对象层级处的循环，并自动删除所有剩余顶点。

▶【设置流】按钮：调整选定边以适合周围网格的图形。

单击【循环】面板右下角的倒三角按钮▼，将显示如下图所示的扩展面板，其中各选项的功能说明如下。

▶【构建末端】按钮：根据选择的顶点或边来构建四边形。

▶【构建角点】按钮：根据选择的顶点或边来构建四边形的角点，以翻转边循环。

▶【循环工具】按钮：打开【循环工具】对话框，该对话框中包含用于调整循环的相关工具。

▶【随机连接】按钮：连接选定的边，并随机定位所创建的边。

▶【设置流速度】微调框：调整选定边的流速度。

■ 【细分】面板

【细分】面板中的工具可以用来增加网格的数量。

▶【网格平滑】按钮：对对象执行网格平滑处理。

▶【细化】按钮：对所有多边形执行细化操作。

▶【使用置换】按钮：打开【置换】面板，在该面板中可以指定细分网格的方式。

■ 【三角剖分】面板

【三角剖分】面板中提供了用于将多边形细分为三角形的一些方式。

▶【编辑】按钮：在修改内边或对角线时，将多边形细分为三角形的形式。

▶【旋转】按钮：通过单击对角线，将多边形细分为三角形。

▶【重复三角算法】按钮：对当前选定的多边形自动执行最佳的三角剖分操作。

■ 【对齐】面板

【对齐】面板中的工具可以用在对象级别及所有子对象级别中，主要用来选择对齐对象的方式。

▶【生成平面】按钮：强制所有选定的子对象成为共面。

▶【到视图】按钮：使对象中的所有顶点与活动视图所在的平面对齐。

▶【到栅格】按钮：使选定对象中的所有顶点与活动视图所在的平面对齐。

▶ X/Y/Z 按钮：平面化选定的所有子对象，并使该平面与对象的局部坐标系中的相应平面对齐。

■ 【可见性】面板

【可见性】面板中的工具可以隐藏和取消隐藏选定对象。

▶【隐藏选定对象】按钮：隐藏当前选定的子对象。

▶【隐藏未选定对象】按钮：隐藏未选定的子对象。

▶【全部取消隐藏】按钮：将隐藏的子对象恢复为可见。

■ 【属性】面板

【属性】面板中的工具可以调整网格平滑、顶点颜色和材质 ID。

▶【硬】按钮：对整个模型禁用平滑。

▶【平滑】按钮：对整个对象启用平滑。

▶【平滑 30】按钮：对整个对象启用适度平滑。

单击【属性】面板右下角的倒三角按钮▼，将显示如下图所示的扩展面板，其中各选项的功能说明如下。

▶【平滑组】按钮：打开用于处理平滑

组的对话框。

▶【材质 ID】按钮：打开用于设置材质 ID、按 ID 和子材质名称选择的对话框。

2. 【自由形式】选项卡

"自由形式"选项卡包含在视图中通过"绘制"创建和修改多边形几何体的工具。该选项卡中的参数命令类似于可编辑多边形建模中的"绘制变形"卷展栏中的命令，可用笔刷的形式使模型表面产生隆起和凹陷的效果。【自由形式】选项卡中包含【多边形绘制】【绘制变形】和【默认】3 个面板。

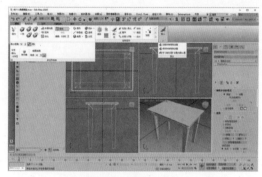

【自由形式】选项卡

3. 【选择】选项卡

【选择】选项卡提供了专门用于进行子对象选择的各种工具。例如，可以选择凹面或凸面区域、朝向视图的子对象或某一方向的点等。

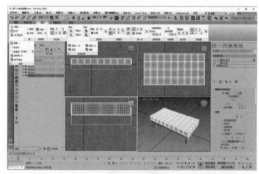

【选择】选项卡

4. 【对象绘制】选项卡

通过【对象绘制】选项卡中的工具，

可以在场景中的任何位置或特定的对象曲面上徒手绘制对象，也可以用绘制对象来"填充"选定的边。我们可以用多个对象按照特定顺序或随机顺序进行绘制，并可以在绘制时更改缩放比例。例如，对规则曲面功能的应用，如铆钉、植物、列等，甚至包括使用字符来填充场景。【对象绘制】选项卡中包含【绘制对象】和【笔刷设置】两个面板，如下图所示。

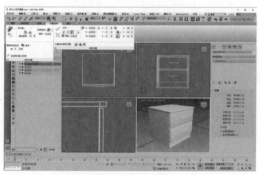

【对象绘制】选项卡

5. 【填充】选项卡

使用【填充】选项卡，用户可以快速地向场景中添加设置了动画的角色。这些角色可以沿着"路径"或"流"运动，其他角色可以在空闲区域内闲逛或者坐在座位上。流可以是简单的，也可以是复杂的，一切取决于用户的要求，并且"流"可以包括小幅度的上倾和下倾（在制作建筑漫游动画时，可以使用该工具添加一些随机的动画人群）。

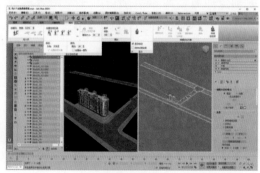

【填充】选项卡

7.4 案例演练

　　本章重点介绍了"编辑多边形"工具的一些常用命令和使用技巧。"编辑多边形"工具是 3ds Max 中非常强大的一个工具，下面的案例演练部分将通过实例操作，帮助用户进一步掌握使用该工具建模的方法。

【例 7-4】使用"编辑多边形"工具制作铅笔模型。▶视频+素材

源文件：素材文件 \ 第 07 章 \ 例 7-4

Step 01 在视图中创建一个【半径】为7mm，【高度】为320mm，【高度分段】为1，【端面分段】为1，【边数】为7的圆柱体对象。

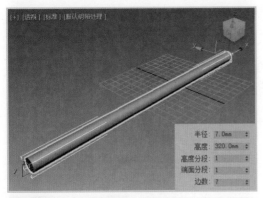

Step 02 选中创建的圆柱体对象，选择【修改】面板，单击【修改器列表】下拉按钮，从弹出的下拉列表中选择【编辑多边形】选项。

Step 03 在【选择】卷展栏中单击【多边形】按钮■，选中下图所示的多边形。

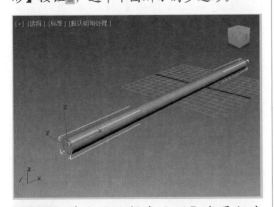

Step 04 单击【编辑多边形】卷展栏中【倒角】按钮右侧的【设置】按钮■，在显示的面板中设置【高度】为20mm，【轮廓】为-4mm。

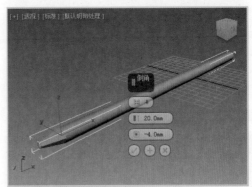

Step 05 再次单击【倒角】按钮右侧的【设置】按钮■，在显示的面板中设置【高度】为6mm，【轮廓】为-2mm。

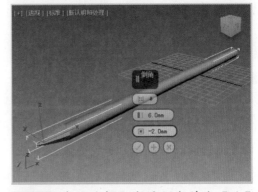

Step 06 在【选择】卷展栏中单击【边】按钮■，选中下图所示的边。

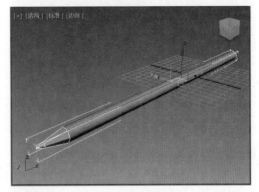

Step 07 在【编辑边】卷展栏中单击【切角】按钮右侧的【设置】按钮■，在显示的面

板中设置【数量】为0.5mm，【分段】为5。

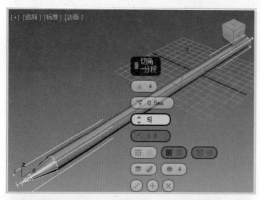

Step 08 此时，铅笔模型效果如下图所示。

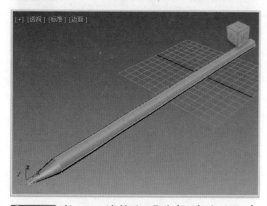

Step 09 按下W键执行【选择并移动】命令，然后按住Shift键拖动场景中的铅笔模型，将其复制并调整位置。

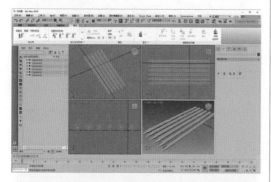

【例7-5】使用"编辑多边形"工具制作矮柜模型。 ▶视频+素材

源文件：素材文件 \ 第07章 \ 例7-4

Step 01 单击【创建】面板中的【长方体】按钮，在前视图中创建一个【长度】为600mm，【宽度】为1000mm，【高度】为500mm的长方体。

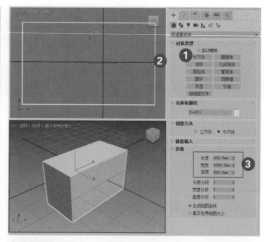

Step 02 选中视图中创建的长方体模型，右击鼠标，从弹出的快捷菜单中选择【转换为】|【转换为可编辑多边形】命令，将模型塌陷为可编辑多边形。

Step 03 选择【修改】面板，在【选择】卷展栏中单击【多边形】按钮，进入【多边形】子层级，选中场景中下左图所示的多边形。

Step 04 在【编辑多边形】卷展栏中单击【插入】按钮右侧的【设置】按钮，在显示的面板中设置【数量】为50mm，如下右图所示。

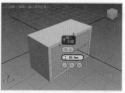

Step 05 单击【挤出】按钮右侧的【设置】按钮，在显示的面板中设置【高度】为-450mm。

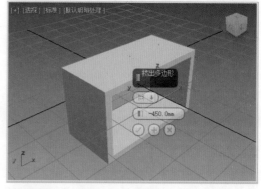

Step 06 在【选择】卷展栏中单击【边】

按钮 ☑，进入【边】子层级，选中下左图所示的边。

Step 07 在【编辑边】卷展栏中单击【连接】按钮右侧的【设置】按钮▣，在显示的面板中设置【分段】为2，【收缩】为88，如下右图所示。

Step 08 在【选择】卷展栏中单击【多边形】按钮▣，再次进入【多边形】子层级，选中下左图所示的多边形。

Step 09 在【编辑多边形】卷展栏中单击【挤出】按钮右侧的【设置】按钮▣，在显示的面板中设置【高度】为600mm，如下右图所示。

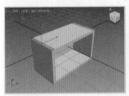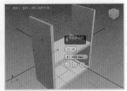

Step 10 再次单击【挤出】按钮右侧的【设置】按钮▣，在显示的面板中设置【高度】为50mm。

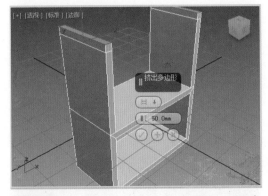

Step 11 在实体中选中右上左图所示的多边形。在【编辑多边形】卷展栏中单击【挤出】按钮右侧的【设置】按钮▣，在显示的面板中设置【高度】为903mm，如右上右图所示。

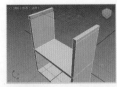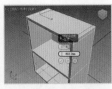

Step 12 在场景中选中下左图所示的多边形，然后在【编辑多边形】卷展栏中单击【插入】按钮右侧的【设置】按钮▣，在显示的面板中设置【数量】为100mm，如下右图所示。

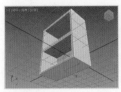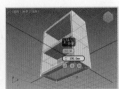

Step 13 单击【挤出】按钮右侧的【设置】按钮▣，在显示的面板中设置【高度】为100mm。

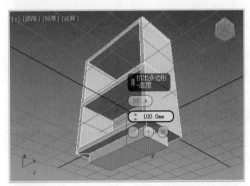

Step 14 在【选择】卷展栏中单击【边】按钮☑，进入【边】子层级，选中下左图所示的边。

Step 15 在【编辑边】卷展栏中单击【连接】按钮右侧的【设置】按钮▣，在显示的面板中设置【分段】为2，【收缩】为85，如下右图所示。

Step 16 在【选择】卷展栏中单击【多边形】按钮▣，进入【多边形】子层级，选中下左图所示的多边形。

Step 17 在【编辑多边形】卷展栏中单击【挤出】按钮右侧的【设置】按钮■，在显示的面板中设置【高度】为100mm，如下右图所示。

Step 18 在【选择】卷展栏中单击【边】按钮，进入【边】子层级，选中下左图所示的边。

Step 19 在【编辑边】卷展栏中单击【连接】按钮右侧的【设置】按钮■，在显示的面板中设置【分段】为2，【收缩】为65，如下右图所示。

Step 20 在【选择】卷展栏中单击【多边形】按钮■，进入【多边形】子层级，选中下左图所示的多边形。

Step 21 在【编辑多边形】卷展栏中单击【挤出】按钮右侧的【设置】按钮■，在显示的面板中设置【高度】为50mm，如下右图所示。

Step 22 在【选择】卷展栏中单击【顶点】按钮，选中下图所示的顶点。

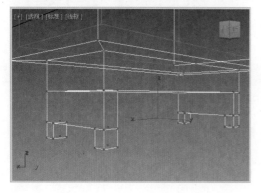

Step 23 在主工具栏中单击【选择并均匀缩放】按钮，在左视图中将选中的顶点沿X轴向左等比缩放。

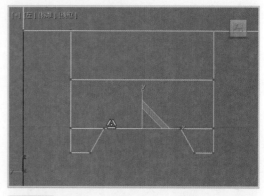

Step 24 完成以上操作后，场景中模型的效果如下图所示。

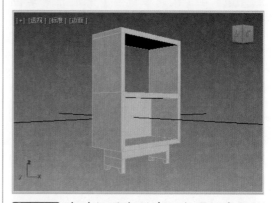

Step 25 在前视图中创建一个【长度】为500mm，【宽度】为900mm，【高度】为50mm的长方体，并将其移动至模型上合适的位置。

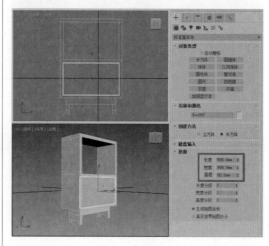

Step 26 右击上一步创建的长方体，在弹出的快捷菜单中选择【转换为】|【转换为可编辑多边形】命令，将其塌陷为可编辑多边形。

Step 27 在【选择】卷展栏中单击【多边形】按钮■，进入【多边形】子层级，选中下左图所示的多边形。

Step 28 在【编辑多边形】卷展栏中单击【插入】按钮右侧的【设置】按钮□，在显示的面板中设置【数量】为230mm。

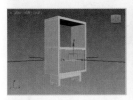

Step 29 在【编辑多边形】卷展栏中单击【挤出】按钮右侧的【设置】按钮□，在显示的面板中设置【高度】为50mm。

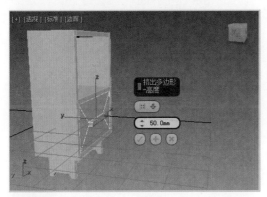

Step 30 在【选择】卷展栏中单击【边】按钮，进入【边】子层级，选中下图所示的边。

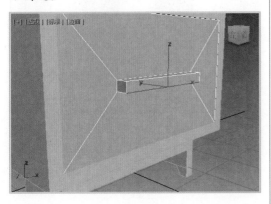

Step 31 在【编辑边】卷展栏中单击【切角】按钮右侧的【设置】按钮■，在显示的面板中设置【边切角量】为15mm。

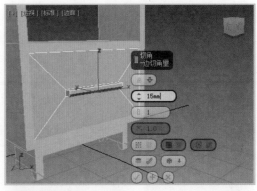

Step 32 完成以上操作后，按下M键打开【材质编辑器】面板，选择一个空白材质球，单击Standard按钮。

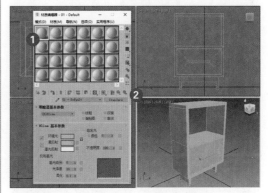

Step 33 打开【材质/贴图浏览器】对话框，选中VrayMtl材质，单击【确定】按钮。

Step 34 返回【材质编辑器】面板，在

【漫反射】选项右侧单击■按钮，再次打开【材质/贴图浏览器】对话框，选择【位图】选项，单击【确定】按钮，打开【选择位图图像文件】对话框，选中"木纹.jpg"文件，单击【打开】按钮。

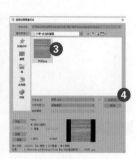

Step 35 返回【材质编辑器】面板，设置【反射】的【光泽度】为0.82，并单击【菲涅耳反射率】选项后的按钮，调整【菲涅耳反射率】为5，如下左图所示。

Step 36 展开【贴图】卷展栏，将【漫反射】后面的贴图拖动到【凹凸】的贴图通道上，打开【复制(实例)贴图】对话框，选中【复制】单选按钮，单击【确定】按钮。

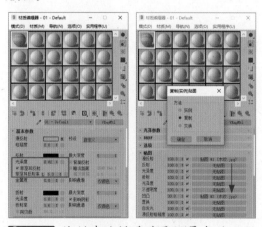

Step 37 将创建的材质赋予场景中的"矮桌"模型上，切换至透视图，按下Ctrl+C快捷键，自动创建一个物理摄影机并切换至摄影机视图。

Step 38 在【创建】面板中选择【灯光】选项卡，在视图中创建几个泛光灯。

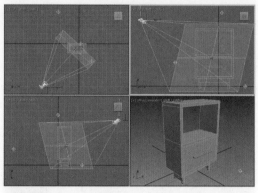

Step 39 按下数字键8，打开【环境和效果】对话框，在【公用参数】卷展栏中设置【颜色】为【白色】，【染色】为【橙色】。

Step 40 按下F9键渲染场景，结果如下图所示。

第 8 章
案例课堂：常见家具的建模

| 本章导读 |

　　建模是一个需要逐渐熟悉的操作，只要不断地去应用工具练习各种建模操作，就总能找到一个有效的建模方法，从而解决实际工作中的问题。本章将通过案例操作，帮助用户巩固前面各章所学的知识，熟练掌握建模的常用方法与技巧。

| 视频教学 |

例 8-1 制作床头柜模型　　　　　　例 8-5 制作梳妆台凳模型
例 8-2 制作铁艺凳子模型　　　　　例 8-6 制作衣橱柜体模型
例 8-3 制作单人沙发模型　　　　　例 8-7 制作衣橱柜腿模型
例 8-4 制作书桌模型　　　　　　　例 8-8 制作衣橱抽屉模型

8.1　床头柜

本例将练习在 3ds Max 中应用切角长方体、长方体和管状体工具，通过移动、旋转、复制等操作制作下图所示的床头柜模型。

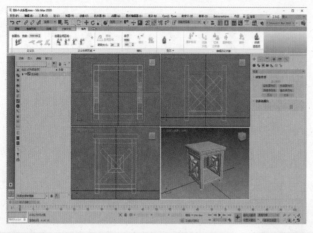

【例 8-1】使用 3ds Max 内置的几何体建模工具制作一个床头柜模型。▶视频+素材

源文件：素材文件 \ 第 08 章 \ 例 8-1

Step 01 在顶视图中创建一个【长度】为 1000mm，【宽度】为1000mm，【高度】为100mm，【圆角】为3mm，【圆角分段】为3的切角长方体。

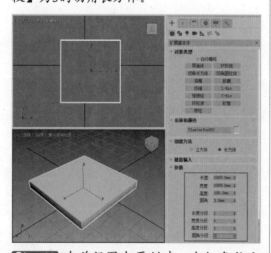

Step 02 在前视图中再创建一个切角长方体，并设置其【长度】为1200mm，【宽度】为100mm，【高度】为100mm，【圆角】为3mm。

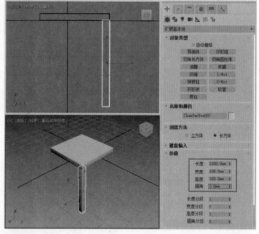

Step 03 按下W键，执行【选择并移动】命令，调整上一步创建的切角长方体的位置，然后按住Shift键拖动将其复制3个并调整位置。

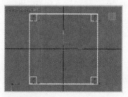

Step 04 在左视图中绘制一个切角长方体，并设置其【长度】为100mm，【宽度】为800mm，【高度】为100mm，【圆

角】为3mm，【圆角分段】为3。

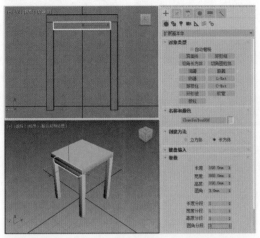

Step 05 将上一步绘制的切角圆柱体移动至合适的位置，然后按住Shift键拖动，将其复制3个，并通过旋转和移动模型，调整复制后的切角长方体的位置。

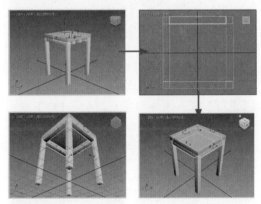

Step 06 在透视图中按Ctrl键选中下左图所示的模型，然后按住Shift键向下拖动，将其复制，结果如下右图所示。

Step 07 在透视图中按Ctrl键选中右上左图所示的两个模型，然后按住Shift键，沿X轴向下复制并旋转90°，如右上右图所示。

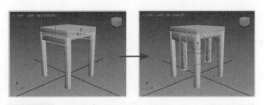

Step 08 调整复制后的模型至下图所示的位置。

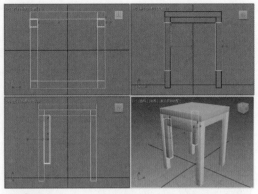

Step 09 按住Shift键，将上图选中的模型沿X轴拖动复制，并移动至下图所示的位置。

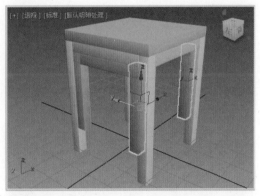

Step 10 在透视图中按Ctrl键选中下左图所示的两个模型，然后按住Shift键沿Z轴向下拖动复制，效果如下右图所示。

Step 11 在透视图中按Ctrl键选中下左图所示的4个模型，然后按住Shift键，沿Z轴向下拖动复制，效果如下右图所示。

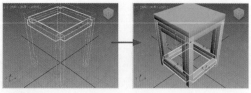

Step 12 在顶视图中创建一个长方体，并设置其【长度】为800mm，【宽度】为800mm，【高度】为120mm。

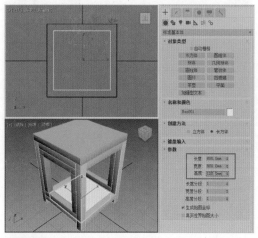

Step 13 参考上图所示将上一步创建的长方体模型调整至合适的位置。

Step 14 在左视图中创建下图所示的管状体，并设置其【半径1】为270mm，【半径2】为145mm，【高度】为100mm，【边数】为4。

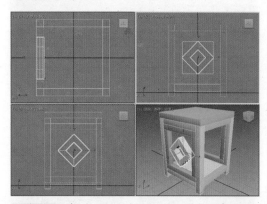

Step 15 在左视图中将上一步创建的管状体模型沿Z轴向右旋转45°，然后在透视图中按住Shift键将其沿X轴向右拖动复制，并调整至合适的位置，如右上右图所示。

Step 16 在左视图中创建一个长方体，并设置其【长度】为1000mm，【宽度】为100mm，【高度】为100mm。

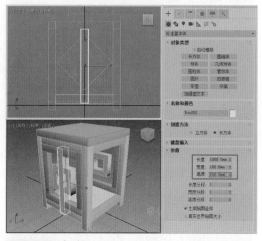

Step 17 参考上图所示将上一步创建的长方体模型调整至合适的位置。

Step 18 将长方体向左旋转45°（如下左图所示），然后按住Shift键，向右旋转90°并复制模型，效果如下右图所示。

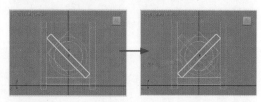

Step 19 在透视图中选中下左图所示的两个模型，然后按住Shift键将其向右拖动复制。

Step 20 在透视图中选中下左图所示的切角长方体，设置【长度】为1100mm，【宽度】为1100mm，完成后的效果如下右图所示。

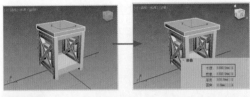

Step 21 在场景中按下Ctrl+A快捷键选中所有对象，然后在菜单栏中选择【组】|【组】命令，打开【组】对话框，在【组名】文本框中输入"床头柜"后单击【确定】按钮。

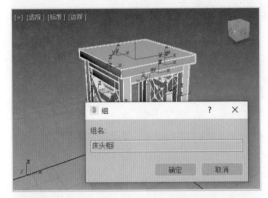

Step 22 按下M键打开【材质编辑器】窗口，

选中一个空白材质球，展开【贴图】卷展栏，单击【漫反射颜色】选项右侧的【无贴图】按钮，打开【材质/贴图浏览器】对话框，选择【位图】选项，单击【确定】按钮。

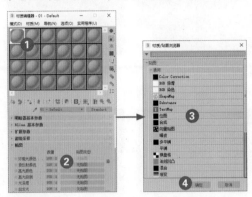

Step 23 打开【选择位图图像文件】对话框，选中一个"木纹"贴图文件后，单击【打开】按钮，返回【材质编辑器】窗口。

Step 24 在【材质编辑器】窗口中将创建的材质拖动至场景中创建好的"床头柜"模型上，然后按下F9键渲染场景。

8.2 铁艺凳子

本例将通过创建多边形、圆等二维图形，应用"挤出"修改器制作下图所示的铁艺凳子模型。

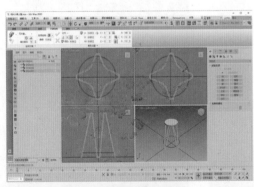 

【例8-2】在 3ds Max 中通过二维图形建模工具制作一个铁艺凳子模型。▶视频+素材
源文件：素材文件\第08章\例8-2

Step 01 在顶视图中创建一个【半径】为100mm，【边数】为8，【角半径】为25mm的多边形。

Step 02 右击多边形，从弹出的快捷菜单中

选择【转换为】|【转换为可编辑样条线】命令。

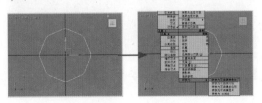

Step 03 在透视图中选中下左图所示的点，然后沿着Z轴向上拖动，如下右图所示。

Step 04 分别选中下左图所示的点，然后调节其状态如下右图所示。

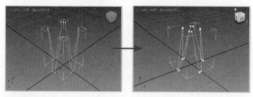

Step 05 在【修改】面板中展开【渲染】卷展栏，选中【在渲染中启用】和【在视口中启用】复选框，然后设置【厚度】为8mm。

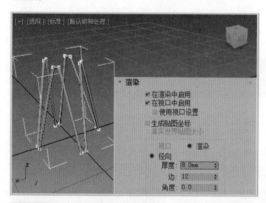

Step 06 在顶视图中创建一个圆，设置其【半径】为80mm。

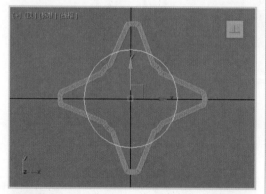

Step 07 为创建的圆添加"挤出"修改器，

在【参数】卷展栏中设置【数量】为10mm。

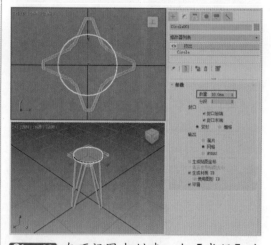

Step 08 在顶视图中创建一个【半径】为110的圆，并调整其位置。

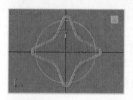

Step 09 将创建的圆转换为可编辑样条线，展开【渲染】卷展栏，选中【在渲染中启用】和【在视口中启用】复选框，然后设置【厚度】为5mm。

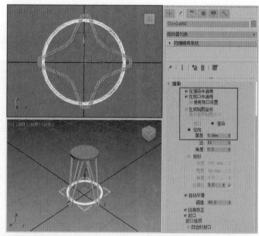

Step 10 按下M键打开【材质编辑器】窗口，选中一个空白材质球后，展开【贴图】卷展栏，为【漫反射颜色】指定一个"木纹"贴图。

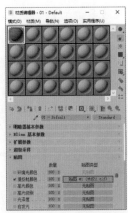

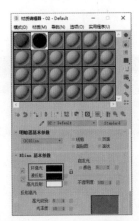

置为黑色。

Step 11 在【材质编辑器】窗口中再选中一个空白材质球，展开【Blinn基本参数】卷展栏，将【漫反射】选项后的色块颜色设

Step 12 将创建的两个材质分别赋予场景中模型的不同部分，然后按下F9键渲染场景。

8.3 单人沙发

本例将通过把对象转换为可编辑多边形，并进行编辑操作，制作下图所示的单人沙发模型。

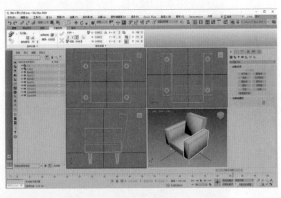

【例8-3】在 3ds Max 中通过多边形建模工具制作一个单人沙发模型。▶视频+素材
源文件：素材文件 \ 第 08 章 \ 例 8-3

Step 01 在顶视图中创建一个【长度】为1550mm，【宽度】为1200mm，【高度】为350mm的长方体。

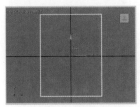

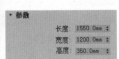

Step 02 选中创建的长方体，将模型转换为可编辑多边形，然后进入【边】子对象层级，选中下左图所示的边，在【编辑边】卷展栏中单击【切角】按钮右侧的【设置】按钮■，在显示的面板中设置【边切角量】为15mm，【连接边分段】为4。

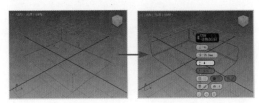

Step 03 选中下图所示的边，然后在【编辑边】卷展栏中单击【利用所选内容创建图形】按钮。

 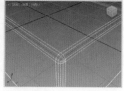

Step 04 打开【创建图形】对话框，在【曲线名】文本框中输入"1-1"，选中【线性】单选按钮，然后单击【确定】按钮。

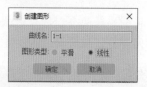

Step 05 选中创建的线，展开【渲染】卷展栏，选中【在渲染中启用】和【在视口中启用】复选框，设置【厚度】为10mm。

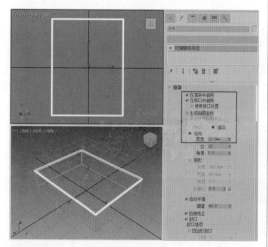

Step 06 为当前选中的对象添加"网格平滑"修改器，设置【迭代次数】为3。

Step 07 进入【多边形】子对象层级，选择下左图所示的多边形，将其沿Z轴拖动。

Step 08 按住Ctrl+A快捷键选中场景中的所有对象，然后按住Shift键将它们复制一份，并通过旋转和移动，调整复制后的对象的位置。

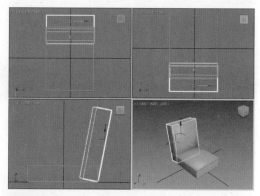

Step 09 在左视图中创建一个【长度】为1000mm，【宽度】为1550mm，【高度】为350mm的长方体。

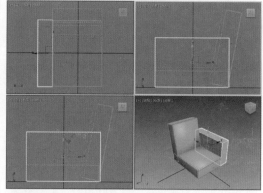

Step 10 将创建的长方体塌陷为可编辑多边形，然后进入【边】子对象层级，选中下左图所示的边。

Step 11 在【编辑边】卷展栏中单击【切角】按钮右侧的【设置】按钮，在显示的面板中设置【边切角量】为45mm，【连接边分段】为4，如下右图所示。

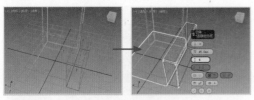

Step 12 进入【多边形】子对象层级，选择下左图所示的多边形，将其沿X轴向左拖动，如下右图所示。

Step 13 使用同样的方法将下左图所示的多边形沿X轴向右拖动，如下右图所示。

Step 14 选中下左图所示的多边形，将其沿Y轴向左拖动，如下右图所示。

Step 15 退出【多边形】子对象层级，选中下左图所示的模型，单击主工具栏中的【镜像】按钮，在打开的对话框中设置将其沿X轴以实例方式镜像，如下右图所示。

Step 16 在顶视图中创建一个【半径1】为50mm，【半径2】为90mm，【高度】为450mm，【边数】为30的圆锥体。

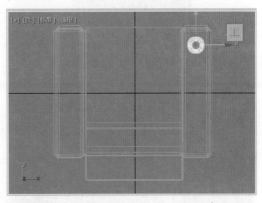

Step 17 在透视图中选中上一步创建的圆锥体对象，按住Shift键拖动，将其复制3份。

Step 18 将复制后的圆锥体模型移动至合适的位置，效果如下图所示。

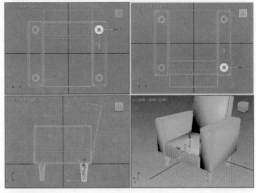

Step 19 按下M键打开下图所示的【材质编辑器】窗口，选中一个空白材质球后，展开【贴图】卷展栏，为【漫反射颜色】指定一个"沙发"贴图。

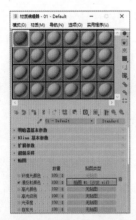

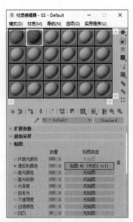

Step 20 在【材质编辑器】窗口中选中另一个空白材质球，展开【贴图】卷展栏，为【漫反射颜色】指定一个"木纹"贴图。

Step 21 将创建的两个材质分别赋予场景中模型的不同部分，然后按下F9键渲染场景。

8.4 书桌

本例通过将对象转换为可编辑多边形，并进行【挤出】【倒角】等编辑操作，制作一个书桌模型。

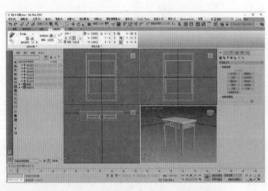

【例8-4】在 3ds Max 中通过多边形建模工具制作一个书桌模型。 ▶视频+素材
源文件：素材文件 \ 第 08 章 \ 例 8-4

Step 01 在透视图中创建一个【长度】为1200mm，【宽度】为800mm，【高度】为30mm的长方体。

Step 02 选中创建的长方体，将其转换为可编辑多边形，进入【多边形】子对象层级，选中下左图所示的多边形，然后在【编辑多边形】卷展栏中单击【倒角】按钮右侧的【设置】按钮，在显示的面板中设置【高

度】为15mm，【轮廓】为-15.4mm。

Step 03 在【编辑多边形】卷展栏中单击【挤出】按钮右侧的【设置】按钮 ，在显示的面板中设置【高度】为5mm，如下左图所示。

Step 04 在顶视图中创建一个【长度】为

1130mm，【宽度】为730mm，【高度】为190mm的长方体，如下右图所示。

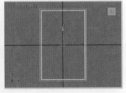

Step 05 在视图中调整上一步创建的长方体的位置，如下图所示。

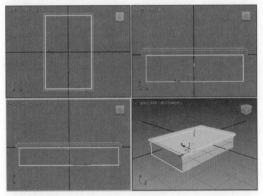

Step 06 将长方体对象塌陷为可编辑多边形，进入【边】子对象层级，选择下左图所示的边，在【编辑边】卷展栏中单击【连接】按钮右侧的【设置】按钮◻，在显示的面板中设置【分段】为2，【收缩】为65。

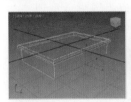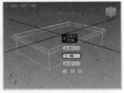

Step 07 选中下左图所示的边，单击【连接】按钮右侧的【设置】按钮◻，在显示的面板中设置【分段】为2，【收缩】为-60。

Step 08 选中右上左图所示的边，单击【连接】按钮右侧的【设置】按钮◻，在显示的

面板中设置【分段】为2，【收缩】为55。

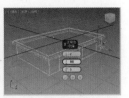

Step 09 进入【多边形】子对象层级，选中下左图所示的多边形，单击【挤出】按钮右侧的【设置】按钮◻，在显示的面板中设置【高度】为-700mm。

Step 10 在左视图中创建一个【长度】为125mm，【宽度】为373mm，【高度】为700mm的长方体。

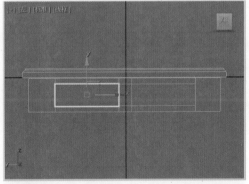

Step 11 在透视图中选中创建的长方体对象，将其塌陷为可编辑多边形，并进入【多边形】子对象层级，选中下图所示的多边形。

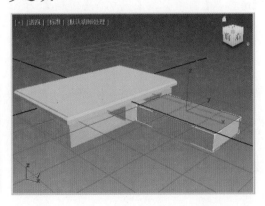

Step 12 在【编辑多边形】卷展栏中单击【插入】按钮右侧的【设置】按钮□，在显示的面板中设置【数量】为20mm。单击【挤出】按钮右侧的【设置】按钮□，在显示的面板中设置【高度】为-105mm。

Step 13 在透视图中选择下左图所示的多边形，单击【插入】按钮右侧的【设置】按钮□，设置【数量】为25mm。

Step 14 单击【倒角】按钮右侧的【设置】按钮□，设置【高度】为-1mm，【轮廓】为-2mm，如下左图所示。

Step 15 单击【倒角】按钮右侧的【设置】按钮□，设置【高度】为-5mm，【轮廓】为-8mm，如下右图所示。

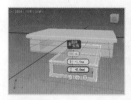 

Step 16 在左视图中创建一个【半径】为18mm，【高度】为8mm，【圆角】为2mm，【圆角分段】为9，【边数】为30的切角圆柱体。并在其他视图中调整其位置至合适的位置。

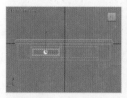 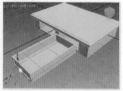

Step 17 按住Shift键拖动创建的切角圆柱体，将其复制一份并适当调整位置。

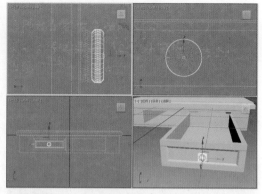

Step 18 在左视图中创建一个【半径】为5mm，【高度】为20mm，【边数】为20的圆柱体，并在其他视图中适当调整其位置。

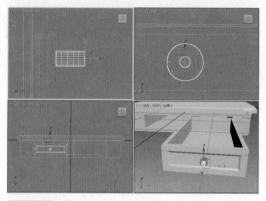

Step 19 在左视图中创建一个【半径】为5mm的球体，并在其他视图中适当调整其位置。

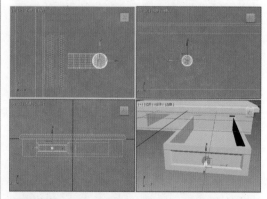

Step 20 在透视图中选中下左图所示的模型，在菜单栏中选择【组】|【组】命令，打开【组】对话框，在【组名】文本框中输入"抽屉"，然后单击【确定】按钮。

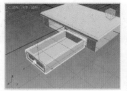
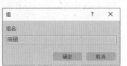

Step 21 将组合后的"抽屉"对象移动到合适的位置。

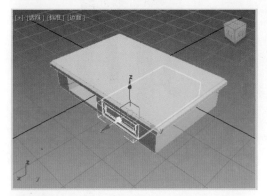

Step 22 在顶视图中选中"抽屉"模型，按住Shift键将其沿Y轴复制，并将复制后的对象调整至合适的位置。

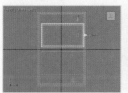

Step 23 在顶视图中创建一个【长度】为50mm，【宽度】为50mm，【高度】为1200mm的长方体，并在其他视图中调整其位置。

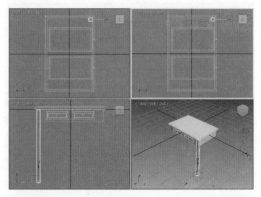

Step 24 在顶视图中按住Shift键拖动创建的长方体，将其复制3个，然后将复制的模型调整至合适的位置。

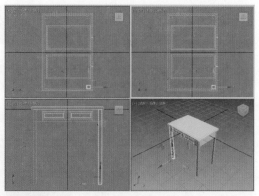

Step 25 按下M键打开【材质编辑器】窗口，选中一个空白材质球后，展开【贴图】卷展栏，为【漫反射颜色】指定一个"木纹"贴图。

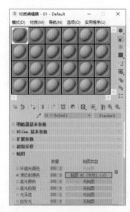

Step 26 在【材质编辑器】窗口中选中另一个空白材质球，展开【贴图】卷展栏，为【漫反射颜色】指定一个"青铜"贴图。

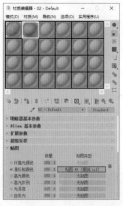

Step 27 将"木纹"材质赋予书桌，将"青铜"材质赋予书桌抽屉把手部分的对象上。

Step 28 最后，按下F9键渲染场景。

8.5　梳妆台凳

本例将通过使用【编辑多边形】修改器中的【倒角】工具、【插入】工具、【挤出】工具和【切角】工具制作一个下图所示的梳妆台凳模型。

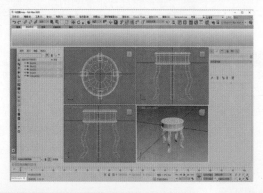

【例 8-5】在 3ds Max 中通过"编辑多边形"修改器制作一个梳妆凳模型。▶视频+素材

源文件：素材文件 \ 第 08 章 \ 例 8-5

Step 01 创建一个【半径】为60mm，【高度】为30mm，【高度分段】为1的圆柱体。

Step 02 将创建的圆柱体塌陷为可编辑多边形，进入【多边形】子对象层级，选中下左图所示的多边形，在【编辑多边形】卷展栏中单击【倒角】按钮右侧的【设置】按钮■，在显示的面板中设置【高度】为0mm，【轮廓】为5mm，如下右图所示。

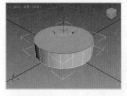

Step 03 单击【挤出】按钮右侧的【设置】按钮■，设置【高度】为1.5mm，如下左图所示。单击【插入】按钮右侧的【设置】按钮■，设置【数量】为3mm，如下右图所示。

Step 04 再次单击【挤出】按钮右侧的【设置】按钮■，设置【高度】为4mm。

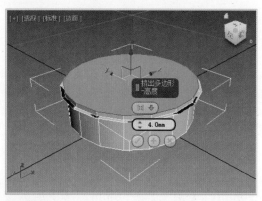

Step 05 使用相同的方法创建圆柱体底部模型，效果如下图所示。

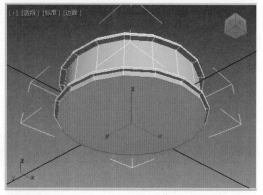

Step 06 进入【边】子对象层级，选中下图所示的边。

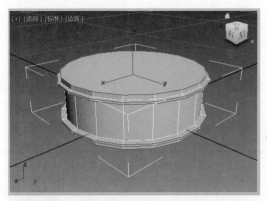

Step 07 在【编辑边】卷展栏中单击【切角】按钮右侧的【设置】按钮■，在显示的面板中设置【边切角量】为0.5mm。

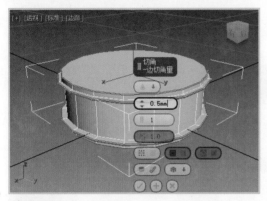

Step 08 进入【多边形】子对象层级，选中下左图所示的多边形，在【编辑多边形】卷展栏中单击【插入】按钮右侧的【设置】按钮■，在显示的面板中设置【数量】为20mm，如下右图所示。

 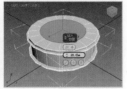

Step 09 再次单击【插入】按钮右侧的【设置】按钮■，在显示的面板中设置【数量】为20mm，如右上左图所示。

Step 10 为模型加载"网格平滑"修改器，在【细分量】卷展栏中设置【迭代次数】为2，此时的模型效果如右上右图所示。

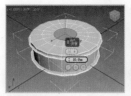 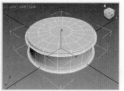

Step 11 在场景中创建一个大小合适(用户可自定义尺寸)的长方体，然后将其塌陷为可编辑多边形。

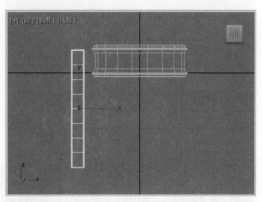

Step 12 进入【顶点】子对象层级，将模型调整为下图所示。

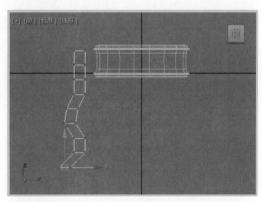

Step 13 进入【边】子对象层级，选中下左图所示的边，单击【编辑边】卷展栏中【切角】按钮右侧的【设置】按钮■，在显示的面板中设置【边切角量】为1mm，如下右图所示。

Step 14 选中编辑后的长方体模型，为其

添加一个"网格平滑"修改器,设置【选代次数】为2,并调整模型的位置如下图所示。

台凳的腿部。

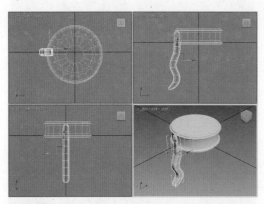

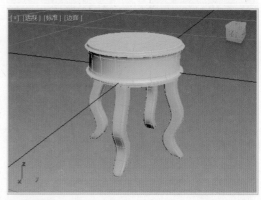

Step 15 单击主工具栏中的【镜像】按钮 ,将长方体模型镜像3个,创建梳妆

Step 16 按下M键打开【材质编辑器】窗口,选中一个空白材质球后,展开【贴图】卷展栏,为【漫反射颜色】指定一个"紫檀木"贴图,然后按下F9键渲染场景。

8.6 衣橱

本例通过将模型转换为可编辑多边形,并进行编辑操作,制作下图所示的衣橱模型。

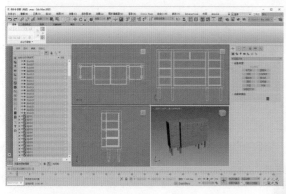

1. 制作柜体

【例8-6】在 3ds Max 中通过"编辑多边形"修改器制作衣橱的柜体模型。 ▶视频+素材

源文件:素材文件 \ 第08章 \ 例8-6

Step 01 在顶视图中创建一个【长度】为800mm,【宽度】为1500mm,【高度】为1500mm的长方体。

Step 02 选中创建的长方体模型,将其塌陷为可编辑多边形,然后进入【边】子对象层级 ,选择右图所示的边。

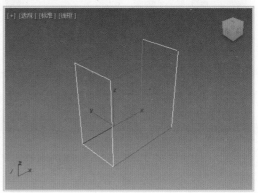

Step 03 在【修改】面板的【编辑边】卷展栏中单击【连接】选项右侧的【设置】按钮■，在显示的面板中设置【分段】为2，【收缩】为85。

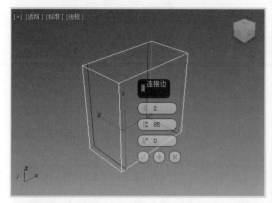

Step 04 选择下左图所示的边，然后再次单击【连接】选项右侧的【设置】按钮■，在显示的面板中设置【分段】为2，【收缩】为85。

Step 05 选中下图所示的边。

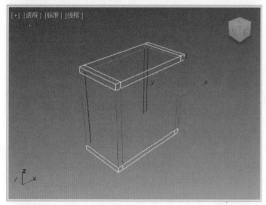

Step 06 单击【连接】选项右侧的【设置】按钮■，在显示的面板中设置【分段】为3。

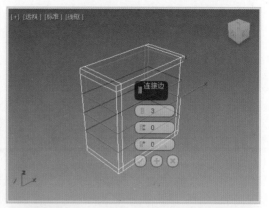

Step 07 选中下图所示的边。

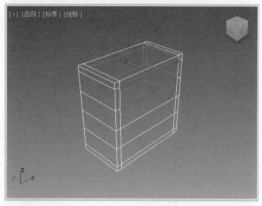

Step 08 单击【连接】选项右侧的【设置】按钮■，在显示的面板中设置【分段】为1。

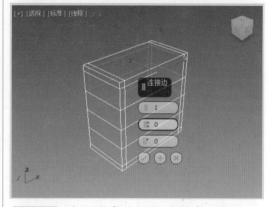

Step 09 进入【多边形】子对象层级■，选中下图所示的多边形，然后在【编辑多边形】卷展栏中单击【倒角】选项右侧的【设置】按钮■，在显示的面板中单

197

击◆按钮，从弹出的列表中选择【按多边形】选项。

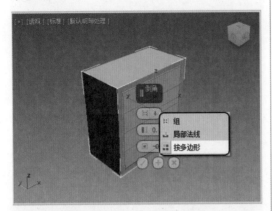

Step 10 在面板中设置【高度】为5mm，【轮廓】为-10mm。

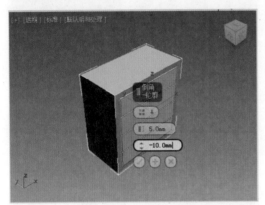

Step 11 在【编辑多边形】卷展栏中单击【挤出】选项右侧的【设置】按钮，在显示的面板中设置【高度】为-720mm。

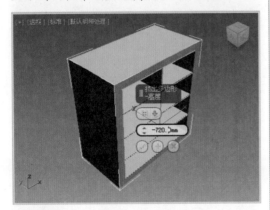

Step 12 进入【边】子对象层级，选中右上图所示的边。

Step 13 在【编辑边】卷展栏中单击【连接】选项右侧的【设置】按钮，在显示的面板中设置【分段】为1，【滑块】为-50。

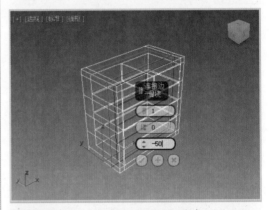

Step 14 进入【多边形】子对象层级，选择下左图所示的多边形，然后单击【挤出】选项右侧的【设置】按钮，在显示的面板中设置【高度】为600mm。

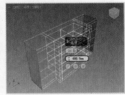

Step 15 进入【边】子对象层级，选中下左图所示的边，然后在【修改】面板的【编辑边】卷展栏中单击【连接】选项右侧的【设置】按钮，在显示的面板中设置【分段】为1，【滑块】为70，如下右图所示。

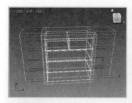

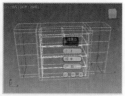

Step 16 进入【多边形】子对象层级■，选中下图所示的多边形。

源文件：素材文件 \ 第08章 \ 例8-7

Step 01 继续例8-6的操作，在前视图中创建一个【长度】为500mm，【宽度】为100mm，【高度】为100mm的长方体。

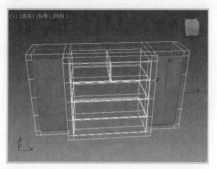

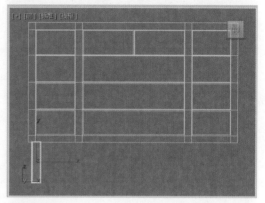

Step 17 单击【倒角】选项右侧的【设置】按钮■，在显示的面板中设置【高度】为5mm，【轮廓】为-10mm，如下图所示。

Step 02 将长方体模型转换为可编辑多边形，进入【多边形】子对象层级■，选择下图所示的多边形。

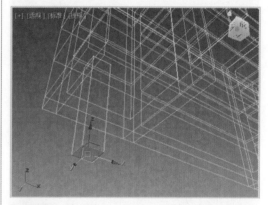

Step 18 单击【挤出】选项右侧的【设置】按钮■，在显示的面板中设置【高度】为-500mm。

Step 03 单击主工具栏中的【选择并均匀缩放】按钮■，将选中的多边形进行等比缩放。

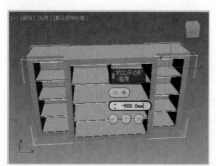

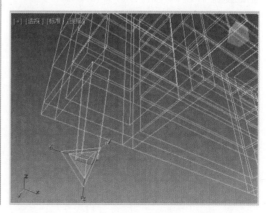

2. 制作柜腿

【例8-7】制作衣橱的柜腿模型。▶视频+素材

Step 04 退出【多边形】子对象层级▦，按下W键，执行【选择并移动】命令，然后按住Shift键拖动长方体模型，将其复制7份。

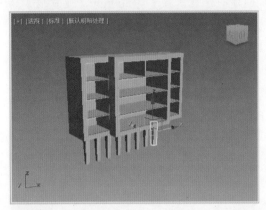

Step 05 调整场景中复制的长方体的位置，使效果如下图所示。

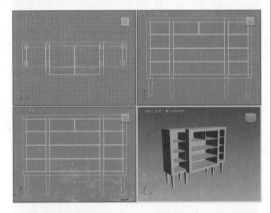

3. 制作抽屉

【例8-8】制作衣橱的抽屉模型。 ▶ 视频+素材

源文件：素材文件 \ 第08章 \ 例8-8

Step 01 继续例8-7的操作，右击主工具栏中的【捕捉开关】按钮3°，打开【栅格和捕捉设置】对话框，选中【顶点】复选框。

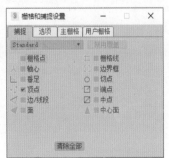

Step 02 关闭【栅格和捕捉设置】对话框，在前视图中通过捕捉顶点创建下图所示的两个长方体，其【高度】为720mm。

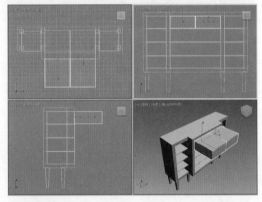

Step 03 在前视图中下图所示的位置通过捕捉顶点创建下图所示的两个长方体，其【高度】为500mm。

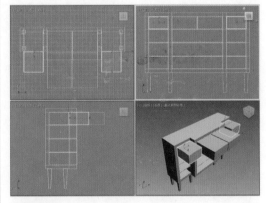

Step 04 在前视图中下图所示的位置通过捕捉顶点创建下图所示的长方体，其【高度】为720mm。

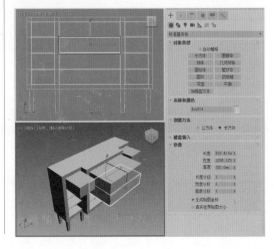

Step 05 选中下图所示的长方体模型，将其转换为可编辑多边形，然后进入【多边形】子对象层级▇，选中一个多边形，

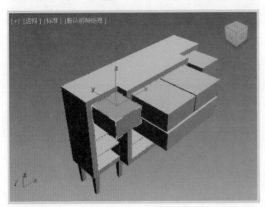

Step 06 单击【插入】选项右侧的【设置】按钮▇，在显示的面板中设置【数量】为10.0mm。

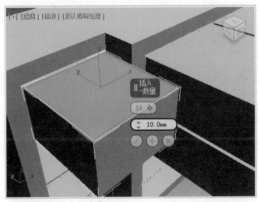

Step 07 单击【挤出】选项右侧的【设置】按钮▇，在显示的面板中设置【高度】为-280mm。

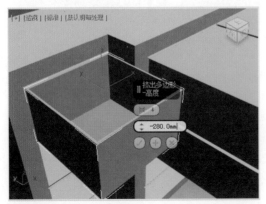

Step 08 重复以上操作，对其他长方体模

型执行【插入】和【挤出】操作，完成后的效果如下图所示。

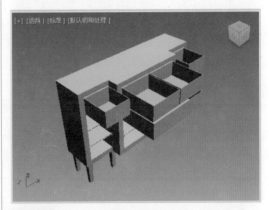

Step 09 在前视图中创建球体，设置【半径】为23mm，并调整其位置如下图所示。

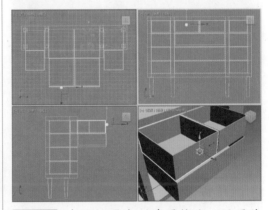

Step 10 在顶视图中创建圆锥体，设置其【半径1】为20mm，【半径2】为5mm，【高度】为30mm，并调整其位置如下图所示。

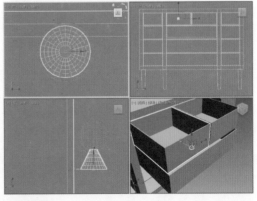

Step 11 按住Ctrl键选中场景中的球体和圆锥模型，在菜单栏中选择【组】|【组】命令，打开【组】对话框，在【组名】文本框

中输入"把手"，然后单击【确定】按钮。

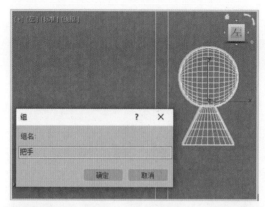

Step 12 按下E键，执行【选择并旋转】命令，将组合后的对象旋转90°。

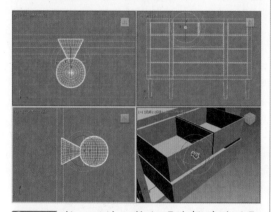

Step 13 按下W键，执行【选择并移动】命令，然后按住Shift键拖动创建的把手模型，将其复制4个，并调整其位置如下图所示。

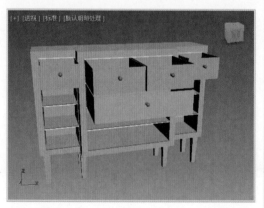

Step 14 继续复制几个抽屉，将衣橱上空余的抽屉位置填充满，效果如下图所示。

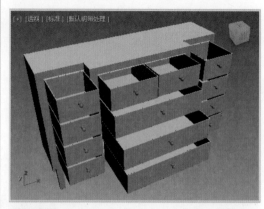

Step 15 按下M键，打开【材质编辑器】面板，分别创建"木材""塑料"和"金属"三种材质，并分别为其设置贴图。

Step 16 将创建的材质分别赋予场景中的不同对象，并调整抽屉模型的位置，如下右图所示。

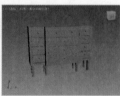

Step 17 最后，按下F9键渲染场景。

第 9 章
渲染参数设置

| 本章导读 |

　　渲染 (英文：Render，也称为着色) 是指用软件将模型生成图像的过程，它是设计模型时常用的表达手段。渲染技术能让模型产品的效果图更加具有吸引力，看起来更真实、饱满、丰富。本章将重点介绍在 3ds Max 中通过调整【渲染设置】面板的参数来控制最终图像的照明程度、计算时间、图像质量等综合因素，让计算机在一个合理的时间内渲染出令人满意的图像的方法。

| 视频教学 |

9.1 认识渲染

通常，我们所说的"渲染"指的是在 3ds Max 的【渲染设置】面板中，通过调整参数来控制最终图像的照明程度、计算时间、图像质量等综合因素，让计算机在一个合理的时间内渲染出令人满意的图像，这些参数的设置就是渲染。

■ 为什么要渲染

使用 3ds Max 制作产品模型时，最终需要将其展示给人们。例如，要将 3ds Max 作品打印出来，不能直接将 3ds Max 文件进行打印，而是必须要经过一个步骤将制作好的文件表现出来，这个过程就是渲染。一件作品的效果，很大程度取决于渲染。

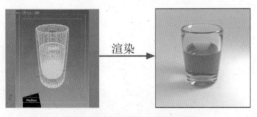

■ 渲染在建模流程中的位置

在 3ds Max 中制作三维模型时，常用的工作流程是：建模→灯光→材质→摄影机→渲染。这里渲染之所以放在流程的最后，说明这一项操作是 3ds Max 建模流程的最终步骤，其计算过程相当复杂，所以我们需要认真学习并掌握其关键技术。

■ 常见的渲染器有哪些类型

渲染场景的引擎有很多种，如 VRay 渲染器、Renderman 渲染器、mental ray 渲染器、Brazil 渲染器、FinalRender 渲染器、Maxwell 渲染器和 Lightscape 渲染器等。

3ds Max 默认的渲染器有 Iray 渲染器、mental ray 渲染器、Quicksilver 硬件渲染器、默认扫描线渲染器和 VUE 文件渲染器。在安装好 VRay 渲染器之后也可以使用 VRay 渲染器来渲染场景。当然，也可以安装一些其他的渲染插件，如 Renderman、Brazil、FinalRender、Maxwell 和 Lightscape 等。

■ 渲染工具有哪些

在 3ds Max 主工具栏右侧提供了多个渲染工具。

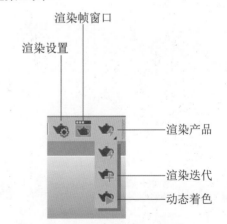

渲染帧窗口

渲染设置

渲染产品

渲染迭代

动态着色

▶【渲染设置】按钮：单击该按钮可以打开【渲染设置】对话框，3ds Max 大部分渲染参数都在该对话框中。

▶【渲染帧窗口】按钮：单击该按钮可以打开【渲染帧窗口】对话框，在该对话框中可以选择渲染区域、切换通道和存储渲染图像等。

▶【渲染产品】按钮：单击该按钮可

以使用当前的产品级渲染设置来渲染场景。

▶【渲染迭代】按钮：单击该按钮可以在迭代模式下渲染场景。

▶【动态着色】按钮：单击该按钮可以在浮动窗口中执行动态着色渲染。

9.2 默认扫描线渲染器

【默认扫描线渲染器】是 3ds Max 渲染图像时所使用的默认渲染引擎，渲染图像时正如其名称一样，从上至下像扫描图像一样将最终渲染效果计算出来（如下右图所示）。

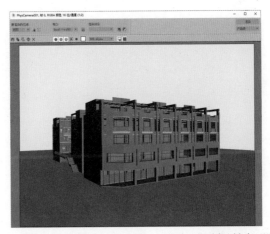

按下 F10 键可以打开上左图所示的【渲染设置】对话框，从该对话框的标题栏可以看到当前场景使用的渲染器的名称。【渲染设置】对话框包括【公用】【渲染器】、Render Elements、【光线跟踪器】和【高级照明】几个选项卡。

9.2.1 【公用】选项卡

【公用】选项卡中包含【公用参数】【电子邮件通知】【脚本】和【指定渲染器】4 个卷展栏。下面将介绍【公用参数】和【指定渲染器】两个卷展栏内主要选项的功能。

1. 【公用参数】卷展栏

■【时间输出】选项组

▶【单帧】单选按钮：选中该单选按钮后，

渲染当前选中的帧。

▶【每 N 帧】微调框：帧的规则采样，只用于【活动时间段】和【范围】输出。

▶【活动时间段】单选按钮：选中该单选按钮后，渲染轨迹栏中帧的当前范围。

▶【范围】单选按钮：选中该单选按钮后，在其后的微调框中可以指定两个数字（包括这两个数字）之间的所有帧。

▶【文件起始编号】微调框：指定起始文件编号，从这个编号开始递增文件名（只适用于【活动时间段】和【范围】输出）。

▶【帧】单选按钮：选中该单选按钮后，可渲染用逗号隔开的非顺序帧。

■ 【输出大小】选项组

▶【输出大小】下拉按钮：单击该下拉按钮，在弹出的下拉列表中，可以从多个符合行业标准的电影和视频纵横比中选择。选择其中一种格式，然后使用其余控件设置输出分辨率。此外，若要设置自定义纵横比和分辨率，可以选择【自定义】选项。

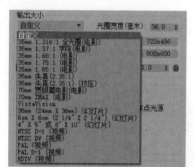

▶【光圈宽度（毫米）】微调框：以像素为单位指定图像的宽度和高度，从而设置输出图像的分辨率。

▶【图像纵横比】微调框：设置图像宽度与高度的比例。

▶【像素纵横比】微调框：设置显示在其他设备上的像素纵横比。

■ 【选项】选项组

▶【大气】复选框：选中该复选框后，可以渲染任何应用的大气效果，如体积雾效果。

▶【效果】复选框：选中该复选框后，可以渲染任何应用的渲染效果，如模糊效果。

▶【置换】复选框：渲染任何应用的置换贴图。

▶【视频颜色检查】复选框：检查超出NTSC 或 PAL 安全阈值的像素颜色，然后标记这些像素颜色并将其改为可接受的值。

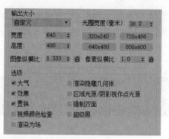

▶【渲染为场】复选框：渲染为视频场而不是帧。

▶【渲染隐藏几何体】复选框：渲染场景中所有的几何体对象，包括隐藏的对象。

▶【区域光源/阴影视作点光源】复选框：将所有的区域光源或阴影当作从点对象发出的进行渲染，这样可以加快渲染的速度。

▶【强制双面】复选框：双面渲染可渲染所有曲面的两个面。

▶【超级黑】复选框：超级黑渲染限制用于视频组合的渲染几何体的黑暗度（除非确实需要该选项，否则禁用该选项）。

■ 【高级照明】选项组

▶【使用高级照明】复选框：选中该复选框后，3ds Max 在渲染过程中提供光能传递解决方案或光跟踪。

▶【需要时计算高级照明】复选框：选中该复选框后，当需要逐帧处理时，3ds Max 将计算光能传递。

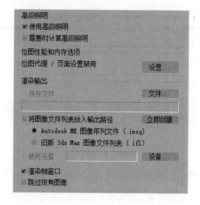

■【渲染输出】选项组

▶【保存文件】复选框：选中该复选框后，在进行渲染时 3ds Max 会将渲染后的图像或动画保存到磁盘。单击【文件】按钮指定输出文件之后，【保存文件】复选框才可用。

▶【文件】按钮：单击该按钮，将打开【渲染输出文件】对话框，在该对话框中提供了多种文件保存类型。

2. 【指定渲染器】卷展栏

▶【产品级】选项：选择用于渲染图形输出的渲染器。

【公共】选项卡中的【指定渲染器】卷展栏

▶【材质编辑器】选项：选择用于渲染【材质编辑器】中示例的渲染器。

▶ ActiveShade 选项：选择用于预览场景中照明和材质更改效果的 ActiveShade 渲染器。

▶【保存为默认设置】按钮：单击该按钮可以将当前渲染器指定保存为默认设置，以便下次重启 3ds Max 时它们处于活动状态。

9.2.2 【渲染器】选项卡

■【选项】选项组

▶【贴图】复选框：禁用该选项可忽略所有贴图信息，从而加速测试渲染。自动影响反射和环境贴图，同时也影响材质贴图 (该复选框默认为选中状态)。

▶【自动反射 / 折射和镜像】复选框：忽略自动反射/折射贴图以加速测试渲染。

▶【阴影】复选框：禁用该选项后，不渲染投射阴影。可以加速测试渲染 (该复选框默认为选中状态)。

▶【强制线框】复选框：将场景中的所有物体渲染为线框，并可以通过【连线粗细】微调框来设置线框的粗细。

【渲染设置】对话框中的【渲染器】选项卡

▶【启用 SSE】复选框：选中该复选框后，渲染使用"流 SIMD 扩展"(SSE)，SIMD 代表"单指令、多数据"，这取决于系统的 CPU，SSE 可以缩短渲染时间。

■【抗锯齿】选项组

▶【抗锯齿】复选框：抗锯齿可以平滑渲染时产生的对角线或弯曲线条的锯齿状边缘。只有在渲染测试图像并且速度比图像质量更重要时才禁用该选项。

▶【过滤器】下拉按钮：单击该下拉按钮，在弹出的下拉列表中可选择高质量的过滤器，将其应用到渲染上（如下左图所示）。

▶【过滤贴图】复选框：设置启用或禁用对贴图材质的过滤。

▶【过滤器大小】微调框：设置增加或减小应用到图像中的模糊量。

■【全局超级采样】选项组

▶【禁用所有采样器】复选框：禁用所有超级采样。

▶【启用全局超级采样器】复选框：选中该复选框后，对所有的材质应用相同的超级采样器。

■【对象运动模糊】选项组

▶【应用】复选框：为整个场景全局启用或禁用对象运动模糊。

▶【持续时间（帧）】微调框：其中的值越大，模糊的程度就越明显。

▶【持续时间细分】微调框：确定在持续时间内渲染的每个对象副本的数量。

▶【采样】微调框：设置采样值。

■【图像运动模糊】选项组

▶【应用】复选框：为整个场景全局启用或禁用图像运动模糊。

▶【持续时间（帧）】微调框：其值越大，模糊的程度就越明显。

▶【应用于环境贴图】复选框：选中该复选框后，图像运动模糊既可以应用于环境贴图，也可以应用于场景中的对象。

▶【透明度】复选框：选中该复选框后，图像运动模糊对重叠的透明对象起作用。在透明对象上应用图像运动模糊会增加渲染时间。

■【自动反射／折射贴图】选项组

▶【渲染迭代次数】微调框：设置对象之间在非平面自动反射贴图上的反射次数。虽然增加该值有时可以改善图像质量，但是这样做也会增加反射的渲染时间。

■【颜色范围限制】选项组

▶【钳制】单选按钮：选中该单选按钮后，因为在处理过程中色调信息会丢失，所以非常亮的颜色会渲染为白色。

▶【缩放】单选按钮：选中该单选按钮后，要保持所有颜色分量均在"缩放"范围内，则需要通过缩放所有三个颜色分量来保留非常亮的颜色的色调，这样最大分量的值就会为 1。

■【内存管理】选项组

【节省内存】复选框：选中该复选框后，渲染使用更少的内存，但会增加一点渲染时间（大约节约 15%~25% 的内存，但渲染时间会增加大约 4%）。

【例9-1】练习使用"扫描线渲染器"渲染模型。

▶视频+素材

源文件：素材文件\第09章\例9-1

Step 01 打开素材文件后，按下F10键，打开【渲染设置】对话框，单击【渲染器】下拉按钮，从弹出的下拉列表中选择【扫描线渲染器】选项。

Step 02 在【公用】选项卡的【输出大小】选项组中设置【宽度】为800，【高度】为600。

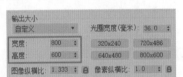

Step 03 选择【渲染器】选项卡，单击【抗锯齿】选项组中的【过滤器】下拉按钮，从弹出的下拉列表中选择【清晰四方形】选项。

Step 04 单击【渲染】按钮，场景中模型的渲染效果如下图所示。

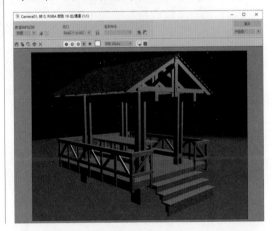

9.3 Quicksilver 硬件渲染器

Quicksilver 硬件渲染器同时使用 CPU(中央处理器) 和图形处理器 (GPU) 加速渲染，这类似于 3ds Max 内的游戏引擎渲染器。CPU 的主要作用是转换场景数据以进行渲染，包括为使用中的特定图形卡编译明暗器。因此，渲染第一帧要花费一段时间，直到明暗器编译完成。这在每个明暗器上只发生一次；越频繁使用 Quicksilver 渲染器，其速度就越快。

Quicksilver 硬件渲染器的【Quicksilver 硬件渲染器参数】卷展栏如下图所示，其中主要选项的功能说明如下。

1. 【Quicksilver 硬件渲染器参数】卷展栏

▶【时间】单选按钮：以分钟或秒为单位设置渲染的持续时间 (默认值为 10 秒)。

▶【迭代 (通过的数量)】单选按钮：设置要运行的迭代次数 (默认值为 256)。

2. 【视觉样式和外观】卷展栏

▶【边面】复选框：选中该复选框后，渲染会显示边。

▶【纹理】复选框：选中该复选框后，渲染会显示纹理贴图。

【透明度】复选框：选中该复选框后，具有透明材质的对象会被渲染为透明。

▶【渲染级别】下拉按钮：单击该下拉按钮，从弹出的下拉列表中可以选择渲染的样式。包括真实、明暗处理、一致的色彩、隐藏线、线框、粘土、墨水、彩色墨水、亚克力、Tech、石墨、彩色铅笔、彩色蜡笔。

▶【照明方法】下拉按钮：单击该下拉按钮，从弹出的下拉列表中可以选择照亮渲染的方式，使用【场景灯光】或【默认灯光】(即视口照明)。

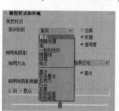 

▶【高光】复选框：选中该复选框后，渲染将包含来自照明的高光。

▶【阴影】复选框：选中该复选框后，将使用阴影渲染场景，其后的【强度/衰减】微调框用于控制阴影的强度，其值越大阴影越暗。

▶【环境光阻挡】复选框：选中该复选框后，会将对象的接近度计算在内，提高阴影的质量，其后的【强度/衰减】微调框用于控制效果的强度，其值越大，阴影越暗；【半径】微调框用于以 3ds Max 单位定义半径，Quicksilver 渲染器在该半径中查找阻挡对象，其值越大，覆盖的区域就越大。

▶【间接照明】复选框：选中该复选框后，启用间接照明。间接照明通过将反射光线计算在内，提高照明的质量。当间接照明启用时，其控件变为可用。

【例 9-2】 练习使用 "Quicksilver 硬件渲染器" 渲染风格化效果。 ▶ 视频 + 素材

源文件： 素材文件 \ 第 09 章 \ 例 9-2

Step 01 打开素材文件后，按下 F10 键打开【渲染设置】对话框，单击【渲染器】下拉按钮，从弹出的下拉列表中选择【Quicksilver 硬件渲染器】选项，然后选择【公用】选项卡，参考下左图所示的设置渲染器的公用参数。

Step 02 选择【渲染器】选项卡，单击【视觉样式和外观】卷展栏中的【渲染级别】下拉按钮，从弹出的下拉列表中选择【真实】按钮，然后单击【渲染】按钮，如下右图所示。

Step 03 此时，渲染效果如下左图所示。

Step 04 再次单击【视觉样式和外观】卷展栏中的【渲染级别】下拉按钮，从弹出的下拉列表中选择【墨水】选项，然后单击【渲染】按钮，对视图进行渲染，效果如下右图所示。

真实

墨水

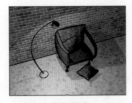
彩色墨水

Tech

Step 05 使用同样的方法，设置【渲染级别】为"彩色墨水"，场景渲染效果如右上左图所示；设置【渲染级别】为Tech，场景渲染效果如右上右图所示。

Step 06 设置【渲染级别】为"石墨"，场景渲染效果如下左图所示；设置【渲染级别】为"彩色铅笔"，场景渲染效果如下右图所示。

石墨

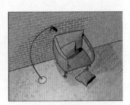
彩色铅笔

9.4 VRay 渲染器

Vray 渲染器是保加利亚的 Chaos Group 公司开发的一款高质量的渲染引擎。它以插件安装的方式应用于 3ds Max、Maya、SketchUP 等软件中，为不同领域的优秀三维软件提供了高质量的图片和动画渲染。

成功安装 VRay 渲染器后，按下 F10 键打开【渲染设置】对话框，单击【渲染器】下拉按钮，从弹出的下拉列表中可以选择使用该渲染器渲染场景。

此时，需要对 VRay 渲染器内不同选项

卡中主要卷展栏的参数有一个深入的了解。

9.4.1 GI 选项卡

GI 选项卡主要用于控制场景在整个全局照明计算中采用的计算引擎及引擎的计算精度设置。

1. 【全局照明】卷展栏

【全局照明】卷展栏用于控制 VRay 采用何种计算引擎来渲染场景 (如下左图所示)。其中主要选项的功能说明如下。

▶【启用 GI】复选框：选中该复选框后，开启 VRay 的全局照明计算。

▶【首次引擎】下拉按钮：设置 VRay 进行全局照明计算使用的首次引擎，包括发光贴图、BF 算法、灯光缓存，如下右图所示。其后的【倍增】微调框用于设置【首次引擎】计算的光线倍增，值越高场景越亮。

▶【二次引擎】下拉按钮：设置 VRay 进行全局照明计算使用的二次引擎，包括灯光缓存、无、BF 算法等。其后的【倍增】微调框用于设置【二次引擎】计算的光线倍增。

▶【折射 GI 焦散】复选框：控制是否开启折射焦散计算。

▶【反射 GI 焦散】复选框：控制是否开启反射焦散计算。

▶【饱和度】微调框：用于控制色彩溢出，适当降低【饱和度】参数可以控制场景中相邻物体之间的色彩影响。

▶【对比度】微调框：控制色彩的对比度。

▶【对比度基数】微调框：控制饱和度和对比度的基数，其数值越高，饱和度和对比度越明显。

▶【环境阻光】复选框：控制是否开启环境阻光计算。

▶【半径】微调框：设置环境阻光的半径。

▶【细分】微调框：设置环境阻光的细分值。

2. 【发光贴图】卷展栏

发光贴图中的发光是指三维空间中的任意一点，以及全部可能照射到这一点上的光线，它是"首次引擎"默认状态下的全局光引擎，只存在于"首次引擎"中。

【发光贴图】卷展栏中主要选项的功能说明如下。

▶【当前预设】下拉按钮：设置【发光贴图】的预设类型，包括自定义、非常低、低、中、高、高 - 动画、非常高等几个选项。

▶【最小比率】微调框：控制场景中平坦区域的采样数量。

▶【最大比率】微调框：控制场景中物体边线、角落、阴影等细节的采样数量。

▶【细分】微调框：因为 VRay 采用的是几何光学，所以此值用来模拟光线的数量。【细分】值越大，样本精度越高，渲染品质就越好。

▶【插值采样】微调框：该参数用来对样本进行模糊处理，较大的值可以得到比较模糊的渲染效果。

▶【显示计算相位】复选框：在进行"发光贴图"渲染计算时，可以观察渲染图像的预览过程。

▶【显示直接光】复选框：在预览计算的时候显示直接光照，方便观察直接光照的位置。

▶【显示采样】复选框：显示采样的分布及分布密度，帮助分析 GI 的光照密度。

▶【颜色阈值】微调框：该微调框中的参数值主要是让 VRay 渲染器分辨哪些是平坦区域，哪些不是平坦区域，其主要根据颜色的灰度来区分 (值越小，对灰度的敏感度越高，区分能力越强)。

▶【法线阈值】微调框：该微调框中的

值主要是让 VRay 渲染器分辨哪些是交叉区域，哪些不是交叉区域，其主要根据法线的方向来区分 (值越小，对法线方向的敏感度越高，区分能力越强)。

▶【距离阈值】微调框：该微调框中的值主要是让 VRay 渲染器分辨哪些是弯曲表面区域，哪些不是弯曲表面区域，主要根据表面区域和表面弧度的比较来区分 (值越大，表示弯曲表面的样本越多)。

▶【细节增强】复选框：选中该复选框后可以开启【细节增强】功能。

▶【缩放】下拉按钮：控制 "细节增强" 的比例，包括【屏幕】和【世界】两个选项，如下左图所示。

▶【半径】微调框：表示细节部分有多大区域使用【细节增强】功能。【半径】值越大，效果越好，但渲染时间越长。

▶【细分倍增】微调框：控制细分的质量。

▶【随机采样】复选框：控制【发光贴图】的样本是否随机分配，选中该复选框，则样本随机分配。

▶【多过程】复选框：选中该复选框后，VRay 会根据最小速率和最大速率进行多次计算。

▶【插值类型】下拉按钮：VRay 提供了【加权平均法 (好 / 强)】【最小二乘法 (好 / 平滑)】【三角测量法 (好 / 精确)】和【Voronoi 加权最小二乘法】几种插值类型。

▶【查找采样】下拉按钮：控制哪些位置的采样点适合用来作为基础插补的采样点，包括【四分平衡 (好)】【最近的 (草稿)】【重叠 (很好 / 快速)】和【基于密度 (很好)】几个选项。

▶【模式】下拉按钮：单击该下拉按钮，在弹出的下拉列表中 VRay 提供了 8 种模

式进行计算，包括【单帧】【多帧增量】【从文件】【添加到当前贴图】【增量添加到当前贴图】【块模式】【动画 (预通过)】和【动画 (渲染)】。

▶【不删除】复选框：当光子渲染完成后，不将光子从内存中删除。

▶【自动保存】复选框：当光子渲染完成后，自动保存在预先设置好的路径中。

▶【切换到保存的贴图】复选框：当选中【自动保存】复选框后，在渲染结束时，会自动进入 "从文件" 模式并调用光子图。

3. 【BF 算法 GI】卷展栏

在【全局照明】卷展栏中将【首次引擎】设置为【BF 算法】后，将显示下图所示的【BF 算法 GI】卷展栏，其中当【二次引擎】设置为【BF 算法】时，【反弹】微调框中的参数值参与计算 (值的大小控制渲染场景的明暗，值越大，光线反弹越充分，场景越亮)。

4. 【灯光缓存】卷展栏

在【全局照明】卷展栏中将【首次引擎】设置为【灯光缓存】后，将显示下图所示

的【灯光缓存】卷展栏。

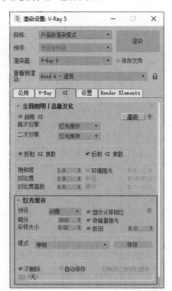

灯光缓存是一种近似模拟全局照明的技术，它根据场景中摄影机建立的光线追踪路径。【灯光缓存】卷展栏中主要选项的说明如下。

▶【预设】下拉按钮：包括【动画】和【静帧】两种预设方案。

▶【细分】微调框：用于决定灯光缓存的样本数量（值越高，样本总量越多，渲染时间越长）。

▶【采样大小】微调框：用于控制灯光缓存的样本大小，比较小的样本可以得到更多的细节。

▶【存储直接光】复选框：选中该选项后，灯光缓存将保存直接光照信息。当场景中有很多灯光时，使用这个选项会提高渲染速度。

▶【显示计算相位】复选框：选中该复选框后，可以显示灯光缓存的计算过程。

▶【模式】下拉按钮：包括【单帧】【从文件】两种使用模式。

▶【不删除】复选框：当光子渲染计算完成后，不将其从内存中删除。

【例9-3】使用"VRay渲染器"渲染明亮客厅。
▶视频+素材
源文件：素材文件\第09章\例9-3

Step 01 打开素材文件后，按下F10键打开【渲染设置】对话框，将【渲染器】设置为VRay渲染器，然后选择GI选项卡，在【全局照明】卷展栏中选中【启用GI】复选框，将【首次引擎】设置为【发光贴图】，将【二次引擎】设置为【灯光缓存】。

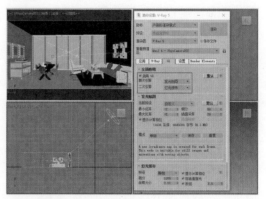

Step 02 在【发光贴图】卷展栏中设置【当前预设】为【自定义】，然后在【最小比率】和【最大比率】微调框中输入-2。

Step 03 在【灯光缓存】卷展栏中设置【细分】为1200。

Step 04 单击【渲染】按钮渲染场景，渲染结果如下图所示。

9.4.2　V-Ray 选项卡

V-Ray 选项卡用于设置图像渲染的亮度、计算精度、抗锯齿以及曝光控制。

1.　【图像采样器 (抗锯齿)】卷展栏

抗锯齿在渲染设置中是一个必须要调整的参数。下图所示为 V-Ray 选项卡中的【图像采样器 (抗锯齿)】卷展栏。

其中主要选项的功能说明如下。

▶【类型】下拉按钮：用于设置"图像采样器"的类型，包含【渐进式】和【渲染式】两种类型。

▶【渲染遮罩】下拉按钮：设置想要的或者想呈现的图像的某一部分，包括纹理 (使用黑白图像，以控制呈现区域)、选定 (仅渲染当前选定的对象物体)、包含 / 排除列表 (呈现列表中的对象)、层 (只呈现选定图层当中的对象物体)、对象 ID(呈现指定 ID 的对象)。

▶【最小着色率】微调框：表示每一个像素里面的多个采样点中的每一个采样点所接收或发射出的最小射线数量。

2.　【渐进式图像采样器】卷展栏

在【图像采样器 (抗锯齿)】卷展栏中将【类型】设置为【渐进式】后，将显示下图所示的【渐进式图像采样器】卷展栏，它是一种高级抗锯齿采样器。

其中主要选项的功能说明如下。

▶【最小细分】微调框：定义每个像素使用样本的最小数量。

▶【最大细分】微调框：定义每个像素使用样本的最大数量。

▶【噪波阈值】微调框：较小的噪波阈值意味着较少的噪波、更多的采样和更高的渲染质量。

3.　【颜色映射】卷展栏

【颜色映射】卷展栏可以控制整个场景的明暗程度，使用颜色变换来应用到最终渲染的图像上。

在【颜色映射】卷展栏中单击【类型】下拉按钮，在弹出的下拉列表中提供了不同的色彩变换模式，包括线性倍增、指数、HSV 指数、强度指数、伽玛校正、强度伽玛和莱茵哈德几个选项。

▶ 线性倍增：该模式基于最终色彩亮度来进行线性倍增 (可能会导致靠近光源的点过分曝光)。

▶ 指数：该模式可以有效控制渲染最终画面的曝光部分 (但是图像可能会显得整体偏灰色)。

▶ HSV 指数：该模式与【指数】模式接近，不同的是使用【HSV 指数】可以渲染出的画面色彩饱和度比【指数】模式有所提高。

▶强度指数：该VRay渲染器模式是对【线性倍增】和【指数】两种模式的融合，既抑制了光源附近的曝光效果，又保持了场景中物体的色彩饱和度。

▶伽玛校正：采用伽玛值来修正场景中的灯光衰减和贴图颜色。

▶强度伽玛：该模式在【伽玛校正】模式的基础上修正了场景中灯光的亮度。

▶莱茵哈德：该模式可以将【线性倍增】模式和【指数】模式混合起来。

【例9-4】使用"VRay渲染器"渲染小型办公室。◉视频+素材

源文件：素材文件\第09章\例9-4

Step 01 打开素材文件后，打开【渲染设置】对话框，在GI选项卡中展开【全局照明】卷展栏，选中【启用GI】复选框，将【首次引擎】设置为【发光贴图】，将【二次引擎】设置为【灯光缓存】。

Step 02 展开【发光贴图】卷展栏，设置【当前预设】为【自定义】，【最小比率】和【最大比率】为-2。

Step 03 展开【灯光缓存】卷展栏，设置【细分】为1000。

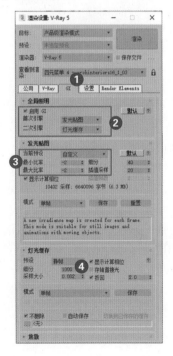

Step 04 选择V-Ray选项卡，展开【图像采样器(抗锯齿)】卷展栏，设置采样器的【类型】为【渐进式】。

Step 05 展开【渐进式图像采样器】卷展栏，将【最小细分】设置为1，将【最大细分】设置为100。

Step 06 展开【彩色映射】卷展栏，将【类型】设置为【指数】。

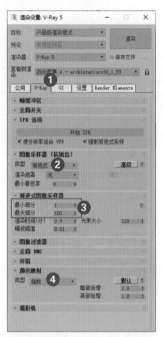

Step 07 单击【渲染】按钮渲染场景，渲染结果如下图所示。

9.5 案例演练

本章主要介绍了 3ds Max 渲染器参数的相关知识。下面的案例演练部分，将通过实例操作帮助用户巩固所学的知识。

【例9-5】使用"VRay渲染器"渲染阳台花园。

▶ 视频+素材

源文件：素材文件 \ 第 09 章 \ 例 9-5

Step 01 打开素材文件后，按下F10键打开【渲染设置】对话框，将【渲染器】设置为VRay，选择【公用】选项卡，在【输出大小】选项组中设置【宽度】为660，【高度】为576。

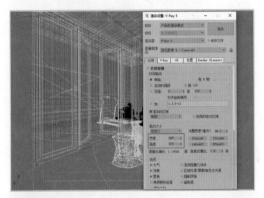

Step 02 选择V-Ray选项卡，展开【图像采样器(抗锯齿)】卷展栏，将【类型】设置为【渲染块】。展开【渲染块图像采样器】卷展栏，将【最小细分】设置为1，将【最大细分】设置为4。

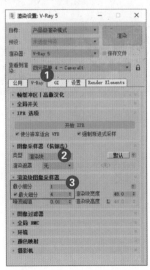

Step 03 选择GI选项卡，展开【全局照明】卷展栏，设置【首次引擎】为【发光贴图】，设置【二次引擎】为【灯光缓存】。

Step 04 展开【发光贴图】卷展栏，将【当前预设】设置为【低】，将【细分】设置为50，将【插值采样】设置为20。

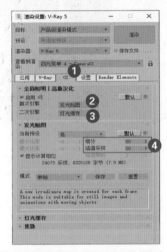

Step 05 展开【灯光缓存】卷展栏，将【细分】设置为1200，然后单击【渲染】按钮渲染场景，结果如下图所示。

217

【例9-6】使用"VRay渲染器"渲染观光车模型。▶视频+素材

源文件：素材文件\第09章\例9-6

Step 01 打开素材文件后，按下F10键打开【渲染设置】对话框，将【渲染器】设置为VRay，选择【公用】选项卡，在【输出大小】选项组中设置【宽度】为600，【高度】为450。

Step 02 选择V-Ray选项卡，展开【图像采样器(抗锯齿)】卷展栏，将【类型】设置为【渐进式】。展开【渐进式图像采样器】卷展栏，将【最小细分】设置为1，将【最大细分】设置为100。

Step 03 选择GI选项卡，展开【全局照明】卷展栏，设置【首次引擎】为【BF算法】，设置【二次引擎】为【灯光缓存】。

Step 04 展开【灯光缓存】卷展栏，将【细分】设置为1300。

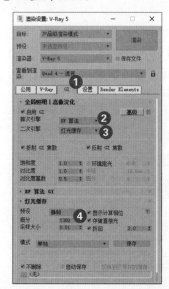

Step 05 最后，单击【渲染】按钮渲染场景，结果如下图所示。

第10章
材质与贴图

| 本章导读 |

　　在 3ds Max 中，材质主要用于表现物体的颜色、质地、纹理、透明度和光泽度等特性，用户依靠各种类型的材质可以制作出现实世界中任何物体的质感，让模型物体看起来更加真实。

　　本章将通过案例操作，帮助读者对 3ds Max 中的材质和贴图的基础设置有一个全面的了解。

| 视频教学 |

10.1 精简材质编辑器和 Slate 材质编辑器

精简材质编辑器是 3ds Max 2011 以前的版本中唯一的材质编辑器，如下左图所示。在 3ds Max 2011 版时增加了 Slate 材质编辑器，如下右图所示。Slate 材质编辑器使用节点和关联以图形方式显示材质的结构，用户可以一目了然地观察材质，并能够方便、直观地编辑材质，更高效地完成材质设置。

菜单栏
工具栏

导航器

材质参数编辑器

活动视图

状态栏

材质 / 贴图浏览器　　　　　　　　视图导航工具栏

10.1.1 精简材质编辑器

精简材质编辑器是 3ds Max 用于创建、改变和应用场景中材质的对话框。

【例 10-1】练习使用精简材质编辑器制作对象材质。 ▶视频+素材

源文件：素材文件 \ 第 10 章 \ 例 10-1

Step 01 打开模型后按下 M 键打开【材质编辑器】对话框。

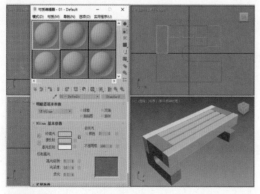

Step 02 在【材质编辑器】对话框中选择一个空白材质球样本，在【名称】文本框

中将其命名为"石架"，在【Blinn基本参数】卷展栏中取消【环境光】和【漫反射】颜色之间的锁定，然后单击【环境光】按钮。

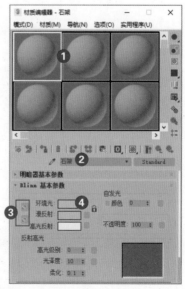

Step 03 打开【颜色选择器：环境光颜

色】对话框，设置RGB值为46、17、17，然后单击【确定】按钮。

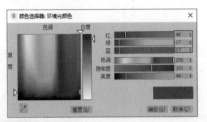

Step 04 返回【材质编辑器】对话框，单击【漫反射】按钮，打开【颜色选择器：漫反射颜色】对话框，设置RGB值为137、50、50，然后单击【确定】按钮。

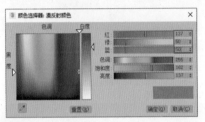

Step 05 返回【材质编辑器】对话框，将【高光级别】设置为5，将【光泽度】设置为25，然后展开【贴图】卷展栏，单击【漫反射颜色】选项右侧的【无贴图】按钮。

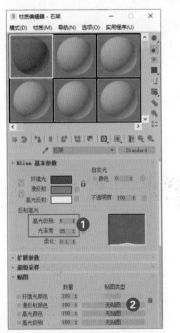

Step 06 打开【材质/贴图浏览器】对话框，选择【位图】选项后单击【确定】按钮。

Step 07 打开【选择位图图像文件】对话框，选中一个贴图素材文件后单击【打开】按钮。

Step 08 在【材质编辑器】对话框中单击【转到父对象】按钮。

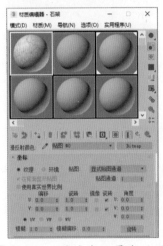

Step 09 按住Ctrl键选中场景中的两个石架对象，然后在【材质编辑器】对话框中单击【将材质指定给选定对象】按钮。

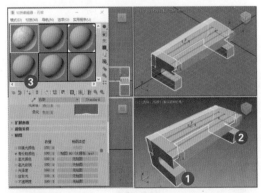

Step 10 在【材质编辑器】对话框中再选择一个空白材质球样本，取消【环境光】

和【漫反射】颜色之间的锁定，然后分别单击【环境光】按钮和【漫反射】按钮，在打开的对话框中将【环境光】颜色RGB值设置为17、47、15，将【漫反射】颜色RGB值设置为51、141、45。

Step 11 返回【材质编辑器】对话框，在【反射高光】选项组中设置【高光级别】为5，【光泽度】为25。

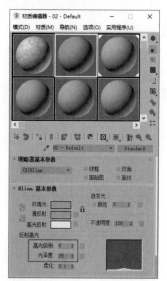

Step 12 展开【贴图】卷展栏，单击【漫反射颜色】选项右侧的【无贴图】按钮，打开【材质/贴图浏览器】对话框，选择【位图】选项，单击【确定】按钮。

Step 13 打开【选择位图图像文件】对话框，选中一个贴图素材文件后单击【打开】按钮。

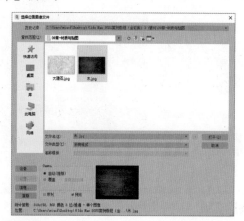

Step 14 返回【材质编辑器】对话框，单击【转到父对象】按钮。

Step 15 选中场景中所有的木条对象，单击【材质编辑器】对话框中的【将材质指定给选定对象】按钮。

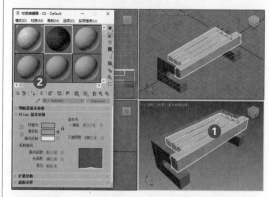

Step 16 单击【创建】面板【几何体】选项卡中的【平面】按钮，在顶视图中创建平面。

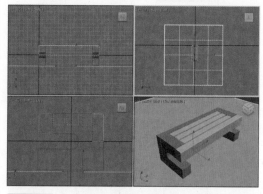

Step 17 按下F9键渲染模型，效果如下图所示。

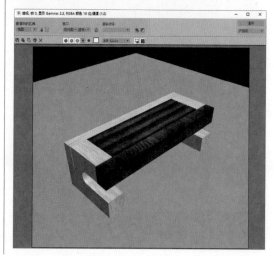

上例使用的【材质编辑器】对话框包括菜单栏、材质球示例窗、工具按钮栏、参数控制区几个部分。

1. 菜单栏

在菜单栏中，用户可以设置【模式】【材质】【导航】【选项】和【实用程序】的相关参数。

■ 【模式】菜单

【模式】菜单主要用于切换材质编辑器的工作方式，包括【精简材质编辑器】和【Slate 材质编辑器】两种。

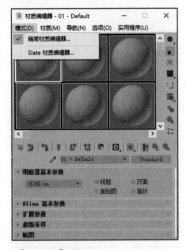

■ 【材质】菜单

▶【获取材质】命令：选择该命令将打开【材质 / 贴图浏览器】对话框，选择材质和贴图。

▶【从对象选取】命令：选择该命令可以从场景对象中选择材质。

▶【按材质选择】命令：选择该命令可以基于【材质编辑器】对话框中的活动材质来选择对象。

▶【在 ATS 对话框中高亮显示资源】命令：如果材质使用的是已跟踪资源的贴图，执行该命令可以打开【跟踪资源】对话框，同时资源会高亮显示。

▶【指定给当前选择】命令：执行该命令可以将活动示例窗口中的材质应用于场景中的选定对象。

▶【放置到场景】命令：在编辑完材质后，执行该命令将更新场景中的材质。

▶【放置到库】命令：在编辑完材质后，执行该命令将更新库中的材质。

▶【更改材质 / 贴图类型】命令：选择该命令将更改材质 / 贴图的类型。

▶【生成材质副本】命令：通过复制自身的材质来生成材质副本。

▶【启动放大窗口】命令：将材质示例窗口放大并在一个单独的窗口中显示。

▶【另存为 .FX 文件】命令：将材质另存为 .FX 文件。

▶【生成预览】命令：使用动画贴图为场景添加运动并生成预览。

▶【查看预览】命令：使用动画贴图为场景添加运动并查看预览。

▶【保存预览】命令：使用动画贴图为场景添加运动并保存预览。

▶【显示最终结果】命令：查看所在层次的材质。

▶【视口中的材质显示为】命令：选择该命令可以在视图中显示物体表面的材质效果。

▶【重置示例窗旋转】命令：使活动的示例窗对象恢复为默认方向。

▶【更新活动材质】命令：更新示例中的活动材质。

■ 【导航】菜单

▶【转到父对象 (P) 向上键】命令：在当前材质中向上移动一个层次。

▶【前进到同级 (F) 向右键】命令：移动到当前材质中相同层次 (也称为层级) 的下一个贴图或材质。

▶【后退到同级 (B) 向左键】命令：与【前进到同级 (F) 向右键】命令类似，只是导航到前一个同级贴图，而不是导航到后一个同级贴图。

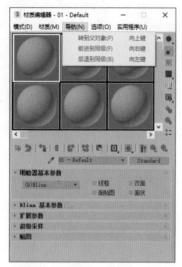

■ 【选项】菜单

▶【将材质传播到实例】命令：将指定的任何材质传播到场景对象中的所有实例。

▶【手动更新切换】命令：使用手动的方式进行更新切换。

▶【复制 / 旋转拖动模式切换】命令：切换复制 / 旋转拖动的模式。

▶【背景】命令：将多种颜色的方格背景添加到活动示例窗中。

▶【自定义背景切换】命令：如果已指定了自定义背景，则该命令可切换背景的显示效果。

▶【背光】命令：将背光添加到活动示例窗中。

▶【循环 3×2、5×3、6×4 示例窗】命令：切换材质球显示的 3 种方式。

▶【选项】命令：打开【材质编辑器选项】对话框。

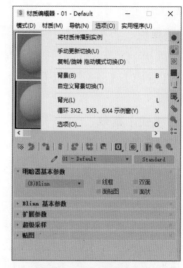

■ 【实用程序】菜单

▶【渲染贴图】命令：对贴图进行渲染。

▶【按材质选择对象】命令：可以基于【材质编辑器】对话框中的活动材质来选择对象。

▶【清理多维材质】命令：对【多维 / 子对象】材质进行分析，然后在场景中显示所有包含未分配任何材质 ID 的材质。

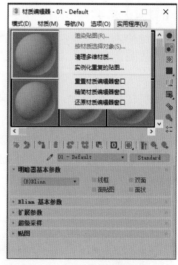

▶【实例化重复的贴图】命令：在整个场景中查找具有重复【位图】贴图的材质，并提供将它们关联化的选项。

▶【重置材质编辑器窗口】命令：用默

认的材质类型替换【材质编辑器】对话框中的所有材质。

▶【精简材质编辑器窗口】命令：将【材质编辑器】对话框中所有未使用的材质设置为默认类型。

▶【还原材质编辑器窗口】命令：利用缓冲区的内容还原编辑器的状态。

2. 材质球示例窗

材质球示例窗用来显示材质效果，它可以很直观地显示材质的基本属性，如反光、纹理和凹凸等。

材质球示例窗中一共有 24 个材质球，可以通过右击材质球，在弹出的快捷菜单中设置 3 种显示方式。

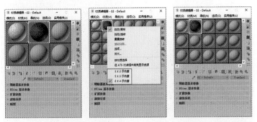

双击材质球示例窗中的材质球，将打开一个独立的材质球显示窗口，在其中可以将该窗口进行放大或缩小来观察当前设置的材质 (同时也可以在材质球上右击，在弹出的快捷菜单中选择【放大】命令)。

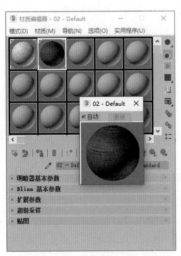

选中材质球示例窗中的某个材质球

后，按住鼠标左键拖动可以将材质球拖动到场景中的物体上。当材质赋予物体后，材质球会显示出 4 个缺角的符号。

3. 工具按钮栏

工具按钮栏中各按钮的名称如下图所示。

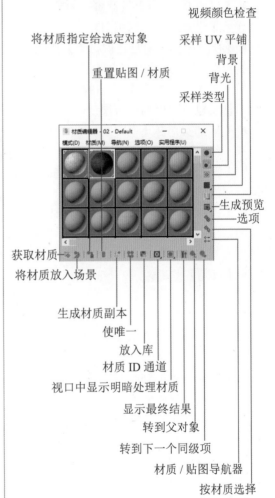

▶【获取材质】按钮：为选定的材质打开【材质 / 贴图浏览器】对话框。

▶【将材质放入场景】按钮：在编辑好材质后，单击该按钮可以更新已应用于对象的材质。

▶【将材质指定给选定对象】按钮：将材质赋予选定的对象。

▶【重置贴图/材质】按钮：删除修改的所有属性，将材质属性恢复到默认值。

▶【生成材质副本】按钮：在选定的示例图中创建当前材质的副本。

▶【使唯一】按钮：将实例化的材质设置为独立的材质。

▶【放入库】按钮：重新命名材质并将其保存到当前打开的库中。

▶【材质 ID 通道】按钮：为应用后期制作效果设置唯一的通道 ID。

▶【视口中显示明暗处理材质】按钮：在视口对象上显示 2D 材质贴图。

▶【显示最终结果】按钮：在实例中显示材质以及应用的所有层次。

▶【转到父对象】按钮：将当前材质上移一级。

▶【转到下一个同级项】按钮：选定同一层次的下一贴图或材质。

▶【采样类型】按钮：控制示例窗显示的对象类型，默认为球体类型、圆柱体类型和立方体类型。

▶【背光】按钮：打开或关闭选定示例窗中的背景灯光。

▶【背景】按钮：在材质后显示方格背景图像（该选项在观察透明材质时非常有用）。

▶【采样 UV 平铺】按钮：为示例窗中的贴图设置 UV 平铺显示。

▶【视频颜色检查】按钮：检查当前材质中 NTSC 和 PAL 制式不支持的颜色。

▶【生成预览】按钮：用于产生、浏览和保存材质预览渲染。

▶【选项】按钮：打开【材质编辑器选项】对话框，该对话框中包含启用材质动画、加载自定义背景、定义灯光亮度或颜色以及设置实例窗数目的一些参数。

▶【按材质选择】按钮：选定使用当前材质的所有对象。

▶【材质/贴图导航器】按钮：单击该按钮可以打开【材质/贴图导航器】对话框，显示当前材质的所有层级。

4. 参数控制区

在 3ds Max 中，材质编辑器中的材质类型默认都是"标准"类型的材质，"标准"材质是最基本，也是最常用的一种材质编辑类型。按下 M 键打开【材质编辑器】对话框，选择任意一个示例窗，可以发现在工具栏的下方有一个 Standard 按钮，这表示当前材质为"标准"类型的材质。单击 Standard 按钮可以打开【材质/贴图浏览器】对话框，在该对话框中可以将当前材质更改为其他类型的材质。

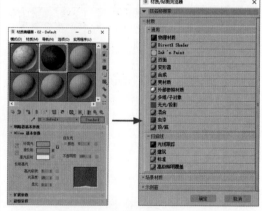

在【材质/贴图浏览器】对话框中 3ds Max 提供了多种类型的材质，不同的材质有不同的用途。例如，"标准"材质是默认的材质类型，拥有大量的调节参数，适用于绝大多数材质的制作要求；"光线跟踪"材质常用于制作有反射/折射效果的物体，如玻璃、不锈钢等。下面将以"标准"类型材质的常用参数为例，介绍【材质编辑器】对话框中的参数控制区。

■【明暗器基本参数】卷展栏

在【材质编辑器】对话框中展开【明暗器基本参数】卷展栏，单击其中的【明暗器类型】下拉按钮，在弹出的下拉列表中可以选择 8 种类型的明暗器类型。不同

类型的明暗器，将显示不同的基本参数卷
展栏。

▶【(A) 各向异性】明暗器用于产生磨砂
金属或头发效果，可以创建拉伸并成角的
高光，而不是标准的圆形高光。

▶【(B)Blinn】明暗器以光滑的方式渲染
物体表面，是最常用的一种明暗器。

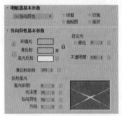 

▶【(ML) 多层】明暗器与【(A) 各向异性】
明暗器类似，但【(ML) 多层】明暗器可以
控制两个高亮区，因此它拥有对材质更多
的控制，第 1 高光反射层和第 2 高光反射
层具有相同的参数控制 (可以对参数使用
不同的设置)。

▶【(M) 金属】明暗器适用于金属表面，
它能提供金属所需的强烈反光。

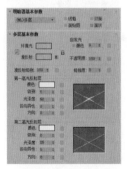 

▶【(O)Oren-Nayar-Blinn】明暗器适用
于无光表面 (例如纤维、陶土)，与【(B)
Blinn】明暗器类似。在【(O)Oren-Nayar-
Blinn 基本参数】卷展栏中，用户可以通过
设置【漫反射级别】和【粗糙度】两个参
数实现无光效果。

▶【(P)Phong】明暗器可以平滑面与面
之间的边缘，适用于具有强度很高的表面
和具有圆形高光的表面。

▶【(S)Strauss】明暗器适用于金属和非
金属表面，与【(ML) 多层】明暗器类似。

▶【(T) 半透明】明暗器与【(B)Blinn】
明暗器类似，两者最大的区别在于【(T) 半
透明】明暗器能够设置半透明效果，使用
光线能够穿透半透明的物体，并且在穿过
物体内部时发生离散。

此外，在【明暗器基本参数】卷展栏
中还有【线框】【双面】【面贴图】和【面
状】4 个复选框，它们的功能说明如下。

▶【线框】复选框：以线框模式渲染材
质，用户可以在扩展参数上设置线框的
大小。

▶【双面】复选框：将材质应用到选定
的面，使材质成为双面。

▶【面贴图】复选框：将材质应用到几
何体的各个面，如果材质是贴图材质，则
不需要贴图坐标，因为贴图会自动应用到
对象的每一个面。

▶【面状】复选框：使对象产生不光滑
的明暗效果，把对象的每个面作为平面来
渲染，可以用于制作加工过的钻石、宝石
或任何带有硬边的表面。

【例 10-2】在【明暗器基本参数】卷展栏中使用"半透明明暗器"制作玉石材质效果。

▶ 视频+素材

源文件：素材文件 \ 第 10 章 \ 例 10-2

Step 01 按下M键打开【材质编辑器】对话框，选择一个材质球，在【明暗器基本参数】卷展栏中设置明暗器类型为【半透明明暗器】，在【半透明基本参数】卷展栏中单击【环境光】按钮，在打开的对话框中将颜色RGB值设置为20、130、0，然后单击【确定】按钮。

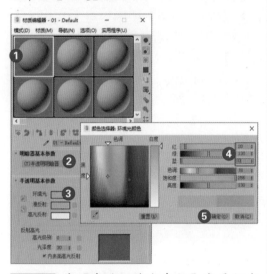

Step 02 在【半透明基本参数】卷展栏中设置【自发光】为40，【高光级别】为110，【光泽度】为70。

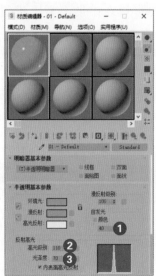

Step 03 在【材质编辑器】对话框中展开【贴图】卷展栏，然后单击【反射】选项右侧的【无贴图】按钮，打开【材质/贴图浏览器】对话框，选中【衰减】选项，单击【确定】按钮。

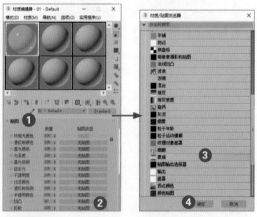

Step 04 返回【材质编辑器】对话框，在【衰减参数】卷展栏中单击白色色块右侧的【无贴图】按钮，在打开的【材质/贴图浏览器】对话框中选中【光线跟踪】选项，然后单击【确定】按钮。

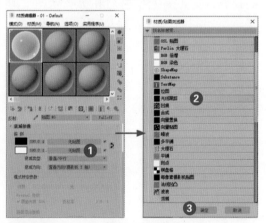

Step 05 在【材质编辑器】对话框的工具按钮栏中单击【转到父对象】按钮，返回到材质层级，设置【反射】贴图通道的【数量】为70。

Step 06 将创建的材质赋予场景中的对象，按下F9键渲染场景，最终效果如下图所示。

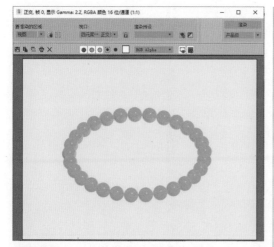

Step 07 在【材质编辑器】对话框的【明暗器基本参数】卷展栏中选中【双面】复选框，再按下F9键渲染场景，效果如下图所示。

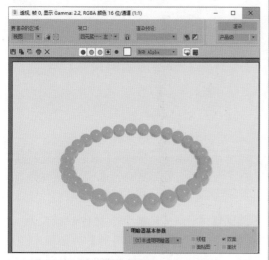

■ 【Blinn 基本参数】卷展栏

在【Blinn 基本参数】卷展栏中，用户可以对 Blinn 明暗器类型的相关参数进行设置。【环境光】【漫反射】和【高光反射】选项可以设置材质表面的颜色。

▶【环境光】：可以控制物体表面阴影区的颜色。

▶【漫反射】：可以控制物体表面过渡区的颜色。

▶【高光反射】：可以控制物体表面高光区的颜色。

这 3 个颜色分别指物体表面的 3 个受光区域，通常我们所说的物体颜色是指"漫反射"颜色，它提供物体最主要的色彩，使物体在日光或人工光的照明下可以被看到；"环境光"颜色一般由灯光的颜色决定，如果光线为白光，则会依据"漫反射"颜色来定义；"高光反射"颜色一般与"漫反射"颜色相同，只是饱和度更强一些。

【例 10-3】在【Blinn 基本参数】卷展栏中通过设置参数表现玻璃效果。 ▶视频+素材

源文件：素材文件 \ 第 10 章 \ 例 10-3

Step 01 打开下图所示的玻璃杯模型后，按下M键打开【材质编辑器】对话框，选择一个材质球。

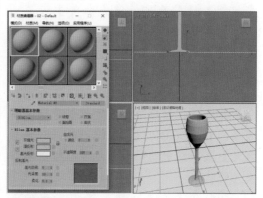

Step 02 在【Blinn基本参数】卷展栏中单击【环境光】按钮，打开【颜色选择器：环境光颜色】对话框，将【环境光】的RGB值设置为0、47、0，然后单击【确定】按钮。

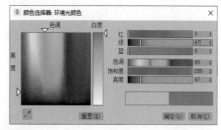

Step 03 此时，在【Blinn基本参数】卷展栏中的【环境光】和【漫反射】颜色都将发生同样的改变。这是因为【环境光】和【漫反射】选项前的【锁定】按钮处于激活状

态。在【环境光】【漫反射】和【高光反射】选项前有两个【锁定】按钮，用于锁定这3个选项中的两个(或三个)，被锁定的两个区域颜色将保持一致。

Step 04 在【Blinn基本参数】卷展中取消【锁定】按钮的激活状态，然后单击【漫反射】按钮，在打开的【颜色选择器：漫反射颜色】对话框中将【漫反射】的RGB值设置为185、214、185。

Step 05 在【反射高光】选项组中将【高光级别】设置为77，【光泽度】设置为12。【高光级别】参数用于设置高光的强度；【光泽度】参数用于设置高光的范围，其值越高，高光范围越小。

Step 06 在【自发光】选项组中选中【颜色】复选框，然后单击其右侧的色块，将【颜色】的RGB值设置为0、71、3。【自发光】选项组中的参数可以使材质具备自发光的效果。

Step 07 在【不透明度】微调框中输入20，然后将步骤01选中的材质球拖至场景中的物体上。

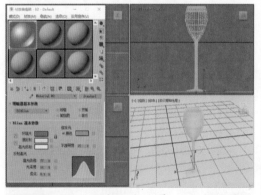

Step 08 按下F9键渲染场景，玻璃材质效果如右上图所示。

■ 【扩展参数】卷展栏

在【材质编辑器】对话框的【扩展参数】卷展栏中，用户可以对材质的透明度、反射效果及线框外观进行设置。

(1) 【高级透明】选项组

【例 10-4】在【扩展参数】卷展栏中通过设置参数表现物体透明发光效果。▶视频+素材

源文件：素材文件 \ 第 10 章 \ 例 10-4

Step 01 打开一个赋予了材质的模型后，按下M键打开【材质编辑器】对话框。

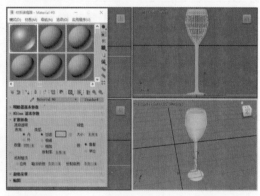

Step 02 在【材质编辑器】对话框中展开【扩展参数】卷展栏，在【高级透明】选

项组中选中【内】单选按钮，设置由边缘
向中心增加透明程度，类似玻璃效果。在
【数量】微调框中输入100。

Step 03 按下F9键渲染场景，模型效果如
下左图所示。

Step 04 如果在【高级透明】选项组中选
中【外】单选按钮，可以使材质从中心向
边缘增加透明程度，渲染后的效果如下右
图所示。

Step 05 【高级透明】选项组中的【类
型】子选项组用于确定以何种方式产生透
明效果。默认是"过滤"方式，这将会计
算经过透明物体背面颜色倍增的过滤色，
单击【过滤】单选按钮右侧的色块，在打
开的【颜色选择器：过滤颜色】对话框中
可以改变过滤颜色。

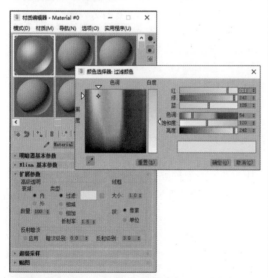

Step 06 按下F9键渲染场景，效果如右上
图所示。

Step 07 在【类型】子选项组中选中【相
减】单选按钮，可以将材质根据背景色进
行递减色彩处理。渲染场景后的效果如下
左图所示。

Step 08 在【类型】子选项组中选中【相
加】单选按钮，可以将材质根据背景色进
行递增色彩处理。渲染场景后的效果如下
右图所示。

实用技巧
　　【高级透明】选项组中的【折射率】参数用
于设置折射贴图所使用的折射率，使材质模拟不
同物质产生的不同折射效果。

(2)【反射暗淡】选项组
　　【扩展参数】卷展栏中的【反射暗淡】
选项组中的参数用于设置对象阴影区域中
反射贴图的暗淡效果。当一个物体表面有
其他物体的投影时，该区域将会变得暗淡，
但是一个标准的反射材质却不会考虑这一
点，它会在物体表面进行全方位反射，物
体将会失去投影的影响变得通体发亮，这
样会使场景显得不真实。此时可启用【反

射暗淡】设置来控制对象被投影区域的反
射强度。

■ 【超级采样】卷展栏

"标准""光线跟踪"和"建筑"
类型的材质都有【超级采样】卷展栏，其
作用是在材质上执行一个附加的抗锯齿过
滤，该操作虽然要花费更多的时间渲染场
景，却可以提高图像的质量（在渲染非常
平滑的反射高光、精细的凹凸贴图以及高
分辨率的图片时，"超级采样"特别有用）。

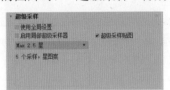

3ds Max 默认在【超级采样】卷展栏
中选中【使用全局设置】复选框，使用全
局的抗锯齿设置。全局的抗锯齿设置在【渲
染】面板的【光线跟踪器】选项卡中默认
不开启。

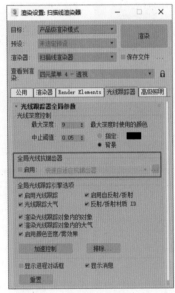

在上图所示【渲染设置】对话框的【光
线跟踪器】选项卡中选中【启用】复选框后，
将会开启全局的抗锯齿设置，在复选框右
侧的下拉列表中，有【快速自适应抗锯齿
器】和【多分辨率自适应抗锯齿器】两个
选项。

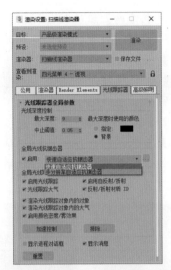

选中不同的抗锯齿类型后，单击【抗
锯齿参数】按钮，可以打开对应的抗锯
齿器的设置对话框。

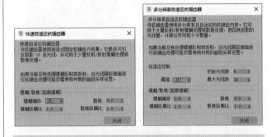

■ 实用技巧 ■

如果开启全局的抗锯齿设置，在场景中所有
赋予了具有抗锯齿功能的材质的物体都会进行抗
锯齿处理，但这在很多时候是没必要的，例如，
场景中的一些不要的物体（非焦点），就完全没有
必要对它们进行抗锯齿处理。因此，在一般情况
下不开启全局的抗锯齿设置，只对需要进行抗锯
齿处理的物体开启其自身的抗锯齿设置。

■ 【贴图】卷展栏

在【材质编辑器】对话框的【贴图】
卷展栏中，用户可以为材质设置贴图，其
中一共有 17 种贴图方式，不同的明暗器类
型，在【贴图】卷展栏中的通道数量也各
不相同。在不同的贴图通道设置各种贴图
内，可以在物体不同的区域产生不同的贴
图效果。

【例 10-5】在【贴图】卷展栏中操作贴图通
道制作金属材质效果。 ▶视频+素材

源文件：素材文件\第10章\例10-5

Step 01 打开下图所示的戒指模型后，按下M键打开【材质编辑器】对话框，选择一个材质球，在【明暗器基本参数】卷展栏中设置明暗器类型为【(A)各向异性】，然后在【各向异性基本参数】卷展栏中设置【漫反射级别】为50，【高光级别】为100，【光泽度】为50，【各向异性】为50。

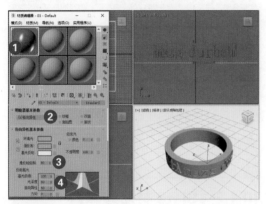

Step 02 将步骤01选中的材质球拖动至场景中的物体上。按下F9键渲染场景，效果如下左图所示。

Step 03 在【贴图】卷展栏中单击【漫反射颜色】选项右侧的【无贴图】按钮(如下右图所示)。

Step 04 打开【材质/贴图浏览器】对话框，选择【位图】选项，然后单击【确定】按钮，打开【选择位图图像文件】对话框，选中一幅位图后，单击【打开】按钮。

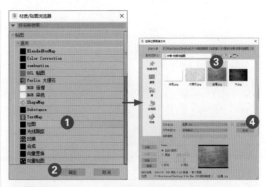

Step 05 返回【材质编辑器】对话框，在【坐标】卷展栏中设置U向和V向的【瓷砖】为2。

Step 06 在【材质编辑器】对话框中单击【转到父对象】按钮，然后拖动位图复制到【光泽度】和【凹凸】贴图通道。

Step 07 在【贴图】卷展栏中单击【自发光】选项右侧的【无贴图】按钮，打开【材质/贴图浏览器】对话框，选择【衰减】选项，为"自发光"贴图通道指定一个"衰减"贴图。

Step 08 返回【材质编辑器】对话框，在【衰减参数】卷展栏中单击【侧】色块，打开【颜色选择器：颜色2】对话框，设置RGB值为210、195、175，然后单击【确定】按钮。

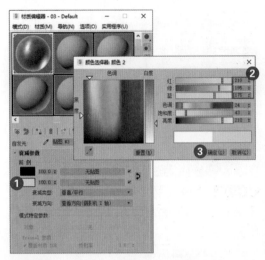

Step 09 在【混合曲线】卷展栏中调节曲线。

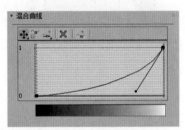

Step 10 单击【转到父对象】按钮，返回材质层级，在【各向异性基本参数】卷展栏中选中【颜色】复选框。

Step 11 按下F9键渲染场景，效果如下图所示。

Step 12 在【贴图】卷展栏中单击【反射】选项右侧的【无贴图】按钮，打开【材质/贴图浏览器】对话框，选择【位

图】选项，然后单击【确定】按钮，在打开的对话框中为"反射"贴图通道指定一幅位图。

Step 13 在【坐标】卷展栏中设置【模糊】为30，然后按下F9键渲染场景，模型的最终效果如下图所示。

10.1.2　Slate 材质编辑器

在 3ds Max 主工具栏中长按【材质编辑器】按钮或者按下 M 键，在打开的对话框中选择【模式】|【Slate 材质编辑器】命令，将打开 Slate 材质编辑器。其中包含了各种编辑工具，可以帮助我们制作对象的材质。

■　【选择】工具

打开素材文件后，按下 M 键打开 Slate 材质编辑器，工具栏中的【选择】按钮默认处于激活状态，该工具用于选择 Slate 材质编辑器内材质的各个节点。

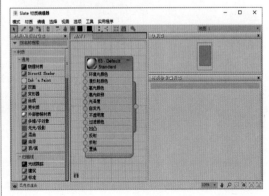

■ 【从对象拾取材质】工具

单击工具栏中的【从对象拾取材质】按钮 ，使用该工具可以从场景中将对象的材质调入材质编辑器中。

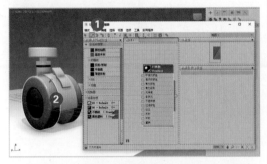

■ 【将材质指定给选定对象】工具

在场景中选中一个对象，然后在 Slate 材质编辑器中选择一个节点，在工具栏中单击【将材质指定给选定对象】按钮 ，可以将当前选择的材质赋予场景中选定的对象。

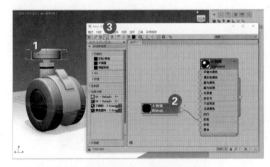

■ 【将材质放入场景】工具

在 Slate 材质编辑器中按住 Ctrl 键选中材质的节点，按住 Shift 键拖动，可以将其复制一份。

此时，我们可以对原始的材质参数进行调节。如果发现调节后的效果没有原来的好，可以选择复制的材质，单击【将材质放入场景】按钮 ，将选择的材质再赋予原来的物体，相当于对原始材料进行备份操作。

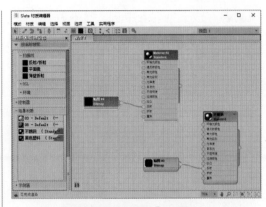

■ 【删除选定对象】工具

单击工具栏中的【选择】按钮 ，在活动视图中框选材质节点，然后单击【删除选定对象】按钮 ，可将选中的材质删除。

■ 【移动子对象】工具

激活工具栏中的【移动子对象】按钮 ，然后在活动视图中按住鼠标左键拖动父节点，其子节点将会随父节点一起移动。

■ 【隐藏未使用的节点示例窗】工具

在工具栏中激活【隐藏未使用的节点示例窗】按钮 ，可以将当前选中的材质中未使用的节点隐藏。如此，可以方便地查看当前材质中有哪些项目是被编辑过的。

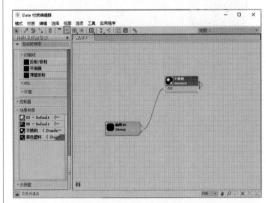

■ 【在视口中显示明暗处理材质】工具

在工具栏中长按【在视口中显示明暗处理材质】按钮 ，将弹出下图所示的下拉列表，该下拉列表中包含【在视口中显示明暗处理材质】按钮和【在视口中显示真实材质】按钮。

▶【在视口中显示明暗处理材质】按钮：单击该按钮后，当前材质贴图效果将会在场景视图中显示。

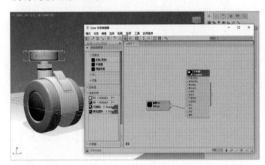

▶【在视口中显示真实材质】按钮：单击该按钮后，将会使用硬件显示模式在场景中显示被选择材质的贴图效果。

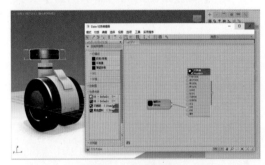

■ 【在预览中显示背景】工具

在工具栏中单击【在预览中显示背景】按钮，可以将多颜色的方格背景添加到活动示例窗中（该工具在材质设置了不透明度、反射、折射等效果时非常有用）。

■ 【布局全部－垂直】工具

在工具栏中单击【从对象拾取材质】按钮将场景中对象的材质调入材质编辑器中，然后单击【布局全部-垂直】按

钮，则所有的节点及其子节点均会按层级在活动窗口中垂直排列。

长按【布局全部-垂直】按钮，在弹出的下拉列表中选择【布局全部-水平】选项，所有的节点及其子节点将按层级在活动窗口中水平排列。

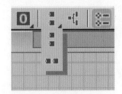

■ 【布局子对象】工具

单击工具栏中的【布局子对象】按钮，能够自动布局当前所选节点的子节点，将子节点的位置进行规则排列（当材质中子节点比较多且位置凌乱时，该工具能够快速整理子节点的位置）。

■ 【材质/贴图浏览器】工具

激活工具栏中的【材质/贴图浏览器】按钮，将在 Slate 材质编辑器左侧显示【材质/贴图浏览器】窗格。反之，将隐藏【材质/贴图浏览器】窗格。

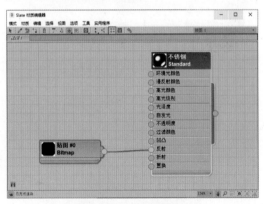

隐藏【材质/贴图浏览器】窗格

■ 【参数编辑器】工具

激活工具栏中的【参数编辑器】按钮，将在 Slate 材质编辑器活动视图的右侧显示【参数编辑器】窗格。反之，将隐藏【参数编辑器】窗格。

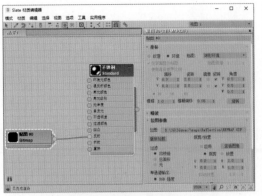

显示【参数编辑器】窗格

■ 【按材质选择】工具

在活动视图中选择一个材质（节点），单击工具栏中的【按材质选择】按钮 ，将打开 Select Objects 对话框，在该对话框中所有赋予了选定材质的对象将被选中。

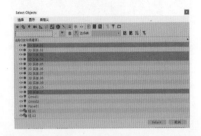

10.2 材质管理器

"材质管理器"主要用于浏览和管理场景中的所有材质。在 3ds Max 中选择【渲染】|【材质资源管理器】命令，可以打开【材质管理器】窗口。

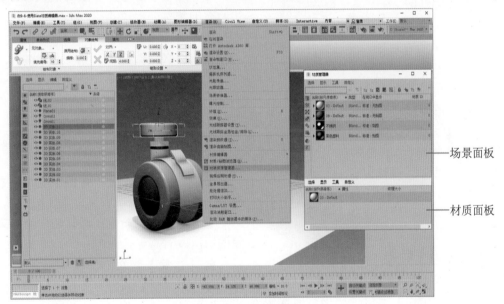

显示【材质管理器】窗口

如上图所示，【材质管理器】窗口分为场景面板和材质面板两部分。其中，场景面板主要用于显示场景对象的材质，而材质面板则主要用于显示当前材质的属性和纹理。

10.2.1 场景面板

【材质管理器】窗口上部的场景面板包括【菜单栏】【工具栏】【显示按钮】和【列】

4 部分组成。

1. 菜单栏

■ **【选择】菜单**

展开【选择】菜单，其中的命令如下。

▶ 【全部选择】命令：选择场景中的所有材质和贴图。

▶ 【选定所有材质】命令：选择场景中的所有材质。

▶ 【选定所有贴图】命令：选择场景中的所有贴图。

▶ 【全部不选】命令：取消选择场景中的所有材质和贴图。

▶ 【反选】命令：颠倒当前选择，即取消当前选择的所有对象，而选择前面未选择的对象。

▶ 【选择子对象】命令：该命令起到切换至子对象的作用。

▶ 【查找区分大小写】命令：通过搜索字符串的大小写来查找对象。

▶ 【使用通配符查找】命令：通过搜索字符串中的字符来查找对象 (如 * 或 ?)。

▶ 【使用正则表达式查找】命令：通过搜索正则表达式的方式来查找对象。

■ **【显示】菜单**

展开【显示】菜单，其中的命令如下。

▶ 【显示缩略图】命令：在场景面板中显示每个材质和贴图的缩略图。

▶ 【显示材质】命令：在场景面板中显示每个对象的材质。

▶ 【显示贴图】命令：选择该命令后，每个材质的层次下面都会显示该材质所使用到的所有贴图。

▶ 【显示对象】命令：选择该命令后，每个材质的层次下面都会显示该材质所应用到的对象。

▶ 【显示子材质 / 贴图】命令：选择该命令后，每个材质的层次下面都会显示用于材质通道的子材质和贴图。

▶ 【按材质排序】命令：选择该命令后，层次将按材质名称进行排序。

▶ 【按对象排序】命令：选择该命令后，层次将按对象进行排序。

▶ 【展开全部】命令：展开层次以显示出所有的条目。

▶ 【扩展选定对象】命令：展开包含所选条目的层次。

▶ 【展开对象】命令：展开包含所有对象的层次。

▶ 【塌陷全部】命令：塌陷整个层次。

▶ 【塌陷选定项】命令：塌陷包含所选条目的层次。

▶ 【塌陷材质】命令：塌陷包含所有材质的层次。

▶ 【塌陷对象】命令：塌陷包含所有对象的层次。

■ **【工具】菜单**

展开【工具】菜单，其中的命令如下。

▶ 【将材质另存为材质库】命令：根据材质来选择场景中的对象。

▶【按材质选择对象】命令：根据材质来选择场景中的对象。

▶【位图/光度学路径编辑器】命令：选择该命令，将打开【位图/光度学路径编辑器】对话框，在该对话框中可以管理场景对象的位图的路径。

▶【代理设置】命令：选择该命令，将打开【全局设置和位图代理的默认】对话框，该对话框用于确定3ds Max如何创建和使用材质中并入的位图的代理版本。

▶【删除子材质/贴图】命令：删除所选材质的子材质或贴图。

▶【锁定单元编辑】命令：选择该命令后，可以禁止在【资源管理器】中编辑单元。

☑【自定义】菜单

展开【自定义】菜单，其中的命令如下。

▶【工具栏】命令：选择要显示的工具栏。

▶【将当前布局保存为默认设置】命令：保存当前【资源管理器】对话框中的布局方式，并将其设置为默认设置。

▶【配置列】命令：打开【配置列】对话

框，在该对话框中可以为【场景】面板添加队列。

2. 工具栏

工具栏中主要包含一些对材质进行基本操作的工具，其中主要按钮的功能说明如下。

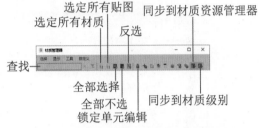

▶【查找】框：输入文本来查找对象。

▶【选定所有材质】按钮：选择场景中的所有材质。

▶【选定所有贴图】按钮：选择场景中的所有贴图。

▶【全部选择】按钮：选择场景中的所有材质和贴图。

▶【全部不选】按钮：取消选择场景中的所有材质和贴图。

▶【反选】按钮：颠倒当前选择，即取消当前选择的所有对象，而选择前面未选择的对象。

▶【锁定单元编辑】按钮：激活该按钮后，可以禁止在【资源管理器】中编辑单元。

▶【同步到材质资源管理器】按钮：激活该按钮后，材质面板中的所有材质操作将与场景面板保持同步。

▶【同步到材质级别】按钮：激活该按钮后，材质面板中的所有子材质将与场景面板保持同步。

3. 显示按钮

显示按钮主要用来控制材质和贴图的显示方式，它与【显示】菜单中的命令相对应。

▶【显示缩略图】按钮：激活该按钮

后，场景面板中将显示出每个材质和贴图的缩略图。

▶【显示材质】按钮▧：单击该按钮，场景面板中将显示出每个对象的材质。

显示缩略图

显示材质—
显示对象—
└─显示贴图
└─显示子材质 / 贴图
└─显示未使用的贴图通道
└─按材质排序

按对象排序

▶【显示贴图】按钮：激活该按钮后，每个材质的层次下面都会显示该材质所使用到的贴图。

▶【显示对象】按钮▧：激活该按钮后，每个材质的层次下面都会显示该材质所应用到的对象。

▶【显示子材质 / 贴图】按钮▧：激活该按钮后，每个材质的层次下面都会显示用于材质通道的子材质的贴图。

▶【显示未使用的贴图通道】按钮▧：激活该按钮后，每个材质的层次下面都会显示未使用的贴图通道。

▶【按对象排序】按钮▧和【按材质排序】按钮▧：让层次以对象或材质的方式进行排序。

4. 列

列主要用于显示场景中材质的名称、类型、在视口中的显示方式以及材质的 ID 号。

▶【名称】列：显示材质、对象、贴图和子材质的名称。

▶【类型】列：显示材质、贴图或子材质的类型。

▶【在视口中显示】列：注明材质和贴图在视口中的显示方式。

▶【材质 ID】列：显示材质的 ID 号。

10.2.2　材质面板

【材质管理器】窗口下部的材质面板包括菜单栏和列两部分。

菜单栏———

————列

材质面板中各命令（选项）的功能可以参考场景面板。

10.3　材质类型

在 3ds Max 中，不同的材质有不同的用途，例如：

▶"标准"材质是默认的材质类型，该材质类型拥有大量的调节参数，适用于绝大部分模型材质的制作。

▶"光线跟踪"材质可以创建完整的光线跟踪反射和折射效果，主要是加强反射和折射材质的表现能力，同时还提供雾效、颜色密度、半透明、荧光等许多特效。

▶"无光 / 投影"材质能够将物体转换为不可见的物体，赋予了这种材质的物体本身不可被渲染，但场景中的其他物体可以在其上产生投影效果，常用于将真实拍摄的素材与三维制作的素材进行合成。

▶"高级照明覆盖"材质主要用于调整

优化光能传递求解的效果，对于高级照明系统来说，这种材质不是必需的，但对于提高渲染效果却很重要。

▶ "建筑" 材质用于设置真实自然界中物体的物理属性，因此在 "光度学灯光" 和 "光能传递" 算法配合使用时，可以产生具有精确照明水平的逼真渲染效果。

▶ Ink'n Paint 材质能够赋予物体二维卡通的渲染效果。

▶ "壳材质" 专用于贴图烘焙的制作。

▶ DirectX Shader 材质用于对视图中的对象进行明暗处理。

▶ "外部参照材质" 能够在当前的场景文件中从外部参照某个应用于对象的材质。当在源文件中改变材质属性然后保存时，在包含外部参照的主文件中，材质的外观可能会发生变化。

此外，安装 VRay 渲染器后，打开【材质 / 贴图浏览器】对话框，还会提供多种类型的材质。

在 3ds Max 中，材质编辑器中的材质都是 "标准" 类型的材质。标准材质是最基本，也是最常用的一种材质编辑类型。打开材质编辑器，选择任意一个材质球，我们会发现在工具栏下方有一个 Standard 按钮，这表示当前材质为 "标准" 类型的材质。单击 Standard 按钮，可以打开【材质 / 贴图浏览器】对话框更改当前材质的类型。

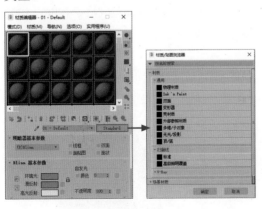

下面通过一个实例，介绍在 3ds Max 中更改材质类型，为场景中的对象设置 "沙发" 材质效果的方法。

【例 10-6】制作沙发材质效果。 ▶视频+素材
源文件：素材文件 \ 第 10 章 \ 例 10-6

Step 01 打开素材文件后，按下 M 键打开【材质编辑器】窗口，选择一个材质球，将其命名为 "沙发"，然后单击名称框右侧的按钮。

Step 02 打开【材质/贴图浏览器】对话框，选择 VRayMtl 材质后，单击【确定】按钮。

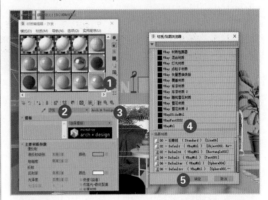

Step 03 在【基本参数】卷展栏中设置【漫反射】颜色为黑色，然后单击【漫反射】选项右侧的■按钮，打开【材质/贴图浏览器】对话框，选中【衰减】选项，单击【确定】按钮。

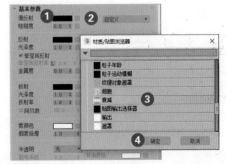

Step 04 展开【衰减参数】卷展栏，调整【前：侧】两个颜色分别为黑色和浅蓝色，设置【衰减类型】为 Fresnel。

Step 05 在【模式特定参数】选项组中设置【折射率】为 2.1。

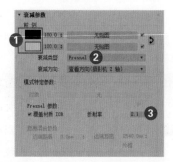

Step 06 单击【转到父对象】按钮，返回【基本参数】卷展栏，设置【光泽度】为0.7，并取消【菲涅耳反射】复选框的选中状态。

Step 07 最后，将"沙发"材质应用于场景中的"沙发"模型并渲染场景，结果如右图所示。

10.4 贴图类型

贴图能够在不增加物体几何结构复杂程度的基础上增加物体的细节程度，其最大的用途是提高材质的真实程度。高超的贴图技术是制作仿真材质的关键，也是决定最后渲染效果的关键。

在 3ds Max 中展开"标准"材质的【贴图】卷展栏，在该卷展栏中有很多贴图通道，在这些贴图通道中用户可以加载贴图来表现物体的属性。任意单击一个通道，在打开的【材质 / 贴图浏览器】对话框中可以观察到有很多贴图类型，主要包括 2D 贴图、3D 贴图、"合成器"贴图、"反射和折射"贴图以及"颜色修改器"贴图等。

10.4.1 2D 贴图类型

2D 贴图是赋予几何体表面或指定给环境贴图制作场景背景的二维图像，在【材质 / 贴图浏览器】对话框中，属于 2D 贴图类型的有 combustion、Substance、位图、向量置换、向量贴图、平铺、棋盘格、每像素摄影机贴图、渐变、渐变坡度、漩涡和贴图输出选择器等。

▶ "位图"贴图："位图"贴图是一种最基本、最常用的贴图类型，其可以用一张图来作为贴图 (支持 BMP、GIF、JPEG、PNG 等多种主流图像格式)。

▶ "平铺"贴图："平铺"贴图可以在对象表面创建各种形式的方格组合图案，如砖墙、瓷砖块等。

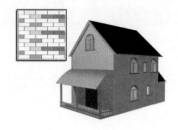

▶ "棋盘格"贴图:"棋盘格"贴图像国际象棋一样可以产生两色方格交错的图案,也可以设置指定两个贴图进行交错。通过棋盘格贴图间的嵌套,可以产生多彩的方格图案效果,其常用于制作一些格状纹理,或者地板块等有序的纹理。

▶ "渐变"贴图可以设置对象产生三色(或三个贴图)的渐变过渡效果,其可扩展性非常强,有线性渐变和放射状渐变两种类型。

▶ "渐变坡度"贴图:"渐变坡度"贴图与"渐变"贴图相似,都可以产生颜色或贴图之间的渐变效果,但"渐变坡度"贴图可以指定任意数量的颜色或贴图,制作出更为多样化的渐变效果。

【例10-7】利用"位图"贴图制作玻璃材质效果。▶视频+素材
源文件:素材文件 \ 第10章 \ 例10-7

Step 01 打开素材文件后,按下M键打开【材质编辑器】窗口,选择一个材质球,将其命名为"玻璃",然后单击Standard按钮。

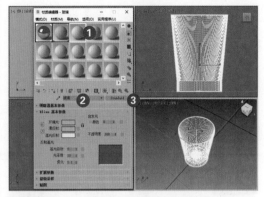

Step 02 打开【材质/贴图浏览器】对话框,选择VRayMtl材质后,单击【确定】按钮。

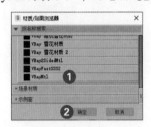

Step 03 在【基本参数】卷展栏的【反射】选项组中调整【反射】颜色为灰色,然后在【光泽度】微调框中输入0.97,单击该微调框右侧的█按钮,打开【材质/贴图浏览器】对话框,选择【位图】选项,单击【确定】按钮。

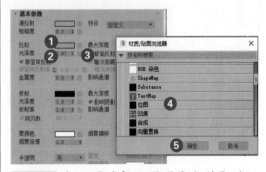

Step 04 打开【选择位图图像文件】对话框,选中贴图文件后单击【打开】按钮。

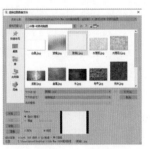

Step 05 单击【转到父对象】按钮，返回【基本参数】卷展栏，将【折射】颜色设置为白色，在【折射率】微调框中输入15。将【雾颜色】设置为深灰色，将【烟雾倍增】设置为0.25。

Step 06 展开【贴图】卷展栏，将【不透明度】设置为35。

Step 07 将调整完成的材质赋予场景中的杯子模型后，按下F9键渲染场景，结果如下图所示。

10.4.2 3D 贴图类型

3D 贴图是产生三维空间图案的程序贴图。例如，将指定了"大理石"贴图的几何体切开，它的内部同样显示着与外表面匹配的纹理。在 3ds Max 中，3D 贴图包括细胞、凹痕、衰减、大理石、噪波、粒子年龄、粒子运动模糊、Perlin大理石、烟雾、斑点、泼溅、灰泥、波浪和木材等。

▶ "细胞"贴图："细胞"贴图是一种程序贴图，生成用于各种视觉效果的细胞图案，包括马赛克瓷砖、鹅卵石表面和海洋表面。

▶ "凹痕"贴图："凹痕"贴图可以根据分形噪波产生随机图案 (图案的效果取决于贴图类型)。

▶ "大理石"贴图："大理石"贴图可以生成大理石图案，如下左图所示。

▶ "噪波"贴图："噪波"贴图可以基于两种颜色或材质的交互创建曲面的随机扰动，如下右图所示。

▶ "粒子年龄"贴图："粒子年龄"贴图用于粒子系统。它基于粒子的寿命更改粒子的颜色 (或贴图)，如下左图所示。

▶ "粒子运动模糊"贴图："粒子运动模糊"贴图用于粒子系统。该贴图可以基于粒子的运动速率更改其前端和尾部的不透明度。

▶ "Perlin 大理石"贴图："Perlin 大理石"

贴图使用"Perlin 湍流"算法生成大理石图案(该贴图是"大理石"贴图的替代方法)。

▶ "烟雾"贴图："烟雾"贴图是生成无序、基于分形的湍流图案的 3D 贴图。其主要设计用于设置动画的不透明度贴图,以模拟一束光线中的烟雾效果或其他云状流动效果,如下左图所示。

▶ "斑点"贴图："斑点"贴图可以生成斑点的表面图案,该图案用于"漫反射颜色"贴图或"凹凸"贴图以创建类似于花岗岩的表面和其他图案的表面,如下右图所示。

▶ "泼溅"贴图："泼溅"贴图可以生成分形表面图案(如下左图所示),该图案对于"漫反射颜色"贴图创建类似于泼溅的图案非常有用。

▶ "灰泥"贴图："灰泥"贴图可以生成一个曲面图案,以作为"凹凸"贴图来创建灰泥曲面的效果,如下右图所示。

▶ "波浪"贴图："波浪"贴图可以产生水面规则的波浪效果,如右上左图所示。

▶ "木材"贴图："木材"贴图可以产生木纹效果(该类型的贴图一般配合其他贴图使用),如右上右图所示。

10.4.3 【合成器】贴图类型

"合成器"贴图是指将不同颜色或贴图合成在一起的一类贴图。在进行图像处理时,"合成器"贴图能够将两个或多个图像按指定的方式结合在一起。在 3ds Max 中,"合成器"贴图包括合成、遮罩、混合和 RGB 倍增等。

▶ "合成"贴图："合成"贴图类型由其他贴图组成,并且可使用 Alpha 通道和其他方法将某层置于其他层之上。

▶ "遮罩"贴图："遮罩"贴图可以在曲面上通过一种材质查看另一种材质(遮罩控制应用到曲面的第二个贴图的位置)。

▶ "混合"贴图："混合"贴图可以将两种颜色或材质合成在曲面的一侧。也可以将"混合数量"参数设为动画,然后画出使用变形功能曲线的贴图,来控制两个贴图随时间混合的方式。

▶ "RGB 倍增"贴图："RGB 倍增"贴

图通常用作凹凸贴图，其可能要组合两个贴图，以获得正确的效果。

10.4.4 【反射和折射】贴图类型

"反射和折射"贴图是用于创建反射和折射效果的一类贴图。在3ds Max中，"反射和折射"贴图包括平面镜、光线跟踪、反射/折射和薄壁折射等。

▶ "平面镜"贴图："平面镜"贴图应用到共面集合时生成反射环境对象的材质，可以将其指定为材质的反射贴图。

▶ "反射/折射"贴图："反射/折射"贴图可以生成反射或折射表面，如下左图所示为"反射/折射"贴图应用于气球模型。

▶ "光线跟踪"贴图：使用"光线跟踪"贴图可以提供全部光线的跟踪反射和折射。其生成的反射和折射比"反射/折射"贴图生成的反射和折射更精确，下右图所示为"光线跟踪"贴图应用于酒瓶模型，瓶子将显示其相邻对象的反射。

"薄壁反射"贴图："薄壁折射"贴图可以模拟"缓进"或"偏移"效果。对

于为玻璃建模的对象（如窗口、窗格形状的"框"），这种贴图的速度更快，所用内存更少，并且提供的视觉效果要优于"反射/折射"贴图。

10.4.5 【颜色修改器】贴图类型

"颜色修改器"贴图可以改变材质表面像素的颜色，包括输出、RGB染色、顶点颜色和颜色贴图等。

▶ "输出"贴图：使用"输出"贴图，可以将输出设置应用于没有这些设置的程序贴图，如棋盘格或大理石。

▶ "RGB染色"贴图："RGB染色"贴图可以调整图像中3种颜色通道的值。3种色样代表3种通道。更改色样可以调整其相关颜色通道的值。

▶ "顶点颜色"贴图：顶点颜色贴图设置应用于可渲染对象的顶点颜色。可以使用顶点绘制修改器、指定顶点颜色工具指定顶点颜色，也可以使用可编辑网格顶点控件、可编辑多边形顶点控件或者可编辑多边形顶点控件指定顶点颜色。

▶ "颜色贴图"：通过使用"颜色贴图"，用户可以轻松地创建和实例化纯色色样，有助于支持颜色选择的一致性和准确性。

10.5 贴图通道

在材质编辑器的【贴图】卷展栏中，可以为材质设置贴图，其中可以设置多种贴图通道，不同的明暗器类型，在【贴图】卷展栏中的通道数量也不相同。

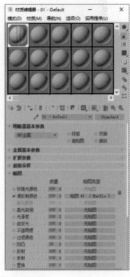

不同明暗器的贴图通道

在不同的贴图通道设置各种贴图内容，可以在物体不同的区域产生不同的贴图效果。下面将重点介绍几个常用的贴图通道。

1. "环境光颜色" 贴图通道

"环境光颜色" 贴图通道可以为物体的阴影区域指定贴图。用户可以使用位图文件或程序贴图将图像贴图到材质的环境光颜色。图像将绘制在对象的明暗处理部分。

2. "漫反射颜色" 贴图通道

"漫反射颜色" 贴图通道主要用于表现材质的纹理效果，就好像在物体表面使用油漆绘图一样。该类型的贴图通道是3ds Max 中最常用的贴图通道。

3. "凹凸" 贴图通道

"凹凸" 贴图通道可以通过贴图的明暗强度来影响材质表面的光滑程度，从而产生凹凸的表面效果，图像中的白色区域产生凸起，黑色区域产生凹陷。使用"凹凸"贴图通道的优点是渲染速度快，在创建一些浮雕、砖墙或石板路时，它可以产生比较真实的效果。不过"凹凸"贴图通道也有缺陷，凹凸材质的凹凸部分不会产生投影效果，在物体的边界上看不到真正的凹凸。如果凹凸物体离镜头很近，并且要表现出明显的投影效果，应当使用建模技术来实现。下图所示为"凹凸"贴图通道产生的效果。

【例 10-8】制作木地板材质效果。● 视频+素材

源文件：素材文件 \ 第 10 章 \ 例 10-8

Step 01 打开素材文件后，按下M键打开【材质编辑器】窗口，选择一个空白材质球，然后单击Standard按钮，打开【材质/贴图浏览器】对话框，选择VRayMtl材质，单击【确定】按钮。

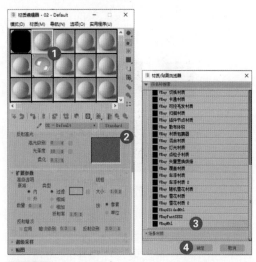

Step 02 将材质命名为"木地板"，在【基本参数】卷展栏中单击【漫反射】选项右侧的■按钮，再次打开【材质/贴图浏览器】对话框，选择【位图】选项，单击【确定】按钮，在打开的对话框中加载"地板"素材贴图文件。

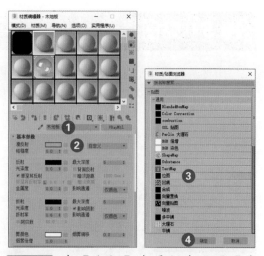

Step 03 在【坐标】卷展栏中设置【瓷砖】的U为1.0，V为1.0，【模糊】为0.7。

Step 04 单击工具栏中的【转到父对象】按钮 ，在【基本参数】卷展栏中取消【菲涅耳反射】复选框的选中状态。

Step 05 展开【贴图】卷展栏，将【漫反射】后面的贴图拖动至【凹凸】贴图通道上，在打开的对话框中选中【复制】单选按钮，然后单击【确定】按钮。

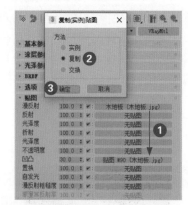

Step 06 将创建的"木地板"材质赋予场景中的地板模型，然后按下F9键渲染场景，结果如下图所示。

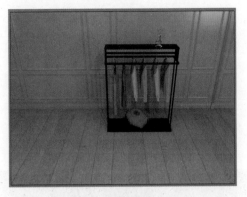

4. "反射"贴图通道

"反射"贴图通道可以为材质定义反射效果，是一种很重要的贴图方式。想要制作出光洁亮丽的反射质感，就必须熟练掌握反射贴图的使用方法。

在 3ds Max 中一般用以下两种方法来表现物体的反射效果。

► 使用"假反射"的方式，在"反射"贴图通道指定一张位图或程序贴图作为反射贴图，这种方式的最大优点是渲染速度非常快，缺点是真实感较差，因为这种贴图方式不会真实地反射周围的环境，但如果贴图图案设置合理，也能够很好地模拟玻璃、金属等材质效果。

► 使用真实的反射，最常用的方法是在"反射"贴图通道指定"光线跟踪"贴图，"光线跟踪"贴图的工作原理是由物体的中央向周围观察，并将看到的部分贴到物体的表面。该贴图方式可以模拟真实的反射，计算的结果最接近真实效果，但也是最花费时间的一种方式。贴图的强度值控制反射图像的清晰程度，其值越高，反射也越强烈。

5. "自发光"贴图通道

"自发光"贴图通道可以将贴图图案以一种自发光的形式贴在物体表面，图像中纯黑色的区域不会对材质产生任何影响，其他颜色区域将会根据自身的灰度值产生不同的发光效果。完全自发光的区域意味着该区域不受场景中灯光和投影的影响。

6. "不透明度"贴图通道

"不透明度"贴图通道利用图像的敏感度在物体表面产生透明效果，纯黑色的区域完全透明，纯白色的区域完全不透明，这是一种非常重要的贴图方式（该方式常被用来制作一些遮挡物体）。

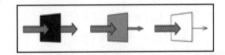

7. "折射"贴图通道

"折射"贴图通道可以制作出材质的折射效果，常用于模拟空气、玻璃和水等介质的折射效果。为达到真实的折射效果，通常在"折射"贴图通道中也指定"光线跟踪"贴图方式。

8. "置换"贴图通道

在"置换"贴图通道中设置贴图后，

模型会根据贴图图案的灰度分布情况对几何体表面进行置换，较浅的颜色比较深的颜色突出。与"凹凸"贴图通道不同的是，"置换"贴图通道是真正地改变模型的物理结构，实现真正的"凹凸"效果（因此，"置换"贴图的计算量很大）。

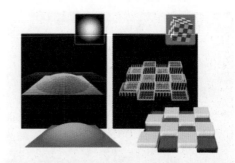

10.6 案例演练

本章主要介绍了 3ds Max 材质编辑器的一些基本用法和常见的材质编辑方法，以及 3ds Max 所提供的各种贴图。3ds Max 的材质编辑器非常强大，贴图也是千变万化，有时利用贴图而不用增加模型的复杂程度即可表现对象的细节。通过材质编辑器，几乎可以制作出世界上任何物体的材质效果。下面的案例演练部分，将通过实例操作帮助用户巩固所学的知识。

【例 10-9】制作沙发挂画材质效果。▶视频+素材

源文件：素材文件 \ 第 10 章 \ 例 10-9

Step 01 打开素材文件后，按下 M 键打开【材质编辑器】窗口，选择一个空白材质球，单击 Standard 按钮，在打开的【材质/贴图浏览器】对话框中选择 VRayMtl 材质。

Step 02 将材质命名为"挂画"，然后在【基本参数】卷展栏中单击【漫反射】选项右侧的■按钮，再次打开【材质/贴图浏览器】对话框，选择【位图】选项，单击【确定】按钮。

Step 03 打开【选择位图图像文件】对话框，选中"挂画.jpg"贴图文件，然后单击【打开】按钮。

Step 04 返回【材质编辑器】窗口，单击【转到父对象】按钮 ，返回【基本参数】卷展栏，取消【菲涅耳反射】复选框的选中状态，然后将创建的"挂画"材质赋予场景中的挂画模型，如下左图所示。

Step 05 渲染场景后的结果如下右图所示。

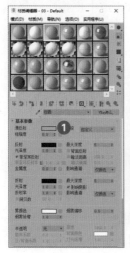

第 11 章
案例课堂：常用材质的设计

| 本章导读 |

　　材质，简单地说就是材料（物体）被渲染后看起来的质地，也可以看成是材料和质感的结合。材质设计是一个反复推敲的过程，本章将通过实例操作，帮助用户进一步熟悉常用材质的创建方法，从而巩固所学的知识。

| 视频教学 |

11.1　青铜材质

本例将通过设置【环境光】【漫反射】【高光反射】和【贴图】，介绍制作下图所示青铜材质的方法。

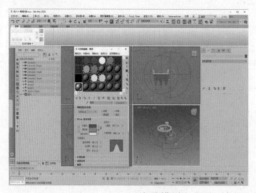

在鼎模型上应用"青铜"材质

【例 11-1】在 3ds Max 中制作青铜材质。
▶视频+素材

源文件：素材文件 \ 第 11 章 \ 例 11-1

Step 01 打开素材文件后，按下M键打开【材质编辑器】窗口，选择一个空白材质球，将其命名为"青铜"，将【明暗器类型】设置为(B)Blinn，在【Blinn基本参数】卷展栏中取消【环境光】和【漫反射】的锁定状态，单击【环境光】色块，在打开的对话框中将"环境光"的RGB值设置为166、47、15。

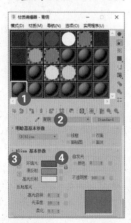

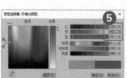

Step 02 单击【Blinn基本参数】卷展栏中的【漫反射】色块，将其RGB值设置为51、141、45，单击【高光反射】色块，将其RGB值设置为255、242、188，在

【自发光】选项组中将【颜色】值设置为14，在【反射高光】选项组中将【高光级别】设置为65，将【光泽度】设置为25，如下左图所示。

Step 03 展开【贴图】卷展栏，单击【漫反射颜色】选项右侧的【无贴图】按钮，如下右图所示。

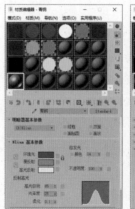

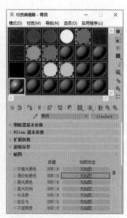

Step 04 打开【材质/贴图浏览器】对话框，选中【位图】选项后，单击【确定】按钮，在打开的对话框中选中一个"青铜"材质贴图文件，然后单击【打开】按钮。

Step 05 返回【材质编辑器】窗口，保持默认设置，然后单击【转到父对象】按钮。

Step 06 将创建的"青铜"材质赋予场景中的模型，然后按下F9键渲染场景。

11.2 魔方材质

本例将介绍利用【多维 / 子对象】材质为魔方模型添加材质的方法。首先为魔方的面设置不同的 ID，然后将材质设置为【多维 / 子对象】。

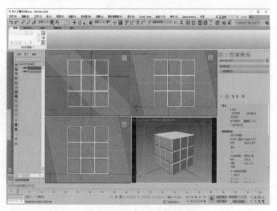 

在魔方模型上应用材质

【例 11-2】在 3ds Max 中制作魔方材质。
▶ 视频+素材
源文件：素材文件 \ 第 11 章 \ 例 11-1

Step 01 打开素材文件后，在场景中选中"魔方"模型，选择【修改】面板，添加"编辑多边形"修改器，在【选择】卷展栏中单击【多边形】按钮，在顶视图中选中魔方顶部的面，在【多边形：材质ID】卷展栏中将【设置ID】设置为1。

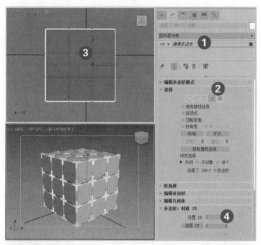

Step 02 使用同样的方法为魔方的其他面设置多边形ID，退出【多边形】子对象。

Step 03 按下M键打开【材质编辑器】窗口，选中一个空白材质球，将其命名为"魔方"，单击Standard按钮，在打开的【材质/贴图浏览器】对话框中选择【多维/子对象】选项后，单击【确定】按钮。

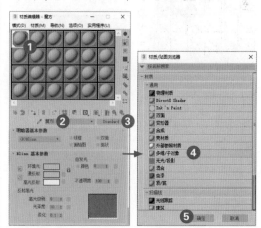

Step 04 打开【替换材质】对话框，选中【将旧材质保存为子材质】单选按钮，然后单击【确定】按钮。

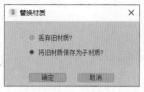

Step 05 打开【材质编辑器-魔方】窗口，在【多维/子对象基本参数】卷展栏中单击【设

置数量】按钮，在打开的对话框中将【材质数量】设置为7，然后单击【确定】按钮。

Step 06 在【材质编辑器-魔方】窗口为ID1材质设置贴图，然后单击材质通道按钮，在【明暗器基本参数】卷展栏中将明暗器类型设置为【(A)各向异性】，在【各向异性基本参数】卷展栏中单击【环境光】色块。

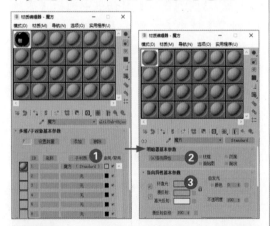

Step 07 打开【颜色选择器：环境光颜色】对话框，将环境光的RGB值设置为255、246、0，然后单击【确定】按钮。

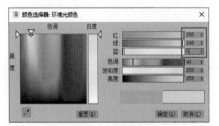

Step 08 返回【材质编辑器-魔方】窗口，在【各向异性基本参数】卷展栏中将【漫

反射级别】设置为102，在【反射高光】选项组中将【高光级别】【光泽度】【各向异性】分别设置为96、65、86。

Step 09 单击【材质编辑器-魔方】窗口中的【转到父对象】按钮，然后单击ID2右侧的材质通道按钮。

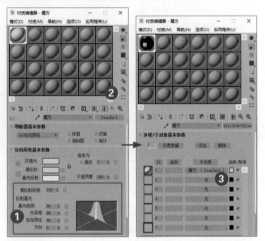

Step 10 打开【材质/贴图浏览器】对话框，选择【标准】选项，单击【确定】按钮。

Step 11 在【明暗器基本参数】卷展栏中将明暗器类型设置为【(A)各向异性】，在【各向异性基本参数】卷展栏中将【环境光】的RGB值设置为255、0、0，将【漫反射级别】设置为102，在【反射高光】选项组中将【高光级别】【光泽度】【各向异性】分别设置为96、65、86。

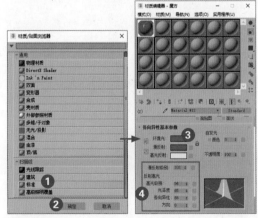

Step 12 使用同样的方法设置其他材质，设置完成后的材质球效果如下图所示。

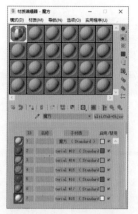

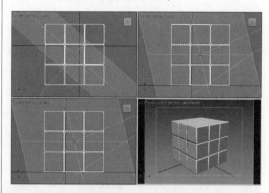

创建一个物理摄影机，然后选中摄影机视图，按下F9键对其进行渲染。

Step 13 选择透视图后按下Ctrl+C快捷键

11.3 瓷器材质

本例将介绍为茶杯添加瓷器材质。在案例中主要通过为选中的茶杯添加反射材质，并在其子对象中添加光线跟踪贴图，从而实现瓷器效果。

在茶杯模型上应用瓷器材质

【例11-3】在3ds Max中制作瓷器材质。

▶视频+素材

源文件：素材文件 \ 第11章 \ 例11-3

Step 01 打开素材文件后，在场景中选中咖啡杯模型，按下M键打开【材质编辑器】窗口，选择一个空白材质球，将其命名为"瓷器"。

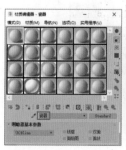

Step 02 在【Blinn基本参数】卷展栏中将【环境光】的RGB值设置为255、255、255，在【自发光】选项组中将【颜色】值设置为15，在【反射高光】选项组中将【高光级别】【光泽度】分别设置为93、75。

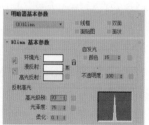

Step 03 在【贴图】卷展栏中将【反射】右侧的【数量】设置为10，并单击其右侧的

【无贴图】按钮，在打开的对话框中选择
【光线跟踪】选项，单击【确定】按钮。

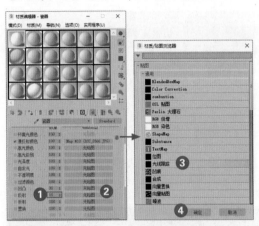

Step 04 在【光线跟踪器参数】卷展栏中
单击【无】按钮，在打开的对话框中选择
【位图】选项，单击【确定】按钮。

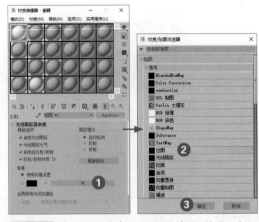

Step 05 打开【选择位图图像文件】对话
框，选中素材中提供的贴图文件后，单击
【打开】按钮。

Step 06 最后，将创建的"瓷器"材质赋
予场景中的"茶杯"模型，选择透视图，
按下F9键渲染场景。

11.4　黄金材质

本例将介绍制作黄金质感材质的方法。在案例中通过设置环境光、漫反射和高光级
别等参数，实现黄金材质的效果。

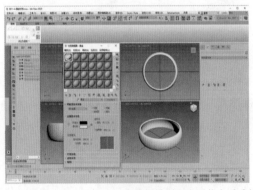

在戒指模型上应用黄金质感的材质

【例 11-4】在 3ds Max 中制作黄金质感的材质。
▶视频+素材
源文件：素材文件 \ 第 11 章 \ 例 11-4

Step 01 打开素材文件后，按下M键打开
【材质编辑器】窗口，选中一个空白材质
球，将其命名为"黄金"。

Step 02 在【明暗器基本参数】卷展栏中
将明暗器类型设置为【(M)金属】。

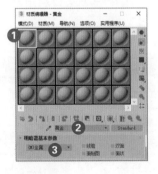

Step 03 在【金属基本参数】卷展栏中将【环境光】的RGB值设置为0、0、0，将【漫反射】的RGB值设置为255、222、0，将【高光级别】和【光泽度】都设置为100。

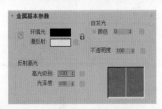

Step 04 展开【贴图】卷展栏，单击【反射】贴图通道右侧的【无贴图】按钮，在打开的对话框中选择【位图】选项，然后单击【确定】按钮。

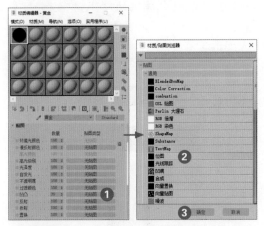

Step 05 打开【选择位图图像文件】对话框，选中素材中提供的"黄金.jpg"贴图文件后，单击【打开】按钮。

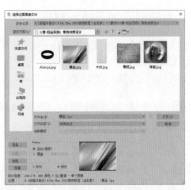

Step 06 展开【输出】卷展栏，将【输出量】设置为1.3。

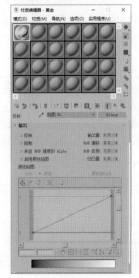

Step 07 最后，将创建的材质赋予场景中的"戒指"模型，然后按下F9键渲染场景。

11.5　皮质单人椅

本例将介绍在单人椅模型上添加不锈钢材质和皮革材质。

在单人椅模型上应用不锈钢和皮质材质

1. 为椅腿添加不锈钢材质

【例 11-5】在 3ds Max 中制作不锈钢材质。
▶ 视频+素材
源文件：素材文件 \ 第 11 章 \ 例 11-5

Step 01 打开素材文件后，按下 M 键打开
【材质编辑器】窗口，选择一个空白材质
球，将其命名为"不锈钢"。

Step 02 在【明暗器基本参数】卷展栏中
将明暗器类型设置为【(M)金属】。

Step 03 在【金属基本参数】卷展栏中单击
【环境光】图块左侧的【锁定】按钮，
取消该按钮的选中状态，解除【环境光】
和【漫反射】的链接。

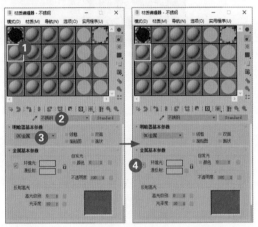

Step 04 在【金属基本参数】卷展栏中将
【环境光】的 RGB 值设置为 0、0、0，将
【漫反射】的 RGB 值设置为 255、255、
255，将【自发光】选项组中的【颜色】值
设置为 5，在【反射高光】选项组中设置
【高光级别】为 100，【光泽度】为 80。

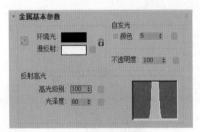

Step 05 展开【贴图】卷展栏，单击【反
射】贴图通道右侧的【无贴图】按钮，在
打开的对话框中选择【位图】选项，然后

单击【确定】按钮。

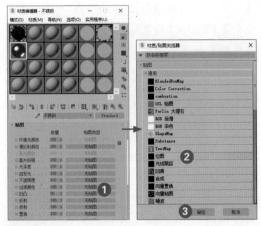

Step 06 打开【选择位图图像文件】对话
框，选中素材中提供的"不锈钢.jpg"贴
图文件后，单击【打开】按钮。

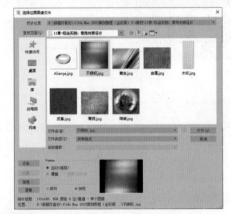

Step 07 返回【材质编辑器】窗口，在
【坐标】卷展栏中将【模糊偏移】设置为
0.096，然后将创建的"不锈钢"材质赋予
场景中单人椅模型的椅腿部分。

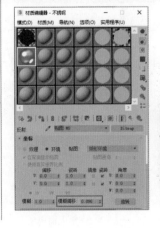

2. 为椅座添加皮革材质

【例 11-6】在 3ds Max 中制作皮革材质。
▶ 视频+素材

源文件：素材文件 \ 第 11 章 \ 例 11-6

Step 01 继续例 11-5 的操作，在【材质编辑器】窗口中选择一个空白材质球，将其命名为"皮革"。

Step 02 展开【Blinn 基本参数】卷展栏，单击【锁定】按钮，取消【环境光】和【漫反射】的链接，将【环境光】颜色的 RGB 值设置为 17、47、15，将【漫反射】颜色的 RGB 值设置为 51、53、51，将【自发光】选项组中的【颜色】值设置为 26，在【反射高光】选项组中将【高光级别】设置为 40，将【光泽度】设置为 20。

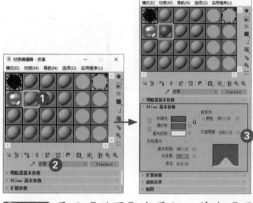

Step 03 展开【贴图】卷展栏，单击【漫反射颜色】贴图通道右侧的【无贴图】按钮，在打开的对话框中选择【位图】选项，然后单击【确定】按钮。

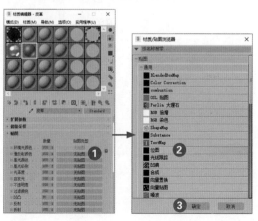

Step 04 打开【选择位图图像文件】对话框，选中素材中提供的"皮革.jpg"贴图文件后，单击【打开】按钮。

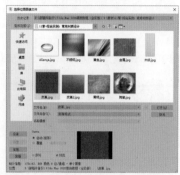

Step 05 返回【材质编辑器】窗口，在【坐标】卷展栏中将【瓷砖】选项下的 U、V 设置为 2，然后单击【转到父对象】按钮，在【贴图】卷展栏中将【凹凸】数量设置为 166，并单击其右侧的【无贴图】按钮。

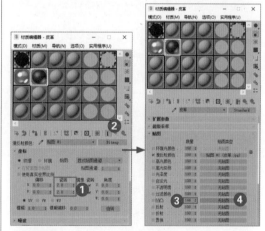

Step 06 在打开的对话框中选择【位图】选项，单击【确定】按钮，打开【选择位图图像文件】对话框，选中素材中提供的"皮革2.jpg"贴图文件后，单击【打开】按钮。

Step 07 返回【材质编辑器】窗口，将创建的"皮革"材质赋予单人椅模型的椅座部分，然后按下 F9 键渲染场景。

11.6　为场景中的不同对象添加材质

本例将介绍为场景中的不同对象分别添加"绒布""大理石""镜面"等材质。

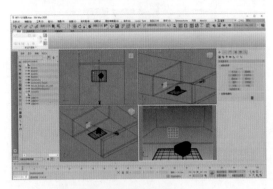

1．为地毯添加绒布材质

【例 11-7】在 3ds Max 中制作绒布材质。

▶ 视频+素材

源文件：素材文件 \ 第 11 章 \ 例 11-7

Step 01 打开素材文件后，按下 F10 键打开【渲染设置】窗口，单击【渲染器】下拉按钮，从弹出的下拉列表中选择 V-Ray 渲染器。

Step 02 按下 M 键打开【材质编辑器】窗口，选择一个空白材质球，将其命名为"绒布"，然后单击 Standard 按钮，打开【材质/贴图浏览器】对话框，选择 VRayMtl 选项，单击【确定】按钮。

Step 03 在【基本参数】卷展栏中单击【漫反射】图块右侧的 ■ 按钮，打开【材质/贴图浏览器】对话框，选择【衰减】选项，然后单击【确定】按钮。

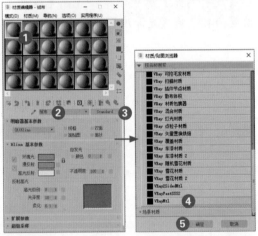

Step 04 返回【材质编辑器】窗口，在贴图通道上加载素材中提供的"绒布1.jpg"

和"绒布2.jpg"贴图文件。

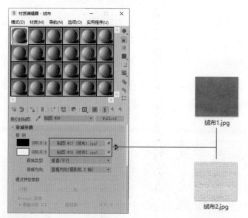

绒布1.jpg

绒布2.jpg

Step 05 单击【转到父对象】按钮，在【基本参数】卷展栏单击【反射】色块，在打开的对话框中设置颜色的RGB值为30、30、30。

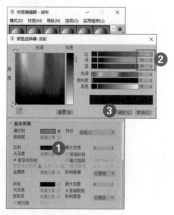

Step 06 展开【贴图】卷展栏，在【凹凸】贴图通道后单击【无贴图】按钮，加载"绒布2.jpg"贴图文件，设置【凹凸】值为44。

Step 07 最后，将制作好的绒布材质赋予场景中的地毯模型。

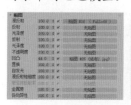 

2. 为地板添加大理石材质

【例 11-8】在 3ds Max 中制作大理石材质。
▶视频+素材
源文件：素材文件 \ 第 11 章 \ 例 11-8

Step 01 继续例11-7的操作，在【材质编辑器】窗口中选中一个空白材质球，将其命名为"大理石"。

Step 02 在【明暗器基本参数】卷展栏中设置明暗器为【(P)Phong】，在【Phong基本参数】卷展栏中将【环境光】与【漫反射】的RGB值设置为255、248、204，将【自发光】选项组中的【颜色】值设置为30，在【反射高光】选项组中设置【光泽度】为10。

Step 03 展开【扩展参数】卷展栏，在【高级透明】选项组中选中【外】单选按钮，将【类型】右侧的颜色设置为黑色。

Step 04 展开【贴图】卷展栏，单击【漫反射颜色】贴图通道右侧的【无贴图】按钮，在打开的对话框中双击【位图】选项。

Step 05 打开【选择位图图像文件】对话框，选中素材中提供的"大理石.jpg"文件后，单击【打开】按钮。

Step 06 返回【材质编辑器】窗口，在【坐标】卷展栏中将【瓷砖】下的U、V设置为1.5，将【模糊】设置为1.08，然后单击【转到父对象】按钮 ☞ 。

Step 07 在【贴图】卷展栏中将【漫反射颜色】的数量设置为70。

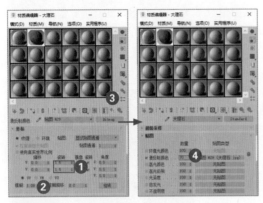

Step 08 在【贴图】卷展栏中单击【反射】贴图通道右侧的【无贴图】按钮，在打开的对话框中选择【平面镜】选项，然后单击【确定】按钮。

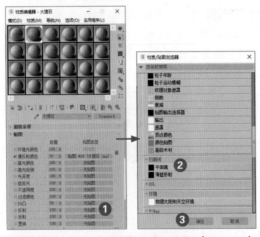

Step 09 返回【材质编辑器】窗口，在【平面镜参数】卷展栏中选中【应用于带ID的面】复选框，然后单击【转到父对象】按钮 ☞ 。

Step 10 最后，将创建的"大理石"材质赋予场景中的地板对象。

3. 为沙发坐垫添加棉布材质

【例 11-9】在 3ds Max 中制作棉布材质。
▶视频+素材

源文件：素材文件 \ 第 11 章 \ 例 11-9

Step 01 继续例11-8的操作，在【材质编辑器】窗口中选中一个空白材质球，将其命名为"棉布"，单击Standard按钮，在打开的对话框中选择【多维/子对象】选项，然后单击【确定】按钮。

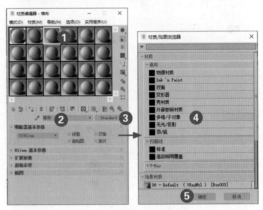

Step 02 打开【替换材质】对话框，选择【丢弃旧材质】单选按钮，单击【确定】按钮。

Step 03 展开【多维/子对象基本参数】卷展栏，设置【设置数量】为2，并分别在通道上加载【VRay材质包裹器】材质。

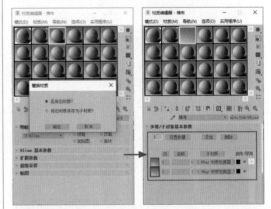

Step 04 单击进入ID号为1的通道上加载的【VRay材质包裹器】按钮，展开【VRay材质包裹器参数】卷展栏，在【基础材质】后面的通道上加载VRayMtl材质，然后在展开的【基本参数】卷展栏中设置【漫反射】的RGB值为237、226、216，设置【反射】的RGB值为27、27、27，然后单击【转到父对象】按钮 ☞ 。

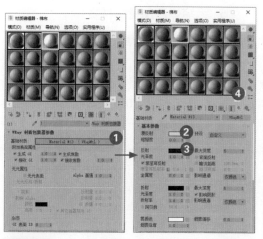

Step 05 返回【多维/子对象基本参数】卷展栏，单击进入ID号为2的通道上加载的【VRay材质包裹器】按钮，展开【VRay材质包裹器参数】卷展栏，在【基础材质】后面的通道上加载VRayMtl材质。

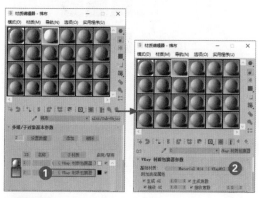

Step 06 展开【基本参数】卷展栏，单击【漫反射】图块右侧的■，在打开的对话框中选择【衰减】选项，单击【确定】按钮。

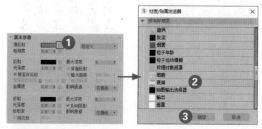

Step 07 展开【衰减参数】卷展栏，设置【衰减类型】为Fresnel，然后单击【转到父对象】按钮，返回【基本参数】卷展栏，设置【反射】的RGB值为10、10、10。

Step 08 最后，将设置完毕的材质赋予场景中的沙发坐垫对象。

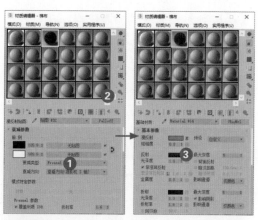

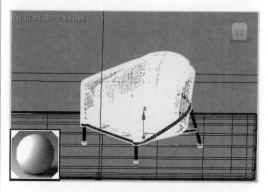

4. 为沙发腿添加金属材质

【例 11-10】在 3ds Max 中制作金属材质。

▶视频+素材

源文件：素材文件 \ 第 11 章 \ 例 11-10

Step 01 继续例11-9的操作，在【材质编辑器】窗口中选中一个空白材质球，将其命名为"金属"，然后单击Standard按钮，在打开的对话框中双击VRayMtl选项。

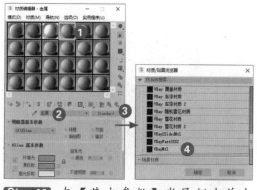

Step 02 在【基本参数】卷展栏中单击

【漫反射】色块右侧的■按钮，在打开的对话框中双击【位图】选项。

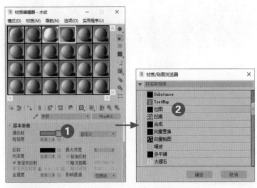

Step 03 打开【选择位图图像文件】对话框，选中素材中提供的"金属.jpg"贴图文件后，单击【打开】按钮。

Step 04 单击【转到父对象】按钮■，展开【贴图】卷展栏，将【漫反射】右侧的贴图拖动至【凹凸】贴图通道上，在打开的对话框中选中【复制】单选按钮，并单击【确定】按钮。

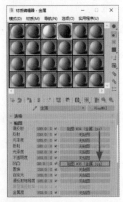

Step 05 最后，将创建的材质赋予沙发的腿部对象。

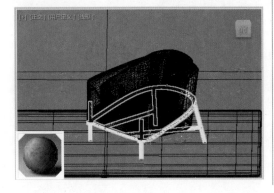

5. 为墙体添加壁纸材质

【例 11-11】在 3ds Max 中制作壁纸材质。
▶视频+素材

源文件：素材文件 \ 第 11 章 \ 例 11-11

Step 01 继续例11-10的操作，在【材质编辑器】窗口中选中一个空白材质球，将其命名为"壁纸"，然后单击Standard按钮，在打开的对话框中双击VRayMtl选项。

Step 02 在【基本参数】卷展栏中单击【漫反射】色块右侧的■按钮，在打开的对话框中双击【位图】选项。

Step 03 打开【选择位图图像文件】对话框，选中素材中提供的"壁纸.jpg"贴图文件后，单击【打开】按钮。

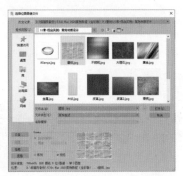

Step 04 在【坐标】卷展栏中设置【瓷砖】的U为1，V为2，然后单击【转到父对象】按钮■，在【基本参数】卷展栏中取消【菲涅耳反射】复选框的选中状态。

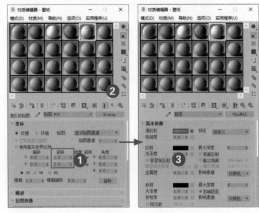

Step 05 展开【选项】卷展栏，设置【中止】为0.01，并取消【雾系统单位比例】复选框的选中状态。

Step 06 展开【贴图】卷展栏，将【漫反射】右侧的贴图拖动至【凹凸】贴图通道上，在打开的对话中设置【方式】为【复制】，并设置【凹凸】值为9。

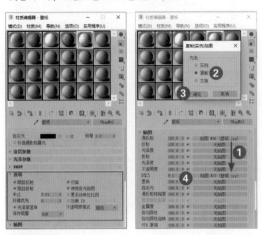

Step 07 在场景中选中"墙面"模型，然后为其添加"UVW贴图"修改器，并设置【贴图】方式为【长方体】，【对齐】为【Z】。

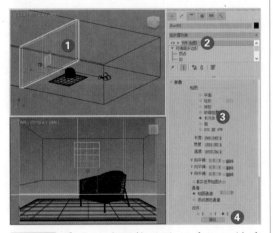

Step 08 最后，将调整后的"壁纸"材质赋予场景中的"墙体"模型。

6. 为镜子添加镜面材质

【例 11-12】为场景中的镜子制作镜面材质。

▶视频+素材

源文件：素材文件 \ 第 11 章 \ 例 11-12

Step 01 继续例11-11的操作，在【材质编辑器】窗口中选中一个空白材质球，将其命名为"镜面"，然后单击Standard按钮，

在打开的对话框中双击VRayMtl选项。

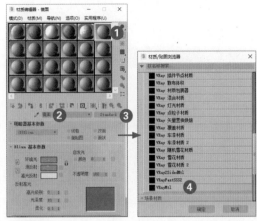

Step 02 在【基本参数】卷展栏中单击【漫反射】色块，在打开的对话框中将RGB值设置为0、0、0。

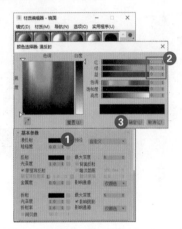

Step 03 在【基本参数】卷展栏中单击【反射】色块，在打开的对话框中将RGB值设置为255、255、255。

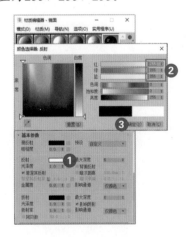

Step 04 在【基本参数】卷展栏中取消【菲涅耳反射】复选框的选中状态，将调整后的材质赋予场景中的镜子模型。

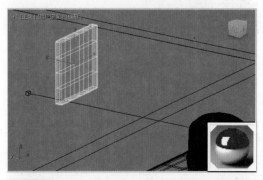

Step 05 在场景中调整镜子模型和摄影机的位置。

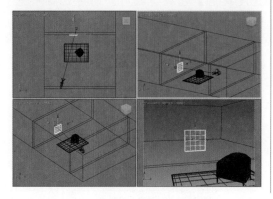

Step 06 选择透视图，按下C键切换至摄影机视图，然后按下F9键渲染场景，镜子模型的表面将可以反射对面的景物，效果如下图所示。

第 12 章

灯光

| 本章导读 |

　　3ds Max 为三维设计师提供的灯光工具可以轻松地为场景添加照明效果。灯光工具的命令虽然不多，但要随心所欲地使用灯光也并非易事。设置灯光前，设计师应充分考虑作品中未来的预期照明效果，并最好参考大量的真实照片。只有认真、有计划地布置照明才能最终渲染出令人满意的灯光效果。

12.1　认识灯光

灯光是在 3ds Max 中创建真实世界视觉感受的最有效手段之一。合适的灯光不仅可以增加场景气氛，还可以表现对象的立体感以及材质的质感。

灯光是三维场景中的点睛之笔，不仅可以照亮物体，还可以表现场景气氛和天气效果

如果场景中灯光过于明亮，渲染结果会处于过度曝光状态，反之则会有很多细节无法体现

■ 什么是灯光

光是人们能够看清世界的前提条件，如果没有光的存在，一切将不再美好。在产品设计中，常常运用灯光贯穿其中（如上图所示），通过光与影的交集，以创造出各种不同的气氛和多重意境。灯光可以说是一个较灵活及富有趣味的设计元素，它可以成为气氛的催化剂，也能加强现有画面的层次感。

■ 灯光的类型

灯光主要分为"直接灯光"和"间接灯光"两种：

▶ "直接灯光"泛指那些直接式的光线，如太阳光等，光线直接散落在指定的位置上，并产生投射（此类灯光直接而简单）。

▶ "间接灯光"在气氛营造上具备独特的功能，能营造出不同的意境。它的光线不会直射至地面，而是被置于灯罩、天花板背后，光线投射至墙上再反射至沙发和地面（此类灯光柔和而温柔）。

只有将上述两种灯光合理地结合才能创造出完美的空间意境。

■ 灯光的特点

所有的光，无论是自然光还是人造室内光，都有以下几个共同的特点。

▶ 强度：强度表示光的强弱。它随着光源能量和距离的变化而变化。

▶ 方向：光的方向决定物体的受光、背光以及阴影效果。

▶ 色彩：灯光由不同的颜色组成，多种灯光搭配在一起会呈现多种变化和氛围。

◼ 灯光的功能

在 3ds Max 中，灯光是画面的重要构成元素，其主要功能有以下几个。

▶ 为画面提供足够的照明。

▶ 通过光与影的关系来表达画面的空间感，刻画主体物体的形象 (将灯光锁定在某个物体上，起到凸显主体物体的作用)。

▶ 为场景添加环境气氛，表现画面所要表达的意境 (传达作品的情感)。

◼ 3ds Max 中的灯光

3ds Max 提供"光度学"灯光、"标准"灯光和 Arnold 灯光 3 种类型的灯光 (本章主要介绍前两种类型的灯光)。在命令面板中选择【灯光】选项卡后，单击【光度学】下拉按钮，在弹出的下拉列表中可以选择灯光的类型。

下面将通过一些案例，详细介绍 3ds Max 中各种灯光的使用方法。

12.2 光度学灯光

在 3ds Max 命令面板选择【灯光】选项卡后，软件默认显示"光度学"灯光选项。其【对象类型】卷展栏中包括【目标灯光】【自由灯光】和【太阳定位器】3 个按钮。

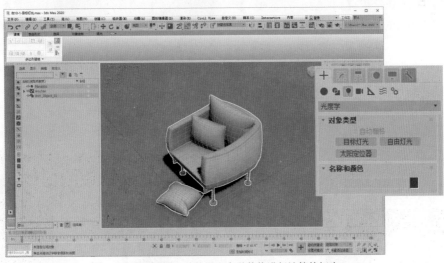

光度学灯光是一种使用光度学数值进行计算的灯光

12.2.1 目标灯光

"目标灯光"带有一个目标点，用于指明灯光的照射方向。通常，我们可以使用"目标灯光"来模拟灯泡、射灯、壁灯及台灯等灯具的照明效果。

【例12-1】使用目标灯光制作照明效果。
▶ 视频+素材

源文件：素材文件\第12章\例12-1

Step 01 打开素材文件后，按下L键进入左
视图，在【创建】面板中选择【灯光】选
项卡💡，单击【目标灯光】按钮，在左视
图中拖动鼠标创建1个目标灯光。

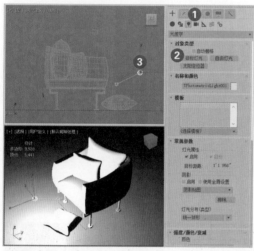

Step 02 按下W键，执行【选择并移动】
命令，在视图中调整目标灯光的位置。

Step 03 选择【修改】面板，在【常规
参数】卷展栏中设置【灯光分布(类型)】
为【光度学Web】。展开【分布(光度学
Web)】卷展栏，单击【选择光度学文件】
按钮。

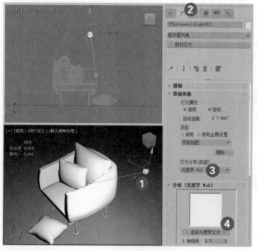

Step 04 打开【打开光域Web文件】对话

框，选择素材中提供的灯光文件后，单击
【打开】按钮。

Step 05 展开【强度/颜色/衰减】卷展栏，
调整灯光的【强度】为2000cd。

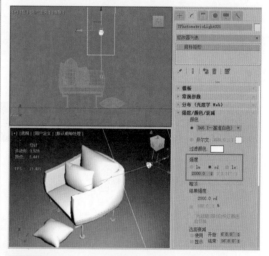

Step 06 按下Shift+Q快捷键渲染场景，效
果如下图所示。

创建目标灯光时，【修改】面板中各

卷展栏中主要选项的功能说明如下。

1. 【模板】卷展栏

3ds Max 提供了多种"模板"供用户选择使用。展开【模板】卷展栏后，单击【选择模板】下拉按钮，在弹出的下拉列表中将显示"模板"库。

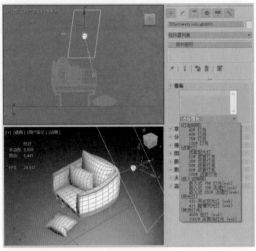

当用户在上图所示的"模板"库中选择不同的模板时，场景中的灯光图标以及【修改】面板中显示的卷展栏项目都会发生相应变化。

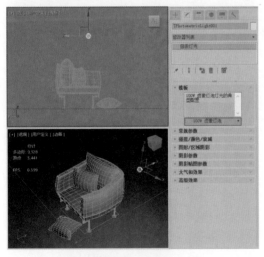

2. 【常用参数】卷展栏

展开【常用参数】卷展栏，其中主要选项的功能说明如下。

▶【灯光属性】选项组中的【启用】复选框：用于设置选择的灯光是否开启照明。

▶【目标】复选框：用于设置选中的灯光是否具有可控的目标点。

▶【目标距离】微调框：用于显示灯光与目标点之间的距离。

▶【阴影】选项组中的【启用】复选框：用于设置当前灯光是否投射阴影。

▶【使用全局设置】复选框：启用该复选框可以使用灯光投射阴影的全局设置。禁用该复选框可以启用阴影的单个控件。若未选择使用全局设置，则必须设置渲染器使用何种方法来生成特定灯光的阴影。

▶【阴影方法】下拉按钮：用于设置渲染器使用何种阴影方法。默认使用【阴影贴图】方法。

▶【排除】按钮：将选定对象排除于灯光效果之外（单击该按钮可以打开【排除/包含】对话框）。

▶【灯光分布（类型）】下拉按钮：单击该下拉按钮，在弹出的下拉列表中用户可以设置灯光的分布类型，包含【光度学Web】【聚光灯】【统一漫反射】和【统一球形】几个选项。

3. 【强度/颜色/衰减】卷展栏

展开【强度/颜色/衰减】卷展栏后，其中主要选项的功能说明如下。

▶【灯光】下拉按钮：单击该下拉按钮，在弹出的下拉列表中 3ds Max 提供了多种预设的灯光选项供用户选择。

▶【开尔文】单选按钮：通过调整色温微调框设置灯光的颜色，色温以开尔文度数显示，相应的颜色在温度微调器旁边的色样中可见。设置【开尔文】参数为1800时，灯光的颜色为橙色；设置【开尔文】参数为20000时，灯光的颜色为淡蓝色。

 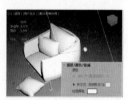

▶【过滤颜色】选项：单击该选项右侧的色块，可以在打开的【颜色过滤器：过滤颜色】对话框中模拟置于光源上的滤色片的效果。

▶【强度】选项组：包括【lm】单选按钮（测量灯光的总体输出功率）、【cd】单选按钮（测量灯光的最大发光强度）和【lx】单选按钮（测量以一定距离并面向光源方向投射到表面上的灯光所带来的照射强度）3个单选按钮。

▶【结果强度】复选框：用于显示暗淡所产生的强度，并使用与【强度】选项组相同的单位。

▶【暗淡百分比】微调框：指定用于降低灯光强度的"倍增"。

▶【光线暗淡时白炽灯颜色会切换】复选框：选中该复选框后，灯光可在暗淡时通过产生更多黄色来模拟白炽灯。

▶【使用】复选框：启用灯光的远距衰减。

▶【显示】复选框：在视图中显示远距衰减范围设置，对于聚光灯分布，衰减范围看起来类似圆锥体。

▶【开始】微调框：设置灯光开始淡出的距离。

▶【结束】微调框：设置灯光减为0的距离。

4. 【图形 / 区域阴影】卷展栏

展开【图形 / 区域阴影】卷展栏，其中主要选项的功能说明如下。

▶【从（图形）发射光线】下拉列表：用于选择阴影生成的图像类型（共有6个选项，如下左图所示）。

▶【灯光图形在渲染中可见】复选框：选中该复选框后，如果灯光对象位于视野内，则灯光图形在渲染中会显示为自供照明（发光）的图形。禁用该复选框后，将无法渲染灯光图形，只能渲染它投影的灯光。

5. 【阴影参数】卷展栏

展开【阴影参数】卷展栏，其中主要选项的功能说明如下。

▶【颜色】选项：设置灯光阴影的颜色。

▶【密度】微调框：设置灯光阴影的密度。

▶【贴图】复选框：设置通过贴图模拟阴影。

▶【灯光影响阴影颜色】复选框：设置将灯光颜色与阴影颜色混合。

▶【启用】复选框：选中该复选框后，大气效果将如灯光穿过它们一样投射阴影。

▶【不透明度】微调框：调整阴影的不透明度百分比。

▶【颜色量】微调框：调整大气颜色与阴影颜色混合的量。

6. 【阴影贴图参数】卷展栏

展开【阴影贴图参数】卷展栏，其中主要选项的功能说明如下。

▶【偏移】微调框：设置将阴影移向或移离投射阴影的对象的值。

▶【大小】微调框：设置用于计算灯光的阴影贴图的大小，其值越高，阴影越清晰。

▶【采样范围】微调框：通过增加"采样范围"来混合阴影边缘并创建平滑效果。

▶【绝对贴图偏移】复选框：选中该复选框后，阴影贴图的偏移是不标准的，而是在固定比例的基础上以 3ds Max 单位来表示。

▶【双面阴影】复选框：选中该复选框后，计算阴影时，物体的背面也产生投影。

7. 【大气和效果】卷展栏

▶【添加】按钮：单击该按钮可以打开【添加大气或效果】对话框，在该对话框中可以将大气或渲染效果添加到灯光上。

▶【删除】按钮：添加大气或效果之后，在大气和效果列表中选择大气或效果，然后单击该按钮可以执行删除操作。

▶【设置】按钮：在大气和效果列表中

选中大气或效果后，单击该按钮可以打开【环境和效果】面板。

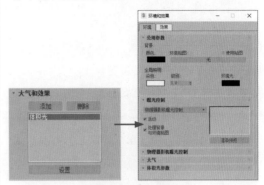

打开【环境和效果】面板

12.2.2 自由灯光

"自由灯光"无目标点，在 3ds Max【创建】面板的【灯光】选项卡中单击【自由灯光】按钮，即可在场景中创建一个自由灯光。

【例 12-2】使用自由灯光制作落地灯照明效果。▶视频+素材
源文件：素材文件 \ 第 12 章 \ 例 12-2

Step 01 打开素材文件后，在【创建】面板中选择【灯光】选项卡，单击【自由灯光】按钮，在视图中单击鼠标创建1个自由灯光。

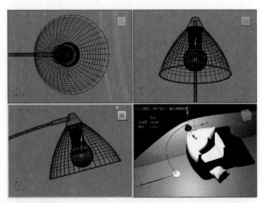

Step 02 按下W键，执行【选择并移动】命令，在视图中调整灯光的位置，然后选择【修改】面板，展开【常规参数】卷展栏，在【阴影】选项组内选中【启用】和【使用全局设置】复选框，设置阴影的计算方式为【区域阴影】。

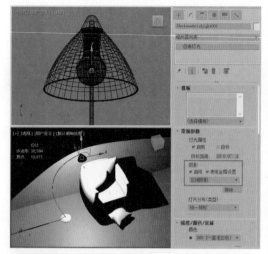

Step 03 展开【强度/颜色/衰减】卷展栏，
设置【颜色】为【卤素灯(暖色调)】，灯
光的【强度】为300cd。

Step 04 按下Shift+Q快捷键渲染场景，效
果如下图所示。

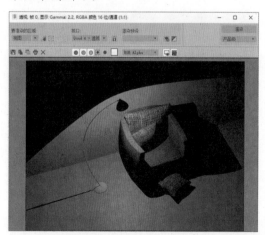

"自由灯光"的参数与前面介绍的"目
标灯光"的参数基本一致(这里不再重复
介绍)，其区别仅仅在于是否具有目标点。
"自由灯光"创建完成后，目标点可以在【修

改】面板通过其【常规参数】卷展栏内的【目
标】复选框来进行切换。

12.2.3 太阳定位器

在【创建】面板的【灯光】选项卡
中单击【太阳定位器】按钮，用户可以自
定义太阳光系统的设置。太阳定位器使用
的灯光遵循太阳在地球上某一给定位置的
符合地理学的角度和运动。

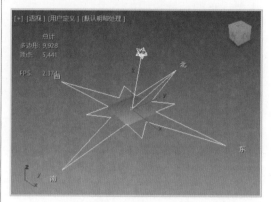

在【修改】面板中，用户可以为太阳
定位器选择位置、日期、时间和指南针方
向。太阳定位器适用于计划中的和现有结
构的阴影设置。

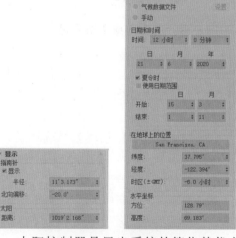

太阳控制器是日光系统的简化替代方
案。与传统的太阳光和日光系统相比，太
阳定位器更加高效、直观。

12.3 标准灯光

在【创建】面板的【灯光】选项卡中单击【光度学】下拉按钮，在弹出的下拉列表中选择【标准】选项，可以显示【标准灯光】面板，其中包括【目标聚光灯】【自由聚光灯】【目标平行光】【自由平行光】【泛光】和【天光】。

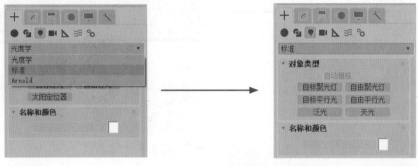

12.3.1 天光

天光主要用于模拟天空光，常用来作为环境中的补光。天光也可以作为场景中的唯一光源，这样可以模拟阴天环境，无直射的光照场景。

【例 12-3】在场景中创建天光。 ▶视频+素材

源文件：素材文件 \ 第 12 章 \ 例 12-3

Step 01 打开素材文件后，在【创建】面板中选择【灯光】选项卡，单击【光度学】下拉按钮，从弹出的下拉列表中选择【标准】选项。

Step 02 在【灯光】选项卡中单击【天光】按钮，在前视图中创建天光。

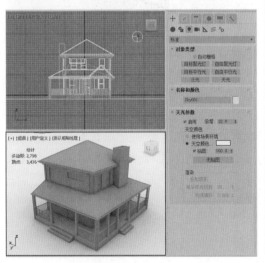

Step 03 按下W键，执行【选择并移动】命令，调整场景中灯光的位置，然后按下F9键渲染场景，效果如下图所示。

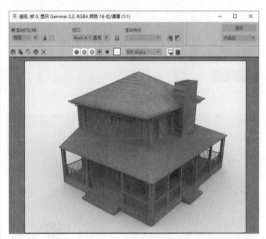

创建天光时，【修改】面板中只有一个【天光参数】卷展栏，其中主要选项的功能说明如下。

▶ 【启用】复选框：设置是否开启天光。

▶ 【倍增】微调框：设置天光的强度。

▶ 【使用场景环境】单选按钮：选中该单选按钮后，将使用【环境与特效】对话框中设置的【环境光】颜色作为天光颜色。

▶ 【天空颜色】选项：设置天光的颜色。

▶ 【贴图】复选框：指定贴图，影响天光的颜色。

▶ 【投射阴影】复选框：设置天光是否

投射阴影。

▶【每采样光线数】微调框：计算落在场景中每个点上的光子数目。

▶【光线偏移】微调框：设置光线产生的偏移距离。

12.3.2 目标聚光灯

"目标聚光灯"的光线照射方式和手电筒、舞台光束的照射方式类似，都是从一个点光源向一个方向发射光线。目标聚光灯有一个可控的目标点，无论用户怎样移动聚光灯的位置，光线始终照射目标所在的位置。

【例12-4】使用目标聚光灯制作台灯照明效果。▶ 视频+素材
源文件：素材文件\第12章\例12-4

Step 01 打开素材文件后，在【创建】面板中选择【灯光】选项卡 ，单击【光度学】下拉按钮，从弹出的下拉列表中选择【标准】选项。

Step 02 在【灯光】选项卡 中单击【目标聚光灯】按钮，在视图中创建目标聚光灯。

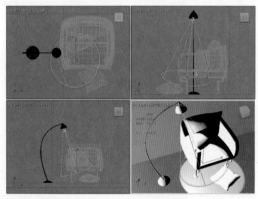

Step 03 按下W键，执行【选择并移动】命令，调整场景中灯光的位置，选择【修改】面板，展开【常规参数】卷展栏，在【阴影】选项组中选中【启用】复选框，然后单击该复选框下面的下拉按钮，在弹出的下拉列表中选择【光线跟踪阴影】选项。

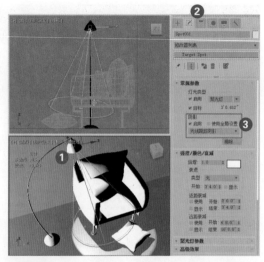

Step 04 展开【强度/颜色/衰减】卷展栏，在【倍增】微调框中输入5，然后单击该微调框右侧的色块，打开【颜色选择器：灯光颜色】对话框，将聚光灯的灯光颜色设置为暖色，然后单击【确定】按钮。

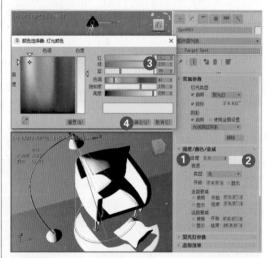

Step 05 在【强度/颜色/衰减】卷展栏的【远距衰减】选项组中选中【使用】复选框，然后设置其右侧的【开始】参数为0，【结束】参数为100。

Step 06 展开【聚光灯参数】卷展栏，在【聚光区/光束】微调框中输入49，在【衰减区/区域】微调框中输入51。

Step 07 按下F9键渲染场景，效果如下图所示。

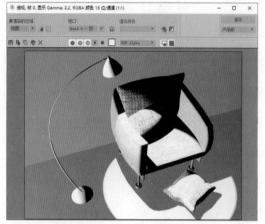

创建目标聚光灯时，【修改】面板中各卷展栏中主要选项的功能说明如下。

1. 【常用参数】卷展栏

■ 【灯光类型】选项组

▶【启用】复选框：设置选择的灯光是否开启照明。单击该复选框右侧的下拉按钮，在弹出的下拉列表中可以选择灯光的类型。

▶【目标】复选框：设置所选灯光是否具有可控的目标点，同时显示灯光与目标点之间的距离。

■ 【阴影】选项组

▶【启用】复选框：设置当前灯光是否投射阴影。

▶【使用全局设置】复选框：选中该复选框可以使用灯光投射阴影的全局设置。禁用该复选框可以启用阴影的单个控件。如果未选中该复选框，则需要设置渲染器使用何种方式来生成特定灯光的阴影。

▶【阴影方法】下拉列表：设置渲染器

使用何种方法生成灯光的阴影。

▶【排除】按钮：将选定对象排除于灯光效果之外（单击该按钮将打开【排除/包含】对话框）。

2. 【强度/颜色/衰减】卷展栏

展开【强度/颜色/衰减】卷展栏后，其中主要选项的功能说明如下。

▶【倍增】微调框：设置将灯光的功率放大正或负的量。例如，如果将倍增设置为2，灯光将亮2倍。负值可以减去灯光，这对于在场景中有选择地防止黑暗区域非常有效。

■ 【衰退】选项组

▶【类型】下拉按钮：单击该下拉按钮后，在弹出的下拉列表中用户可以设置【无】【倒数】和【平方反比】3种衰退类型（如下右图所示）。其中【无】指不应用衰退；【倒数】指应用反向衰退；【平方反比】指应用平方反比衰退。

▶【开始】微调框：如果不应用衰退，则在该微调框中可以设置灯光开始衰退的距离。

▶【显示】复选框：选中该复选框后，将在视图中显示衰退范围。

■ 【近距衰减】选项组

▶【开始】微调框：设置灯光开始淡入的距离。

▶【结束】微调框：设置灯光到达其全值的距离。

▶【使用】复选框：选中该复选框后，将启用灯光的近距衰减。

▶【显示】复选框：选中该复选框后，将在视图中显示近距衰减范围。

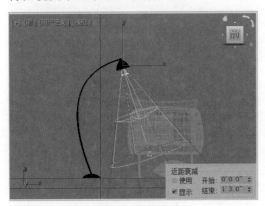

■【远距衰减】选项组

▶【开始】微调框：设置灯光开始淡出的距离。

▶【结束】微调框：设置灯光减为 0 的距离。

▶【使用】复选框：选中该复选框后，启用灯光的远距衰减。

▶【显示】复选框：选中该复选框后，将在视图中显示远距衰减范围的设置。

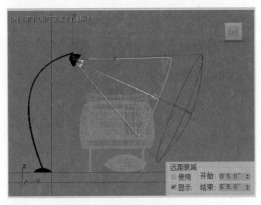

3.【聚光灯参数】卷展栏

展开【聚光灯参数】卷展栏后，其中主要选项的功能说明如下。

▶【显示光锥】复选框：启用或禁用圆锥体的显示。当选中该复选框时，即使不选择灯光，仍然可以在视图中看到其光锥效果。

▶【泛光化】复选框：选中该复选框后，灯光将在所有方向投影灯光。但是投影和阴影只发生在其衰减圆锥体内。

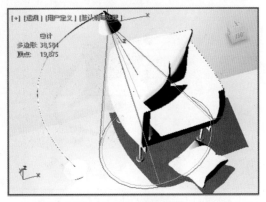

▶【聚光区/光束】微调框：调整灯光圆锥体的角度，聚光区值以度为单位进行测量。

▶【衰减区/区域】微调框：调整灯光衰减区的角度，衰减区值以度为单位进行测量。

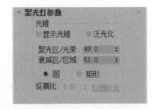

▶【圆】和【矩形】单选按钮：确定聚光区和衰减区的形状。如果想要一个标准圆形的灯光，应设置为"圆形"；如果想要一个矩形的光束（如灯光通过窗户或门投影），应设置为"矩形"。

▶【纵横比】微调框：设置矩形光束的纵横比，使用【位图拟合】按钮可以使纵横比匹配特定的位图。

▶【位图拟合】按钮：如果灯光的投影纵横比为矩形，可设置纵横比以匹配特定的位图（当灯光用作投影时，该选项非常有用）。

4. 【高级效果】卷展栏

展开【高级效果】卷展栏后，其中主要选项的功能说明如下。

▶【对比度】微调框：调整曲面的漫反射区域和环境光区域之间的对比度。

▶【柔化漫反射边】微调框：增加【柔化漫反射边】的值可以柔化曲面的漫反射部分与环境光部分之间的边缘。这样有助于消除在某些情况下曲面上显示的边缘。

▶【漫反射】复选框：选中该复选框，灯光将影响对象曲面的漫反射属性；禁用该复选框，灯光在漫反射曲面上没有效果。

▶【高光反射】复选框：选中该复选框，灯光将影响对象曲面的高光属性；禁用该复选框，灯光在高光属性上没有效果。

▶【仅环境光】复选框：选中该复选框，灯光仅影响照明的环境光组件。

▶【贴图】复选框：选中该复选框后，可通过单击其右侧的【拾取】按钮为投影设置贴图。

12.3.3 自由聚光灯

"自由聚光灯"和"目标聚光灯"类似，只是它无法对发射点和目标点分别进行调节，其特别适合模仿一些动画灯光。

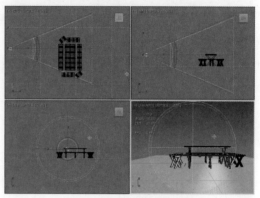

场景中的"自由聚光灯"

"自由聚光灯"的参数和"目标聚光灯"的参数也类似（这里不再重复介绍），只是"自由聚光灯"没有目标点，用户可以通过执行【选择并移动】命令和【选择并旋转】命令对"自由聚光灯"执行移动和旋转操作。

12.3.4 泛光

泛光是模拟单个光源向各个方向投影光线，其优点是方便创建而不必考虑照射范围。泛光灯用于将"辅助照明"添加到场景中或模拟点光源，如灯泡、烛光等。

【例12-5】在场景中创建泛光。▶视频+素材
源文件：素材文件\第12章\例12-5

Step 01 打开模型文件，在【创建】面板中选择【灯光】选项卡，单击【光度学】下拉按钮，从弹出的下拉列表中选择【标准】选项。

Step 02 在【灯光】选项卡中单击【泛光】按钮，在右视图中创建泛光。

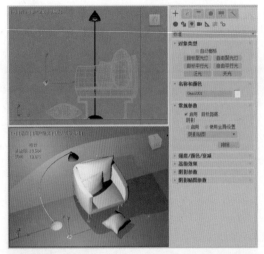

Step 03 调整场景中灯光的位置，然后按下F9键渲染场景，效果如下图所示。

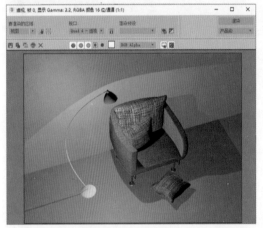

泛光的参数及使用方法与目标聚光灯基本一致（这里不再重复介绍）。泛光灯没有目标点，在其【修改】面板中，【目标】选项为不可用状态。通过在【修改】面板的【常规参数】卷展栏中，将灯光类型更改为聚光灯或平行光之后，才可以选择【目标】选项。

12.3.5　目标平行光

"目标平行光"的参数与使用方法和"目标聚光灯"基本一致，其区别就在于照射的区域上。"目标聚光灯"的灯光是从一个点照射到一个区域范围上，而"目标平行光"的灯光是从一个区域平行照射到另一个区域。

【例12-6】使用目标平行光制作阳光照明效果。▶视频+素材

源文件：素材文件\第12章\例12-6

Step 01 打开素材文件后，按下F键，切换至前视图，然后在【创建】面板的【灯光】选项卡中单击【目标平行光】按钮，在前视图中创建目标平行光。

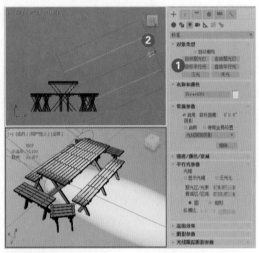

Step 02 按下T键，将视图切换至顶视图，然后按下W键，执行【选择并移动】命令，调整平行光的位置。

Step 03 选择【修改】面板，展开【平行光参数】卷展栏，选中【矩形】单选按钮。

Step 04 展开【常规参数】卷展栏，选中【阴影】选项组中的【启用】复选框。

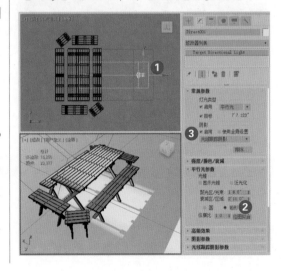

Step 05 展开【强度/颜色/衰减】卷展栏，设置灯光的【倍增】为3，单击其右侧的色块按钮████，打开【颜色选择器：灯光颜色】对话框，设置灯光颜色为橙色(RGB值为248、186、136)，然后单击【确定】按钮。

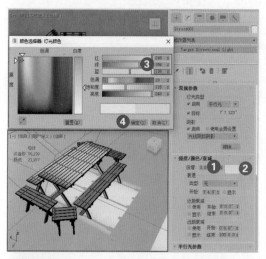

Step 06 展开【阴影参数】卷展栏，在【密度】微调框中输入3，然后按下Shift+Q快捷键，渲染透视图，效果如右上图所示。

12.3.6 自由平行光

"自由平行光"没有目标点，其参数与"目标平行光"的参数基本一致。当用户在【常规参数】卷展栏中选中【目标】复选框后，"自由平行光"会自动切换为"目标平行光"，因此这两种灯光之间是相关联的。

12.4 案例演练

　　3ds Max的灯光设置是三维制作中重要的步骤，不仅可以照亮场景中的物体，还可以在表现场景气氛、天气效果等方面起到至关重要的作用。本章的案例演练部分，将通过实例操作，帮助用户巩固所学的知识。

【例 12-7】使用"目标聚光灯"和"泛光"创建灯光效果。▶视频+素材
源文件：素材文件\第12章\例12-7

Step 01 打开素材文件后，单击【创建】面板【灯光】选项卡███中的【目标聚光灯】按钮，在顶视图中创建一个目标聚光灯。

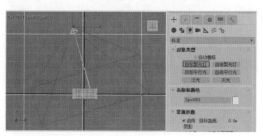

Step 02 选择【修改】面板，在【常规参数】卷展栏中选中【启用】复选框，将阴影模式设置为【光线跟踪阴影】。

Step 03 展开【聚光灯参数】卷展栏，将【聚光区/光束】和【衰减区/区域】分别设置为0.5和80。

Step 04 展开【阴影参数】卷展栏，将

【对象阴影】选项组中的【密度】值设置
为0.8。

Step 05 按下W键，执行【选择并移动】
命令，调整场景中灯光的位置。

Step 06 选择【创建】面板，单击【灯
光】选项卡 中的【泛光】按钮，在顶视
图中创建一个泛光灯。

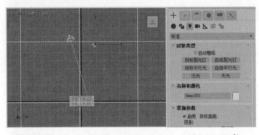

Step 07 选择【修改】面板，展开【常规
参数】卷展栏，取消【阴影】选项组中的
【启用】复选框的选中状态。

Step 08 展开【强度/颜色/衰减】卷展栏，
将【倍增】设置为0.5。

Step 09 按下W键，执行【选择并移动】
命令，调整场景中灯光的位置。

Step 10 选择【创建】面板，再次单击
【泛光】按钮，在前视图中创建一个泛光
灯，在【常规参数】卷展栏中取消【阴
影】选项组中【启用】复选框的选中状
态，在【强度/颜色/衰减】卷展栏中将
【倍增】设置为0.3。

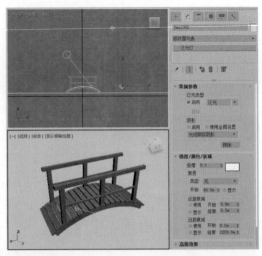

Step 11 按下W键，执行【选择并移动】
命令，调整场景中灯光的位置。

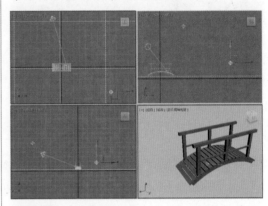

Step 12 选择透视图，按下F9键渲染场
景，效果如下图所示。

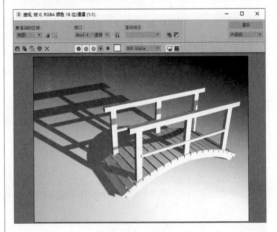

第13章

摄影机

| 本章导读 |

　　一幅被渲染的图像其实就是一幅画面，在模型定位后，光源和材质决定了画面的色调，摄影机则决定了画面的构图。3ds Max 中的目标摄影机用于观察所指方向内的场景内容，多应用于轨迹动画制作，如建筑物中的巡游，车辆移动中的跟踪拍摄效果等；自由摄影机的方向能够随着路径的变化而自由变化，可以无约束地移动和定向。

| 视频教学 |

例 13-1 创建目标摄影机　　　　　例 13-3 渲染运动模糊效果

例 13-2 渲染"景深"效果　　　　　例 13-4 渲染场景中的特殊视角

13.1　3ds Max 中的摄影机

3ds Max 中的摄影机具有超过现实摄影机的能力，其更换镜头动作可以瞬间完成，无级变焦更是现实摄影机无法比拟的。对于景深设置，可以直观地用范围线表示，不通过光圈计算；对于摄影机的动画，除了位置变动外，还可以表现焦距、视角、景深等动画效果。"自由"摄影机可以很好地绑定到运动目标上，随目标在运动轨迹上一起运动，同时进行跟随和倾斜；也可以把目标摄影机的目标点连接到运动的对象上，表现目光跟随的动画效果。此外，对于室外建筑装潢的环境动画，摄影机是必不可少的。用户可以直接为 3ds Max 摄影机绘制运动路径，表现沿路径摄影的效果。

13.1.1　目标摄影机

在 3ds Max 的【创建】面板中选择【摄影机】选项卡，设置【摄影机类型】为【标准】，单击【目标】按钮，然后在场景中按住鼠标左键拖动可以创建一台目标摄影机。

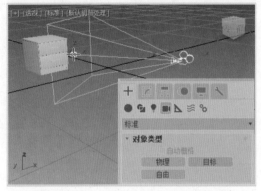

从上图中可以观察到目标摄影机包含【目标点】和【摄影机】两部分。目标摄影机可以通过调节【目标点】和【摄影机】来控制角度。

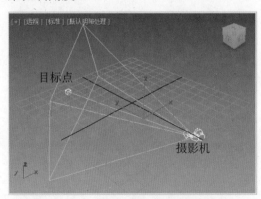

【例 13-1】在场景中创建"目标摄影机"。
▶视频+素材

源文件：素材文件 \ 第 13 章 \ 例 13-1

Step 01 在【创建】面板中选择【摄影机】选项卡，单击【目标】按钮，在顶视图中按住鼠标拖动创建一台摄影机，在【参数】卷展栏中可以设置【镜头】和【视野】参数。

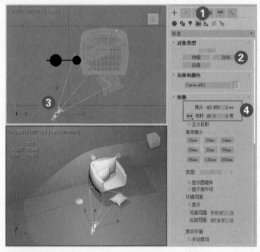

Step 02 选择上一步创建的摄影机，选择【修改】面板，展开【景深参数】卷展栏，在【采样】选项组中设置【采样半径】为25.4。

Step 03 展开【参数】卷展栏，设置【目标距离】为136.464。

Step 04 选择透视图并按下C键，将其转换为【摄影机】视图，按下W键，执行【选择并移动】命令，然后在视图中调整摄影机的位置。

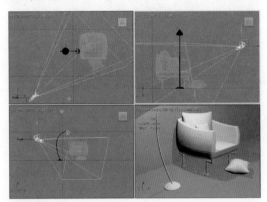

Step 05 按下F9键渲染场景，效果如下图所示。

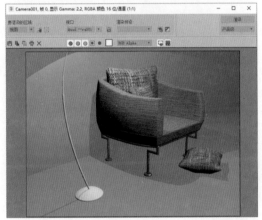

创建"目标摄影机"时，【创建】面板和【修改】面板各卷展栏中主要选项的功能说明如下。

1. 【参数】卷展栏

▶【镜头】微调框：以毫米为单位设置摄影机的焦距。

▶【视野】微调框：设置摄影机查看区域的宽度。

▶【正交投影】复选框：选中该复选框后，以类似于任何正交视口（如顶、左或者前视口）的方式显示摄影机视图。

▶【备用镜头】选项组：用于选择 3ds Max 提供的 9 个备用镜头。

▶【类型】下拉按钮：使用户在【目标摄影机】和【自由摄影机】之间来回切换。

▶【显示圆锥体】复选框：可以显示摄影机的圆锥体。

▶【显示地平线】复选框：设置是否在摄影机视图中显示深灰色的地平线。

▶【显示】复选框：选中该复选框后，显示在摄影机圆锥体内的矩形，以显示【近距范围】和【远距范围】的设置。

▶【近距范围】和【远距范围】微调框：为在【环境】面板中设置的大气效果设置近距范围和远距范围。

▶【手动剪切】复选框：选中该复选框后可以手动方式设置摄影机剪切平面的范围。

▶【近距剪切】和【远距剪切】微调框：用于设置手动剪切平面的最近范围和最远距离。

▶【启用】复选框：选中该复选框后，将使用效果预览或渲染。

▶【预览】按钮：单击该按钮可以在活动摄影机视图中预览效果。如果活动视图不是摄影机视图，则该按钮无效。

▶【效果】下拉按钮：单击该下拉按钮，在弹出的下拉列表中可以选择特效类型（景深或运动模糊）。

▶【渲染每过程效果】复选框：选中该复选框后，将渲染效果应用于多过程效果的每个过程。

▶【目标距离】微调框：设置摄影机与其目标对象之间的距离。

2. 【景深参数】卷展栏

"景深"效果是摄影师常用的一种拍摄手法，当相机的镜头对着某一物体聚焦清晰时，在镜头中心所对的位置垂直镜头轴线的同一平面的点都可以在胶片或者接收器上形成清晰的图像，在这个平面沿着镜头轴线的前面和后面一定范围的点也可以形成较清晰的像点，把这个平面的前面和后面的所有景物的距离称为相机的景深。在渲染过程中通过"景深"特效常常可以虚化背景，从而达到表现画面主体的作用，下图所示为焦点在不同位置的"景深"效果对比。

【例 13-2】使用"目标摄影机"渲染"景深"效果。 ▶视频+素材

源文件：素材文件 \ 第 13 章 \ 例 13-2

Step 01 打开素材文件后，场景中已经设置好了摄影机、灯光及全局渲染参数，按下F9键渲染摄影机视图，效果如下图所示。当前的渲染结果在默认状态下无景深效果。

Step 02 选中场景中的摄影机，在【修改】面板的【参数】卷展栏中选中【多过程效果】选项组中的【启用】按钮，然后单击该按钮下的下拉按钮，从弹出的下拉列表中选择【景深】选项。

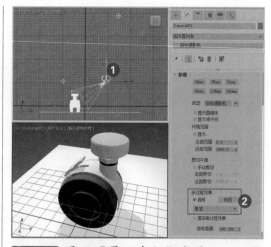

Step 03 展开【景深参数】卷展栏，调整各项景深参数。

Step 04 按下F9键再次渲染场景，即可得到一幅具有景深效果的三维作品。

【景深参数】卷展栏中主要选项的功

能说明如下。

▶【使用目标距离】复选框：选择是否用摄影机的目标点作为焦点，选中该复选框后，将激活并使用摄影机的目标点。

▶【焦点深度】微调框：当【使用目标距离】复选框处于未启用状态时，用于设置摄影机的焦点深度位置。

▶【显示过程】复选框：选中该复选框后，渲染帧窗口将显示多个渲染通道。

▶【使用初始位置】复选框：选中该复选框后，第一个渲染过程位于摄影机的初始位置。

▶【过程总数】微调框：用于设置景深效果的渲染次数，决定景深的层次，数值越大，景深效果越精确，但渲染时间也会越长。

▶【采样半径】微调框：通过移动场景生成模糊的半径。增加该值将增强整体模糊效果；减少该值将减少模糊。

▶【采样偏移】微调框：设置模糊靠近或远离"采样半径"的权重。增加该值将增加景深模糊数量级，提供更均匀的效果。减少该值将减小数量级，提供更随机的效果。

▶【规格化权重】复选框：使用随机权重混合过程，可以避免出现例如条纹的人工效果。选中该复选框后，将权重规格化，会获得较平滑的渲染结果；未选中该复选框时，渲染效果会变得模糊一些，但通常颗粒状效果更明显。

▶【抖动强度】微调框：设置应用于渲染通道的抖动程度。

▶【平铺大小】微调框：设置抖动时图案的大小。该微调框中的值是一个百分比值，0是最小的平铺，100是最大的平铺。

▶【禁用过滤】复选框：选中该复选框后，禁用过滤效果。

▶【禁用抗锯齿】复选框：选中该复选框后，禁用抗锯齿效果。

3. 【运动模糊参数】卷展栏

运动模糊特效一般用于表现画面中强烈的运动感，在动画的制作上应用较多。下图所示为带有运动模糊的图片。

▶【显示过程】复选框：选中该复选框，渲染帧窗口将显示多个渲染通道。

▶【过程总数】微调框：用于设置运动模糊效果的渲染次数，数值越大，运动模糊效果越精确，但渲染时间也会越长。

▶【持续时间（帧）】微调框：定义动画中应用运动模糊效果的帧数。

▶【偏移】微调框：更改模糊效果，以便在当前帧前后导出更多内容。

▶【规格化权重】复选框：使用随机权重混合过程，可以避免出现例如条纹的人工效果。当选中【规格化权重】复选框后，将权重规格化，会获得较平滑的结果。当未选中【规格化权重】复选框时，渲染效果会变得更清晰，但通常颗粒状效果会更明显。

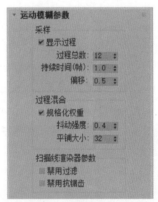

▶【抖动强度】微调框：设置应用于渲染通道的抖动程度。增加该值会增加抖动量，并且生成颗粒状效果。

▶【平铺大小】微调框：设置抖动时图

案的大小。该值是一个百分比值，0 是最小的平铺，100 是最大的平铺。

▶【禁用过滤】复选框：选中该复选框后，禁用过滤效果。

▶【禁用抗锯齿】复选框：选中该复选框后，禁用抗锯齿效果。

13.1.2　物理摄影机

物理摄影机是 3ds Max 提供的基于真实世界摄影机功能的摄影机。如果用户对真实世界摄影机的使用非常熟悉，在 3ds Max 中使用"物理"摄影机可以方便地创建所需要的效果。

【例 13-3】使用"物理摄影机"渲染运动模糊效果。 ▶视频+素材
源文件：素材文件 \ 第 13 章 \ 例 13-3

Step 01 打开素材文件后，场景中包含一个简单动画的直升机模型，并且设置使用 VRay 渲染器。在场景中拖动【时间滑块】按钮，观察场景，可以看到直升机的螺旋桨已经设置了旋转动画。

Step 02 在透视图中按下 Ctrl+C 快捷键，在场景中快速创建一个物理摄影机。同时透视图自动转换为摄影机视图。

Step 03 按下 Shift+Q 快捷键渲染场景，结果如下图所示，当前渲染结果无运动模糊效果。

Step 04 选中场景中的物理摄影机，在【修改】面板中展开【物理摄影机】卷展栏，在【快门】选项组中选中【启用运动模糊】复选框。

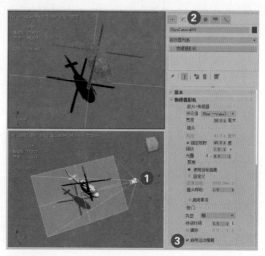

Step 05 按下 Shift+Q 快捷键渲染场景，从渲染图像上可以看到一点运动模糊的效果，如下左图所示。

Step 06 在【修改】面板中调整【物理摄影机】卷展栏中的【持续时间】参数为 1f 后，再次渲染场景，可以看到运动模糊的效果将明显加强，如下右图所示。

在创建物理摄影机时，其包含的几个卷展栏中主要选项的功能说明如下。

1.　【基本】卷展栏

▶【目标】复选框：选中该复选框后，摄影机启动目标点功能，并与目标摄影机的行为相似。

▶【目标距离】微调框：设置目标与焦平面之间的距离。

▶【显示圆锥体】下拉按钮：单击该下拉按钮，在弹出的下拉列表中可以选择【选定时】【始终】和【从不】3 个选项。

▶【显示地平线】复选框：选中该复选

框后，地平线在摄影机视图中显示为水平线。

2. 【物理摄影机】卷展栏

▶【预设值】下拉按钮：单击该下拉按钮，在弹出的下拉列表中 3ds Max 提供了多种预设值供用户选择。

▶【宽度】微调框：用于手动调整帧的宽度。

▶【焦距】微调框：设置镜头的焦距。

▶【指定视野】复选框：选中该复选框后，可以设置新的视野 (FOV) 值 (以度为单位)。

▶【缩放】微调框：在不更改摄影机位置的情况下缩放镜头。

▶【光圈】微调框：将光圈设置为光圈数。该值将影响曝光和景深。光圈数越低，光圈越大且景深越窄。

▶【启用景深】复选框：选中该复选框后，摄影机在不等于焦距的距离上生成模糊效果。景深效果的强度基于光圈设置。

▶【类型】下拉按钮：单击该下拉按钮，从弹出的下拉列表中可以选择测量快门速度所使用的单位。

▶【持续时间】微调框：根据所选的单位类型设置快门速度。该值可能影响曝光、景深和运动模糊。

▶【启用运动模糊】复选框：选中该复选框后，摄影机可以生成运动模糊效果。

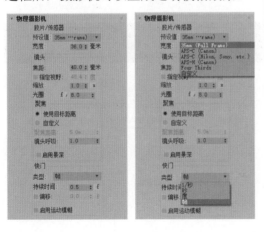

3. 【曝光】卷展栏

▶【手动】单选按钮：通过 ISO 值 (感光度) 设置曝光增益。当该复选框处于选中状态时，通过该值、快门速度和光圈的设置计算曝光。其数值越高，曝光时间越长。

▶【目标】单选按钮：设置与 3 个摄影曝光值的组合相对应的单个曝光值。

▶【光源】单选按钮：选中该单选按钮后，单击其下方的下拉按钮，从弹出的下拉列表中可以按照标准光源设置色彩平衡。

▶【温度】单选按钮：以色温的形式设置色彩平衡。

▶【自定义】单选按钮：用于设置任意色彩平衡。单击该单选按钮下方的色块，可以打开【颜色选择器】对话框设置需要使用的颜色。

▶【数量】微调框：增加该微调框中的值可以增加渐晕效果。

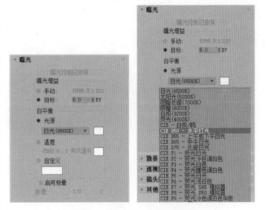

4. 【散景（景深）】卷展栏

▶【圆形】单选按钮：散景效果基于圆形光圈。

▶【叶片式】单选按钮：散景效果使用带有边的光圈。

▶【叶片】微调框：设置每个模糊圈的边数。

▶【旋转】微调框：设置每个模糊圈旋转的角度。

▶【自定义纹理】单选按钮：使用贴图替换每种模糊圈。

▶【中心偏移（光环效果）】滑块：使光圈透明度向中心（负值）或边（正值）偏移。正值会增加焦外区域的模糊量，而负值会减小模糊量。

▶【光学渐晕（CAT 眼睛）】滑块：通过模拟"猫眼"效果使帧呈现渐晕效果。

▶【各向异性（失真镜头）】滑块：通过"垂直"或"水平"拉伸光圈模拟失真镜头。

5. 【透视控制】卷展栏

■ 【镜头移动】选项组

▶【水平】微调框：沿水平方向移动摄影机视图。

▶【垂直】微调框：沿垂直方向移动摄影机视图。

■ 【倾斜校正】选项组

▶【水平】微调框：沿水平方向倾斜摄影机视图。

▶【垂直】微调框：沿垂直方向倾斜摄影机视图。

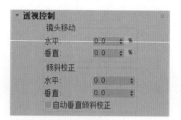

13.1.3 自由摄影机

自由摄影机在摄影机指向的方向查看区域，由单个图标标识。当摄影机位置沿着轨迹设置动画时可以使用自由摄影机，实现穿过建筑物或将摄影机连接到行驶中的汽车上时一样的效果。

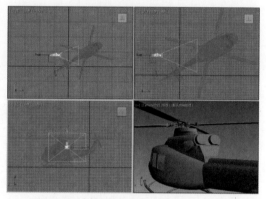

因为自由摄影机没有目标点，所以只能通过执行【选择并移动】命令或【选择并旋转】命令，对摄影机本身进行调整，不如目标摄影机控制方便。

自由摄影机的参数与目标摄影机基本一致，这里不再重复介绍。

13.2 摄影机安全框

3ds Max 提供的【安全框】命令可以帮助用户在渲染时查看输出图像的纵横比及渲染场景的边界设置。利用该命令用户可以方便地在视图中调整摄影机的机位以控制场景中的模型是否超出了渲染范围。

1. 打开安全框

3ds Max 提供了两种方法打开安全框：

▶在摄影机视图中单击或右击视图上方的摄影机名称，从弹出的菜单中选择【显示安全框】命令。

▶按下 Shift+F 快捷键。

2. 配置安全框

在默认状态下，3ds Max 的"安全框"显示为一个矩形区域，主要在渲染静态帧图像时应用，其默认显示"活动区域"和"区域（当渲染区域时）"。

▶活动区域：活动区域将被渲染，而不考虑视图纵横比或尺寸。

▶区域（当渲染区域时）：渲染区域及"编辑区域"处于禁用状态时，则该区域轮廓将始终在视图中可见。

通过对"安全框"进行设置，还可以在视图中显示"动作安全区""标题安全区""用户安全区"和"12 区栅格"，在渲染动画视频时使用。

在 3ds Max 中，用户可以在菜单栏中

选择【视图】|【视口配置】命令，在打开的【视口配置】对话框中选择【安全框】选项卡，设置"安全框"的打开方式。

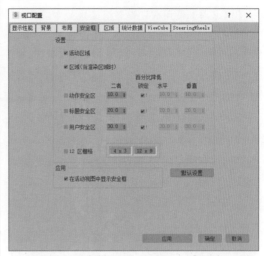

▶动作安全区：在该区域中将保证渲染动作是安全的，如下左图所示。

▶标题安全区：在该区域中将保证标题或其他信息是安全的，如下右图所示。

▶用户安全区：显示可用于任何自定义要求的附加安全框，如下左图所示。

▶12 区栅格：在视图中显示单元（或区）的栅格。这里的"区"是指栅格中的单元，而不是扫描线区，如下右图所示。

13.3 案例演练

摄影机在场景中具有非常重要的作用，它不仅可以固定用户的观察视角，也是制作镜头动画时的一个重要操作步骤。本章主要介绍了 3ds Max 中目标摄影机、物理摄影机

和自由摄影机的使用方法，下面的案例演练部分将通过实例操作，帮助用户巩固所学的知识。

【例13-4】使用剪切设置渲染场景中的特殊视角。▶视频+素材

源文件：素材文件 \ 第13章 \ 例13-4

Step 01 打开素材文件后，在【创建】面板中选择【摄影机】选项卡 ，然后单击【目标】按钮，在视图中拖动鼠标创建一个下图所示的目标摄影机。

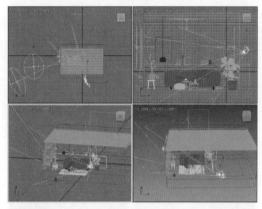

Step 02 选中场景中的摄影机，选择【修改】面板，在【参数】卷展栏中选中【剪切平面】选项组中的【手动剪切】复选框，并设置【近距剪切】为4500，【远距剪切】为5500(如下左图所示)。

Step 03 选择透视图，按下C键切换至摄影机视图，效果如下右图所示。

Step 04 选中场景中的摄影机，选择【修改】面板，在【参数】卷展栏中选中【剪切平面】选项组中的【手动剪切】复选框，并设置【近距剪切】为2500，【远距剪切】为8500(如下左图所示)。此时摄影机视图效果如下右图所示。

Step 05 按下Shift+Q快捷键渲染场景，渲染结果如下图所示。

第14章
设置环境与特效

| 本章导读 |

在现实世界中，所有物体都不是孤立存在的，环境对场景的氛围起到了至关重要的作用，环境可以将物体与物体之间很好地连接起来，人们身边最常见的环境有很多种。在 3ds Max 中，可以为场景添加雾、火和体积光等环境特效。

| 视频教学 |

14.1 环境设置

环境对场景的氛围起着至关重要的作用。在优秀的 3ds Max 作品中，不仅要有精细的模型、真实的材质和合理的渲染设置，还需要有符合物体当前场景的背景和大气环境效果。3ds Max 中的环境设置可以任意改变背景的颜色和图案，还能够为场景添加云、雾、火、体积光等环境效果，将各种效果配合使用，可以创建内容丰富的视觉效果。

在 3ds Max 的菜单栏中选择【渲染】|【效果】命令 (或按下数字键 8)，可以打开【环境和效果】对话框。

14.1.1 公用参数

在【环境和效果】对话框中选择【环境】选项卡，其中包括【公用参数】【曝光控制】和【大气】3 个卷展栏，在【公用参数】卷展栏中，用户可以为场景中的物体设置【背景】和【全局照明】。

1. 背景

在【环境】选项卡的【背景】选项组中，各选项的功能说明如下。

▶【颜色】按钮：设置环境的背景颜色。

▶【环境贴图】按钮：在其贴图通道中加载一幅【环境】贴图来作为背景。

▶【使用贴图】复选框：使用一幅贴图作为背景。

【例 14-1】添加背景贴图。▶视频+素材

源文件：素材文件 \ 第 14 章 \ 例 14-1

Step 01 打开素材文件后渲染场景，结果如下图所示。

Step 02 按下数字键 8 打开【环境和效果】对话框，在【环境】选项卡的【公用参

数】卷展栏中单击【环境贴图】选项下的【无】按钮，打开【材质/贴图浏览器】对话框，选择【位图】选项后单击【确定】按钮。

Step 03 打开【选择位图图像文件】对话框，选择一个背景贴图文件后单击【打开】按钮。

Step 04 按下Shift+Q快捷键再次渲染场景，结果如下图所示。

2. 全局照明

在默认状态下，场景内设置了灯光照明效果，以便于对场景内的物体进行查看和渲染，在建立灯光对象后，场景内的默认灯光将会自动关闭。通过【公用参数】卷展栏中的【全局照明】选项组可以对场景的默认灯光进行设置，如更改灯光的颜色和亮度等。

▶【染色】按钮：如果该按钮上的颜色不是白色，那么场景中的所有灯光(环境光除外)都将被染色。

▶【级别】微调框：增加或减弱场景中所有灯光的亮度。值为1时，所有灯光保持原始设置；增加该值，可以加强场景的整体照明效果；减小该值，可以减弱场景的整体照明效果。

▶【环境光】按钮：设置环境光的颜色。

【例 14-2】测试全局照明效果。▶视频+素材
源文件：素材文件 \ 第 14 章 \ 例 14-2

Step 01 继续例14-1的操作，在【环境和效果】对话框的【全局照明】选项组中单击【染色】按钮，打开【颜色选择器：全局光色彩】对话框，将【染色】设置为"黄色"，然后单击【确定】按钮。

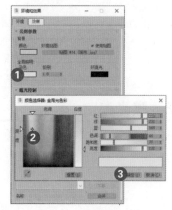

Step 02 按下Shift+Q快捷键渲染场景，结果如下图所示。

Step 03 在【环境和效果】对话框的【全局照明】选项组中将【级别】微调框中的参数设置为4，然后渲染场景，效果如下左图所示。

Step 04 在【环境和效果】对话框的【全局照明】选项组中将【染色】设置为"橙色"，【级别】设置为3，然后渲染场景，效果如下右图所示。

知识点滴

从例12-2的渲染结果中可以观察到，当改变【染色】按钮的颜色时，场景中的物体会受到颜色的影响而发生变化；当增大【级别】微调框中的参数时，物体会变得明亮；当减小【级别】微调框中的参数时，物体会变暗。

14.1.2 曝光控制

在【环境和效果】对话框的【环境】选项卡中展开【曝光控制】卷展栏，可以观察到3ds Max的曝光控制类型共有6种。

下面介绍其中比较重要的几种。

1. 自动曝光控制

在上图所示的【曝光控制】卷展栏的下拉列表中选择【自动曝光控制】选项后，将显示【自动曝光控制参数】卷展栏。

■ 【曝光控制】卷展栏

▶【活动】复选框：控制是否在渲染中开启曝光控制。

▶【处理背景与环境贴图】复选框：选中该复选框后，背景贴图和环境贴图将受曝光控制的影响。

▶【渲染预览】按钮：单击该按钮可以预览渲染场景的缩略图。

■ 【自动曝光控制参数】卷展栏

▶【亮度】微调框：调整转换颜色的亮度，范围为0~200。

▶【对比度】微调框：调整转换颜色的对比度，范围为0~100。

▶【曝光值】微调框：调整渲染的总体亮度，范围为-5~5。负值可以使图像变暗；正值可以使图像变亮。

▶【物理比例】微调框：设置曝光控制的物理比例，主要用在非物理灯光中。

▶【颜色修正】复选框：选中该复选框后，可以调整色样中显示的颜色（默认为白色）。

▶【降低暗区饱和度级别】复选框：选中该复选框后，渲染出的颜色将变暗。

【例14-3】测试自动曝光控制效果。 ▶视频+素材

源文件：素材文件 \ 第14章 \ 例14-3

Step 01 打开【环境和效果】对话框，设置【曝光控制】类型为【自动曝光控制】，然后在【自动曝光控制参数】微调框中设置【亮度】为60，【对比度】为66。

Step 02 按下Shift+Q快捷键渲染场景，结果如下图所示。

2. 对数曝光控制

在【曝光控制】卷展栏中选择【对数曝光控制】选项后，将显示【对数曝光控制参数】卷展栏(【对数曝光控制参数】卷展栏中参数的功能与【自动曝光控制参数】卷展栏中的参数功能基本一致)。

【例14-4】测试对数曝光控制效果。▶视频+素材

源文件：素材文件 \ 第 14 章 \ 例 14-4

Step 01 打开【环境和效果】对话框，设置【曝光控制】类型为【对数曝光控制】，然后在【对数曝光控制参数】微调框中设置【亮度】为35，【对比度】为60。

Step 02 选中【颜色修正】复选框，并单击该复选框右侧的色块，打开【颜色选择器：白色】对话框，设置RGB颜色(红:122，绿:133，蓝:191)，然后单击【确定】按钮。

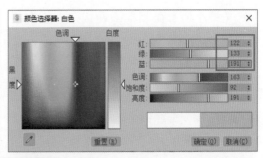

Step 03 按下Shift+Q快捷键渲染场景，结果如下图所示。

3. 伪彩色曝光控制

在【曝光控制】卷展栏中选择【伪彩色曝光控制】选项后，将显示【伪彩色曝光控制参数】卷展栏。

▶ 【数量】下拉按钮：设置所测量的值。

▶ 【样式】下拉按钮：选择显示值的方式。

▶ 【比例】下拉按钮：选择用于映射值的方法。

▶【最小值】微调框：设置在渲染中要测量和表示的最小值。

▶【最大值】微调框：设置在渲染中要测量和表示的最大值。

▶【物理比例】微调框：设置曝光控制的物理比例，主要用于非物理灯光。

▶【光谱条】：用于显示光谱与强度的映射关系。

【例14-5】测试伪彩色曝光控制效果。
▶视频+素材

源文件：素材文件 \ 第 14 章 \ 例 14-5

Step 01 打开【环境和效果】对话框，设置【曝光控制】类型为【伪彩色曝光控制】，然后在【伪彩色曝光控制】卷展栏中设置【数量】为【亮度】，【样式】为【灰度】，【比例】为【线性】，【最大值】为50，【最小值】为45。

Step 02 按下Shift+Q快捷键渲染场景，结果如下图所示。

4. 线性曝光控制

"线性曝光控制"从渲染图像中采样，使用场景的平均亮度将物理值映射为 RGB 值。在【曝光控制】卷展栏中选择【线性曝光控制】选项后，将显示【线性曝光控制参数】卷展栏。

▶【亮度】微调框：调整转换的颜色的亮度，范围为 0~100。

▶【对比度】微调框：调整转换的颜色的对比度，范围为 0~100。

▶【曝光值】微调框：调整渲染的总体亮度，范围为 -5~5。负值使图像更暗，正值使图像更亮。

▶【物理比例】微调框：设置曝光控制的物理比例，用于非物理灯光。

▶【颜色校正】复选框：选中该复选框，可以调整色样中显示的颜色 (默认为白色)。

▶【降低暗区饱和度级别】复选框：选中该复选框后，会模拟眼睛对暗淡照明的反应，在暗淡的照明下，眼睛不会感知颜色，而只看到灰色。

【例14-6】测试线性曝光控制效果。
▶视频+素材

源文件：素材文件 \ 第 14 章 \ 例 14-6

Step 01 在【线性曝光控制参数】卷展栏中设置【亮度】【对比度】等参数(自定义)。

Step 02 按下Shift+Q快捷键渲染场景，结果如下图所示。

14.1.3　大气环境

　　3ds Max 中的大气环境效果可以用来模拟自然界中的云、雾、火和体积光等效果。使用这些特殊效果可以逼真地模拟出自然界的各种气候，同时还能够起到烘托场景气氛的作用，其参数设置卷展栏如下左图所示。

　　▶【效果】列表框：显示已添加的效果名称。

　　▶【名称】文本框：为【效果】列表框中的效果自定义名称。

　　▶【添加】按钮：单击该按钮将打开下右图所示的【添加大气效果】对话框，添加大气效果。

　　▶【删除】按钮：删除在【效果】列表框中选中的大气效果。

　　▶【上移】按钮和【下移】按钮：更改大气效果的应用顺序。

　　▶【合并】按钮：合并其他 3ds Max 场景中的效果。

1. 火效果

　　使用火效果可以制作出火焰、烟雾和爆炸等效果。

【例 14-7】利用火效果制作航天器尾焰。
▶视频+素材
源文件：素材文件\第14章\例14-7

Step 01　打开素材文件后，在【创建】面板中选择【辅助对象】选项卡，然后单击【标准】下拉按钮，从弹出的下拉列表中选择【大气装置】选项，在显示的面板中单击【球体Gizmo】按钮。

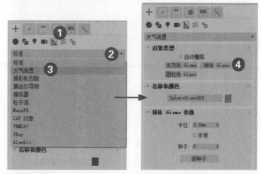

Step 02　在视图中按住鼠标左键拖动创建一个球体Gizmo，然后选中该球体，选择【修改】面板，在【球体Gizmo参数】卷展栏中设置【半径】为7mm，选中【半球】复选框。

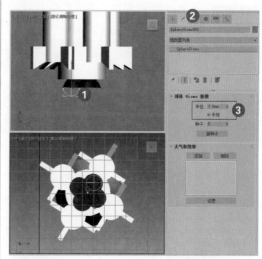

Step 03　单击主工具栏中的【选择并均匀缩放】按钮，将球体Gizmo缩放为下图所示效果。

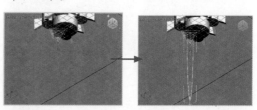

Step 04　使用同样的方法在场景中再创建3个同样的球体Gizmo，并调整它们的位置。

Step 05 按下数字键8，打开【环境和效果】对话框，展开【大气】卷展栏，单击【添加】按钮，添加【火效果】选项。

Step 06 在【效果】列表框中选中【火效果】选项，在显示的【火效果参数】卷展栏中单击【拾取Gizmo】按钮，拾取场景中的4个球体Gizmo，然后在【图形】选项组中选中【火舌】单选按钮。

Step 07 在【特性】选项组中设置【火焰大小】和【密度】为100，【火焰细节】为5，【采样】为20，如下左图所示。

Step 08 按下Shift+Q快捷键渲染场景，结果如下右图所示。

【火效果参数】卷展栏中各选项的功能说明如下。

▶ 【拾取 Gizmo】按钮：单击该按钮可以拾取场景中要产生火效果的 Gizmo 对象。

▶ 【移除 Gizmo】按钮：单击该按钮可以移除列表框中选中的 Gizmo 对象。

▶ 【内部颜色】色块：设置火焰中最密集部分的颜色。

▶ 【外部颜色】色块：设置火焰中最稀薄部分的颜色。

▶ 【烟雾颜色】色块：当选中【爆炸】复选框后，该色块才被激活，主要用来设置爆炸的烟雾颜色。

▶ 【火焰类型】选项组：包括【火舌】和【火球】两个单选按钮，其中【火舌】单选按钮用于沿着中心使用纹理创建带方向的火焰，该类火焰类似于篝火，其方向沿着火焰装置的局部 Z 轴；【火球】单选按钮则是创建圆形的爆炸火焰。

▶ 【拉伸】微调框：将火焰沿着装置的 Z 轴进行缩放，该选项最适合创建【火舌】的火焰。

▶ 【规则性】微调框：修改火焰填充装置的方式，范围为 0~1。

▶ 【火焰大小】微调框：设置装置中各个火焰的大小。装置越大，需要的火焰也越大，使用 15~30 范围内的值可以获得最佳的火焰效果。

▶ 【火焰细节】微调框：控制每个火焰中显示的颜色更改量和边缘的尖锐度，范围为 0~100。

▶ 【密度】微调框：设置火焰效果的不透明度和亮度。

▶ 【采样】微调框：设置火焰效果的采样率，值越高，生成的火焰效果越细腻，但是会增加渲染时间。

▶ 【相位】微调框：设置火焰效果的速率。

▶ 【漂移】微调框：设置火焰沿着火焰装置的 Z 轴的渲染方式。

▶ 【爆炸】复选框：选中该复选框后，火焰将产生爆炸效果。

▶ 【烟雾】复选框：设置爆炸时是否产生烟雾。

▶【剧烈度】微调框：改变【相位】参数的涡流效果。

2. 雾

使用3ds Max的"雾"效果可以创建雾、烟雾和蒸汽等特殊的天气效果。

【例14-8】在场景中设置雾效果。 ▶视频+素材

源文件：素材文件\第14章\例14-8

Step 01 打开素材文件后，按下Shift+Q快捷键渲染场景，结果如下图所示。

Step 02 打开【环境和效果】对话框，在【大气】卷展栏中单击【添加】按钮，添加【雾】选项，然后在显示的【雾参数】卷展栏中选中【分层】单选按钮，然后在【分层】选项组中设置雾效果参数(如下左图所示)，渲染场景后的结果如下右图所示。

Step 03 在【雾参数】卷展栏中选中【标准】单选按钮，然后在【标准】选项组中

设置雾效果参数(如下左图所示)，渲染场景后的结果如下右图所示。

【雾参数】卷展栏中主要选项的功能说明如下。

▶【颜色】色块：设置雾的颜色。

▶【环境颜色贴图】按钮：从贴图导出雾的颜色。

▶【使用贴图】复选框：使用贴图来产生雾效果。

▶【环境不透明度贴图】按钮：使用贴图来更改雾的密度。

▶【雾化背景】复选框：将雾应用于场景的背景。

▶【标准】单选按钮：使用标准雾。

▶【分层】单选按钮：使用分层雾。

▶【指数】复选框：选中该复选框后，随距离按指数增大密度。

▶【近端%】微调框：设置雾在近距范围的密度。

▶【远端%】微调框：设置雾在远距范围的密度。

▶【顶】微调框：设置雾层的上限(使用世界单位)。

▶【底】微调框：设置雾层的下限(使用世界单位)。

▶【密度】微调框：设置雾的总体密度。

▶【衰减】选项组：用于添加指数衰减效果，包括【顶】【底】和【无】3个单

选按钮。

▶【地平线噪波】复选框：选中该复选框后，启用"地平线噪波"系统，该系统仅影响雾与地平线的角度。

▶【大小】微调框：设置应用于噪波的缩放系数。

▶【角度】微调框：设置受影响的雾与地平线的角度。

▶【相位】微调框：用于设置噪波动画。

3. 体积雾

"体积雾"效果允许在一个限定的范围内设置和编辑雾效果。"体积雾"和"雾"最大的区别在于"体积雾"是三维状态的雾，是有体积的，多用于模拟烟云等有体积的气体。

【例 14-9】在场景中设置体积雾效果。
▶视频+素材
源文件：素材文件 \ 第 14 章 \ 例 14-9

Step 01 打开素材文件后，按下Shift+Q键渲染场景，结果如下图所示。

Step 02 在【创建】面板中选择【辅助对象】选项卡，然后单击【标准】下拉按钮，从弹出的下拉列表中选择【大气装置】选项，在显示的面板中单击【长方体Gizmo】按钮。

Step 03 在场景中按住鼠标左键拖动创建一个长方体Gizmo，然后选择【修改】面板，在【长方体Gizmo参数】卷展栏中设

置【长度】【宽度】和【高度】参数。

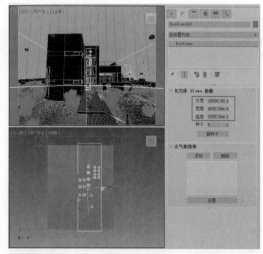

Step 04 在【大气和效果】卷展栏中单击【添加】按钮，打开【添加大气】对话框，选中【体积雾】选项后单击【确定】按钮，返回【大气和效果】卷展栏，在列表框中选中添加的【体积雾】选项，单击【设置】按钮。

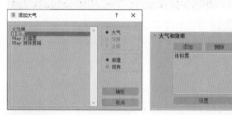

Step 05 打开【环境和效果】对话框，在【体积雾参数】卷展栏中单击【拾取Gizmo】按钮，拾取场景中的长方体Gizmo，并设置体积雾的参数如下左图所示。

Step 06 按下Shift+Q快捷键渲染场景，结果如下右图所示。

【体积雾参数】卷展栏中主要选项的功能说明如下。

▶【拾取 Gizmo】按钮：单击该按钮可以拾取场景中要产生"体积雾"效果的 Gizmo 对象。

▶【移除 Gizmo】按钮：单击该按钮可以移除列表框中选中的 Gizmo 对象。

▶【柔化 Gizmo 边缘】微调框：羽化"体积雾"效果的边缘，其值越大，边缘越柔滑。

▶【颜色】色块：设置雾的颜色。

▶【指数】复选框：选中该复选框后，随距离按指数增大密度。

▶【密度】微调框：设置雾的密度，范围为 0~20。

▶【步长大小】微调框：设置雾采样的粒度，即雾的【细度】。

▶【最大步数】微调框：设置采样量，以使雾的计算不会永远执行 (该选项适用于雾密度较小的场景)。

▶【雾化背景】复选框：将体积雾应用于场景的背景。

▶【类型】选项组：包括【规则】【分形】【湍流】和【反转】4 种类型可供选择。

▶【噪波阈值】选项组：用于设置噪波的效果。

▶【级别】微调框：设置噪波迭代应用的次数，范围为 0~6。

▶【风力强度】微调框：设置烟雾远离风向 (相对于相位) 的速度。

▶【风力来源】选项组：设定风来自于哪个方向。

4. 体积光

"体积光"效果可以用来制作带有光束的光线，用户可以将其指定给灯光。"体积光"可以被物体遮挡，从而形成光芒透过缝隙的效果，常用来模拟光从树、建筑物之间透过的光束。

【例 14-10】在场景中设置体积光效果。
◉ 视频+素材

源文件：素材文件 \ 第 14 章 \ 例 14-10

Step 01 打开素材文件后，使用【目标平

行光】工具在前视图中创建 1 盏目标平行光灯，并在【修改】面板中选中【常规参数】卷展栏中的【启用】复选框，设置阴影方式为【区域阴影】。

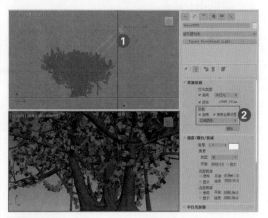

Step 02 按下 Shift+Q 快捷键渲染场景，效果如下左图所示。

Step 03 打开【环境和效果】对话框，展开【大气】卷展栏，单击【添加】按钮，打开【添加大气效果】对话框，选择【体积光】选项，单击【确定】按钮，如下右图所示。

Step 04 显示【体积光参数】卷展栏，单击【拾取灯光】按钮，拾取场景中的目标平行光，然后设置体积光参数，如下左图所示。

Step 05 按下 Shift+Q 快捷键渲染场景，结

果如下右图所示。

【体积光参数】卷展栏中主要选项的功能说明如下。

▶ 【拾取灯光】按钮：拾取要产生体积光的光源。

▶ 【移除灯光】按钮：将灯光从列表框中移除。

▶ 【雾颜色】色块：设置体积光产生的雾的颜色。

▶ 【使用衰减颜色】复选框：设置是否开启【衰减颜色】功能。

▶ 【指数】复选框：选中该复选框后，随距离按指数增大密度。

▶ 【密度】微调框：设置体积光的密度。

▶ 【最大亮度%】和【最小亮度%】微调框：设置可以达到的最大和最小的光晕效果。

▶ 【衰减倍增】微调框：设置"衰减颜色"的强度。

▶ 【过滤阴影】选项组：包括低、中、高3个级别，用户可以通过设置提高采样率来获得更高质量的体积光效果。

▶ 【使用灯光采样范围】单选按钮：根据灯光阴影参数中的【采样范围】值来使体积光中投射的阴影变模糊。

▶ 【采样体积%】微调框：设置体积的采样率。

▶ 【自动】复选框：选中该复选框后，自动设置【采样体积%】的参数。

▶ 【开始%】和【结束%】微调框：设置灯光效果开始和结束衰减的百分比。

▶ 【启用噪波】复选框：设置是否启用噪波效果。

▶ 【数量】微调框：设置应用于体积光的噪波的百分比。

▶ 【链接到灯光】复选框：选中该复选框后，将噪波效果链接到灯光对象。

14.2　效果设置

在【环境和效果】对话框的【效果】选项卡中，用户可以为场景添加【Hair和Fur(头发和毛发)】【镜头效果】【模糊】【亮度和对比度】【色彩平衡】【景深】【文件输出】【胶片颗粒】和【运动模糊】等效果。本节将重点介绍其中几种常用的效果。

14.2.1　镜头效果

使用"镜头效果"特效可以模拟照相机拍照时镜头所产生的光晕效果。

【例14-11】在场景中制作镜头特效。
▶ 视频+素材

源文件：素材文件 \ 第14章 \ 例14-11

Step 01 打开素材文件后，按下F9键渲染场景，效果如下图所示。

Step 02 打开【环境和效果】对话框，选择【效果】选项卡，单击【添加】按钮，打开【添加效果】对话框，选择【镜头效果】选项，单击【确定】按钮。

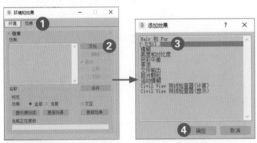

Step 03 返回【环境和效果】对话框，在【镜头效果参数】卷展栏中选择【光晕】选项，然后单击 > 按钮。

Step 04 在【镜头效果全局】卷展栏中设置【强度】为150。

Step 05 在【光晕元素】卷展栏中设置【强度】为30，然后将【径向颜色】设置为橙色(RGB颜色值为红：255，绿：144，蓝：0)。

Step 06 单击【镜头效果全局】卷展栏中的【拾取灯光】按钮，在场景中拾取6盏泛光灯。

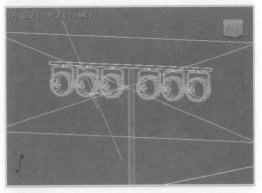

Step 07 按下F9键再次渲染场景，结果如下图所示。

Step 08 在【镜头效果参数】卷展栏中选择【条纹】选项，然后单击 > 按钮。

Step 09 在【镜头效果全局】卷展栏中设置【大小】为30。

Step 10 在【条纹元素】卷展栏中设置【强度】为30。

Step 11 按下Shift+Q快捷键渲染场景，结果如下图所示。

Step 12 在【镜头效果参数】卷展栏中选择【射线】选项，单击 ▶ 按钮后在【效果】选项卡中设置【镜头效果全局】和【射线元素】卷展栏中的参数，然后再次渲染场景，效果如下右图所示。

【效果】选项卡中主要选项的功能说明如下。

■ 【镜头效果参数】卷展栏

该卷展栏中包括光晕 (Glow)、光环 (Ring)、射线 (Ray)、自动二级光斑 (Auto Secondary)、手动二级光斑 (Manual Secondary)、星形 (Star) 和条纹 (Streak) 效果选项。

■ 【镜头效果全局】卷展栏

【镜头效果】卷展栏中包括【参数】和【场景】两个选项卡，主要选项的功能说明如下。

▶【加载】按钮：单击【加载】按钮可以打开【加载镜头效果文件】对话框，在该对话框中可选择要加载的 LZV 文件。

▶【保存】按钮：单击【保存】按钮可以打开【保存镜头效果文件】对话框，在该对话框中可以保存 LZV 文件。

▶【大小】微调框：设置镜头效果的总体大小。

▶【强度】微调框：设置镜头效果的总体亮度和不透明度。其值越大，效果越亮，越不透明；其值越小，效果越暗，越透明。

▶【角度】微调框：当效果与摄影机的相对位置发生改变时，该选项用于设置镜头效果从默认位置的旋转量。

▶【挤压】微调框：设置在水平方向或垂直方向挤压镜头效果的总体大小。

▶【拾取灯光】按钮：单击该按钮可以在场景中拾取灯光。

▶【移除】按钮：单击该按钮可以移除所选择的灯光。

▶【影响 Alpha】复选框：如果图像以 32 位文件格式进行渲染，该选项用于控制镜头效果影响图像的 Alpha 通道。

▶【影响 Z 缓冲区】复选框：选中该复选框后，Z 缓冲区会存储对象与摄影机之间的距离。Z 缓冲区用于光学效果。

▶【距离影响】选项：控制摄影机或视口的距离对光晕效果的大小和强度的影响。

▶【内径】微调框：设置效果周围的内径，

另一个场景对象必须与内径相交才能完全阻挡效果。

▶ 【外半径】微调框：设置效果周围的外半径，另一个场景对象必须与外半径相交才能开始阻挡效果。

▶ 【大小】复选框：选中该复选框后，减小阻挡效果的大小。

▶ 【强度】复选框：选中该复选框后，减小阻挡效果的强度。

▶ 【受大气影响】复选框：控制是否允许大气效果阻挡镜头效果。

14.2.2　模糊

使用"模糊"效果可以通过 3 种 (均匀型、方向型、径向型) 不同的方法使图像变得模糊。

【例 14-12】在场景中制作模糊特效。

▶视频+素材

源文件：素材文件 \ 第 14 章 \ 例 14-12

Step 01 打开素材文件后，按下 F9 键渲染场景，效果如下图所示。

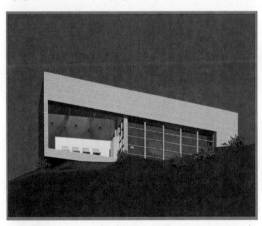

Step 02 打开【环境和效果】对话框，选择【效果】选项卡后单击【添加】按钮，打开【添加效果】对话框，然后双击其中的【模糊】选项，添加"模糊"效果。

Step 03 返回【环境和效果】对话框，在【模糊参数】卷展栏的【均匀型】单选按钮下的微调框中输入 20，如右上左图所示。

Step 04 在【模糊参数】卷展栏中选择

【像素选择】选项卡，然后取消【整个图像】复选框的选中状态，选中【非背景】复选框，设置【混合(%)】为 60，如下右图所示。

Step 05 再次按下 F9 键渲染场景，效果如下图所示。

【模糊参数】卷展栏中包括【模糊类型】和【像素选择】两个选项卡，其中主要参数的功能说明如下。

1.　【模糊类型】选项卡

■　均匀型

均匀型将模糊效果均匀应用在整个渲染图像中。

▶【像素半径】微调框：设置模糊效果的半径。

▶【影响 Alpha】复选框：选中该复选框后，可以将【均匀型】模糊效果应用于 Alpha 通道。

■ **方向型**

方向型按照【方向型】参数指定的任意方向应用模糊效果。

▶【U 向像素半径 (%)】和【V 向像素半径 (%)】微调框：设置模糊效果的水平和垂直强度。

▶【U 向拖痕 (%)】和【V 向拖痕 (%)】微调框：通过 U/V 轴的某一侧分配更大的模糊权重来为模糊效果添加方向。

▶【旋转 (度)】微调框：通过【U 向像素半径 (%)】和【V 向像素半径 (%)】微调框中的参数来应用模糊效果的 U 向像素和 V 向像素的轴。

▶【影响 Alpha】复选框：选中该复选框后，可以将【方向型】模糊效果应用于 Alpha 通道。

■ **径向型**

径向型以径向的方式应用模糊效果。

▶【像素半径 (%)】微调框：设置模糊效果的半径。

▶【拖痕 (%)】微调框：通过为模糊效果的中心分配更大或更小的模糊权重来为模糊效果添加方向。

▶【X 原点】和【Y 原点】微调框：以像素为单位，为渲染输出的尺寸指定模糊的中心。

▶【无】按钮：单击该按钮可以指定以中心作为模糊效果中心的对象。

▶【清除】按钮：移除对象名称。

▶【使用对象中心】复选框：选中该复选框后，【无】按钮指定的对象将作为模糊效果的中心。

2．【像素选择】选项卡

在【模糊参数】卷展栏中选择【像素选择】选项卡后，其中主要选项的功能如下。

▶【整个图像】复选框：选中该复选框后，模糊效果将影响整个渲染图像。

▶【加亮 (%)】微调框：加亮整个图像。

▶【混合 (%)】微调框：将模糊效果和【整个图像】参数与原始的渲染图像进行混合。

▶【非背景】复选框：选中该复选框后，模糊效果将影响除背景图像或动画以外的所有元素。

▶【羽化半径 (%)】微调框：设置应用于场景的非背景元素的羽化模糊效果的百分比。

▶【亮度】复选框：影响亮度值介于【最小值 (%)】和【最大值 (%)】微调框参数值之间的所有像素。

▶【最小值 (%)】和【最大值 (%)】微调框：设置每个像素要应用模糊效果所需的最小和最大亮度值。

▶【贴图遮罩】选项组：通过在【材质 / 贴图浏览器】对话框中选择的通道和应用的遮罩来应用模糊效果。

▶【对象 ID】选项组：如果对象匹配过滤设置，则会将模糊效果应用于对象或对象中具有特定对象 ID 的部分 (在 G 缓冲区中)。

▶【材质 ID】选项组：如果材质匹配过滤器设置，则会将模糊效果应用于该材质或材质中具有特定材质效果通道的部分。

▶【常规设置羽化衰减】选项组：使用【羽化衰减】曲线来确定基于图形的模糊效果的羽化衰减区域。

14.2.3　亮度和对比度

使用"亮度和对比度"特效可以调整图像的亮度和对比度。

【例 14-13】利用"亮度和对比度"特效调节场景。▶视频+素材

源文件：素材文件 \ 第 14 章 \ 例 14-13

Step 01 打开素材文件后，按下 F9 键渲染场景，效果如下图所示。

Step 02 打开【环境和效果】对话框，选择【效果】选项卡，然后单击【效果】卷展栏中的【添加】按钮，打开【添加效果】对话框，选择【亮度和对比度】选项，单击【确定】按钮。

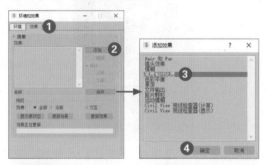

Step 03 返回【环境和效果】对话框，展开【亮度和对比度参数】卷展栏，设置【亮度】为0.5，【对比度】为1.0，如下左图所示。

Step 04 按下F9键渲染场景，此时效果如下右图所示。

Step 05 在【亮度和对比度参数】卷展栏中设置【亮度】为1.0，【对比度】为0.5，如右上左图所示，然后渲染场景，效

果如下右图所示。

【亮度和对比度参数】卷展栏中各选项的功能说明如下。

▶【亮度】微调框：增加或减少所有颜色(红色、绿色和蓝色)的亮度，取值范围为0~1。

▶【对比度】微调框：压缩或扩展最大黑色和最大白色之间的范围，取值范围为0~1。

▶【忽略背景】复选框：设置是否将效果应用于除背景以外的所有元素。

14.2.4　色彩平衡

使用"色彩平衡"特效可以通过调节红、绿、蓝3个通道来改变场景或图像的色调。

【例 14-14】利用"色彩平衡"特效调节场景色调。▶视频+素材

源文件：素材文件 \ 第 14 章 \ 例 14-14

Step 01 打开素材文件后，按下F9键渲染场景，效果如下图所示。

Step 02 打开【环境和效果】对话框，选

择【效果】选项卡，然后单击【效果】卷展栏中的【添加】按钮，打开【添加效果】对话框，选择【色彩平衡】选项，单击【确定】按钮。

Step 03 返回【环境和效果】对话框，在【色彩平衡参数】卷展栏中设置【青】为-30，如下左图所示。

Step 04 按下F9键渲染场景，此时效果如下右图所示。

Step 05 在【色彩平衡参数】卷展栏中设置【洋红】为-10，【蓝】为30，然后渲染场景，效果如下右图所示。

【色彩平衡参数】卷展栏中各选项的功能说明如下。

▶【青】和【红】滑块：用于调整红色通道。

▶【洋红】和【绿】滑块：用于调整绿色通道。

▶【黄】和【蓝】滑块：用于调整蓝色通道。

▶【忽略背景】复选框：选中该复选框后，可以将效果应用于除背景以外的所有元素。

▶【保持发光度】复选框：选中该复选框后，在修正颜色的同时将保留图像的发光度。

14.2.5 胶片颗粒

"胶片颗粒"效果主要用于在渲染场景中重新创建胶片颗粒效果，同时还可以作为背景的源材质与软件中创建的渲染场景相匹配。

【例14-15】利用"胶片颗粒"特效制作颗粒特效。 ▶视频+素材
源文件：素材文件\第14章\例14-15

Step 01 打开素材文件后，按下F9键渲染场景，效果如下图所示。

Step 02 打开【环境和效果】对话框，选择【效果】选项卡，然后单击【效果】卷展栏中的【添加】按钮，打开【添加效果】对话框，选择【胶片颗粒】选项，单击【确定】按钮。

Step 03 返回【环境和效果】对话框，在【胶片颗粒参数】卷展栏中设置【颗粒】为1.3，如下左图所示。

Step 04 按下F9键渲染场景，此时效果如下右图所示。

【胶片颗粒参数】卷展栏中各选项的功能说明如下。

▶【颗粒】微调框：设置添加到图像中的颗粒数，其取值范围为0~10。

▶【忽略背景】复选框：选中该复选框后，屏蔽背景使颗粒效果应用于场景中的几何体对象。

14.2.6　文件输出

使用"文件输出"效果可以输出所选格式的图像，在应用其他效果前将当前的渲染效果以指定的文件格式进行输出，类似于渲染中途的一个快照。该功能和直接渲染中的文件输出功能是一样的，支持相同类型的文件格式，其参数设置卷展栏如下图所示。

▶【文件】按钮：单击【文件】按钮可

以打开【保存图像】对话框，在该对话框中可以将渲染出的图像保存为AVI、BMP、JPEG、MOV、PNG、RLA、RPF等格式。

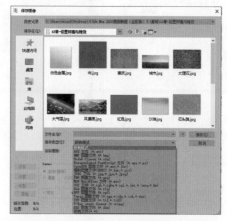

▶【设备】按钮：单击该按钮可以打开【选择图像输出设备】对话框。

▶【清除】按钮：单击该按钮可以清除所选择的文件或设备。

▶【关于】按钮：单击该按钮可以显示图像的相关信息。

▶【通道】下拉按钮：单击该下拉按钮，从弹出的下拉列表中可以选择要保存或发送回【渲染效果】堆栈的通道。

▶【活动】复选框：选中该复选框可以控制是否启用【文件输出】功能。

14.3　案例演练

本章主要介绍了关于环境、大气和效果方面的相关知识。用户通过对场景的环境和特效进行巧妙的设置，可以为自己的作品增添光彩。下面的案例演练部分，将通过实例操作巩固所学的知识。

【例14-16】为场景设置窗外环境背景。
▶视频+素材
源文件：素材文件\第14章\例14-16
Step 01 打开素材文件后，按下数字键8，

打开【环境和效果】对话框，在【公用参数】卷展栏中单击【环境贴图】通道按钮。

Step 02 打开【材质/浏览器贴图】对话框，选择【位图】选项后，单击【确定】按钮。

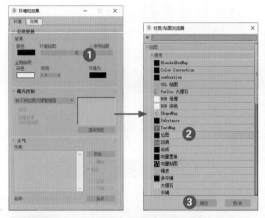

Step 03 打开【选择位图图像文件】对话框，选中一个用作环境背景的图像文件后，单击【打开】按钮。

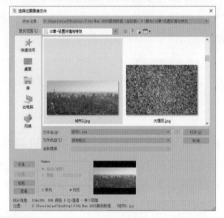

Step 04 返回【环境和效果】对话框，按下M键打开【材质编辑器】窗口，然后将【环境贴图】通道拖动至材质编辑器中的某个材质球上。

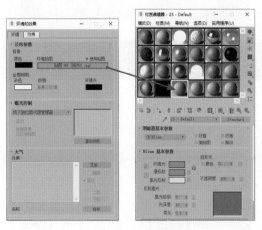

Step 05 打开【实例(副本)贴图】对话框，选中【实例】单选按钮，单击【确定】按钮，如下左图所示。

Step 06 在【材质编辑器】窗口的【坐标】卷展栏中设置【瓷砖】的U和V参数为2.0，如下右图所示。

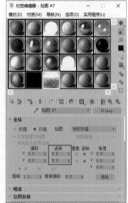

Step 07 展开【输出】卷展栏，将【输出量】设置为2。

Step 08 按下F9键渲染场景，结果如下图所示。

第15章
三维动画

本章导读

3ds Max 是一款三维模型制作软件,使用该软件不仅可以制作三维模型,也可以制作三维动画。本章将通过案例操作,介绍在 3ds Max 2020 中制作三维动画的基础知识,具体包括设置动画方式、控制动画、设置关键点过滤器、设置关键点切线以及使用曲线编辑器设置循环动画等。

视频教学

15.1 认识动画

3ds Max 作为一款优秀的三维动画软件,提供了一套非常强大的动画系统,包括基本动画系统和骨骼动画系统。但无论采用何种方法制作动画,都需要用户对角色或物体的运动有着细致的观察和深刻的理解,抓住运动的"灵魂"才能制作出生动、逼真的动画作品。

在 3ds Max 中,设置动画的基本方式非常简单。用户可以设置任何对象变换参数的动画,以随着时间的不同改变其位置、角度和尺寸。动画作用于整个 3ds Max 系统中,用户可以为对象的位置、角度和尺寸,以及几乎所有能够影响对象形状与外表的参数设置动画。

■ 动画的概念

动画 (Animation) 一词,源自 Animate 一词,即"赋予生命""使⋯⋯活动"之意。广义来说,把一些原先不具备生命的不活动的对象,经过艺术加工和技术处理,使之成为有生命的会动的影像,即为动画。

作为一种空间和时间的艺术,动画的表现形式多种多样,但万变不离其宗,有以下两点是共通的:

▶ 逐格 (帧) 拍摄 (记录)。

▶ 创造运动幻觉 (利用人的心理偏好作用和生理上的视觉残留现象)。

动画是通过连续播放的静态图像所形成的动态幻觉,这种幻觉源于两方面:一是人类生理上的"视觉残留",二是心理上的"感官经验"。"视觉残留"是生理上的视觉残留现象,而"心理偏好"则进一步说明视觉感官经验中,人们趋向将连续类似的图像在大脑中组织起来的心理作用。大脑进而将此信息能动地识别为动态图像,使两个孤立的画面之间形成顺畅的衔接,把连续图像认同为不同位置的同一对象,从而产生视觉动感。

因此,狭义的动画可定义为:融合了电影、绘画、木偶等语言要素,利用人的视觉残留原理和心理偏好作用,以逐格 (帧) 拍摄的方式,创造出一系列运动的富有生命感的幻觉画面,即为动画("逐帧动画")。

逐帧的手翻书

动画具有悠久的历史,西方早期的"幻影转盘"(西洋镜)和我国民间的走马灯和皮影戏都是动画的一种古老形式。然而真正意义上的动画,是电影摄影机被发明之后的产物,随着现代科学技术的不断发展,动画展现了其蓬勃的生命力和创造力。

转动圆盘,透过缝隙就能看到运动的形象

中国第一部动画《铁扇公主》—1941 年

制作一分钟的动画大概需要 720 到 1800 幅单独图像,如果通过手绘的形式来完成这些图像,那将是一项艰巨的任务。因此出现了一种称为"关键帧"的技术。动画中的大多数帧都是两个关键帧的变化过程,从上一个关键帧到下一个关键帧不断发生变化。传统的动画工作室为了提高工作效率让主要艺术家只绘制重要的关键帧,由其助手再计算出关键帧之间需要的帧,填充在关键帧之间的帧称为"中间帧"。

下面我们使用 3ds Max 通过设置关键帧的方式来制作一段简单的动画,以帮助读者理解"关键帧"和"中间帧"的概念。

【例 15-1】使用 3ds Max 制作关键帧动画。
▶视频+素材
源文件:素材文件\第 15 章\例 15-1

Step 01 打开素材文件后,选中视图中的汽车模型,在动画控制区中单击【设置关键点】按钮 设置关键点 ,进入"手动设置关键帧"模式,单击【设置关键帧】按钮 + 。

Step 02 此时,将在时间滑块所在的第 0 帧位置自动创建一个关键帧。

Step 03 拖动时间滑块至第 50 帧的位置,然后按下 W 键,执行【选择并移动】命令,将场景中的汽车模型沿 X 轴调整位

置,完成后再次单击动画控制区中的【设置关键帧】按钮 + ,在第 50 帧的位置创建第 2 个关键帧。

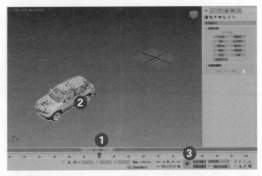

Step 04 再次单击【设置关键点】按钮 设置关键点 ,退出"手动设置关键帧"模式,然后在第 0 和第 50 帧之间拖动时间滑块,可以观察到汽车对象的运动状态。第 0 和第 50 帧这两个关键帧之间的动画就是系统自动生成的"中间帧"。

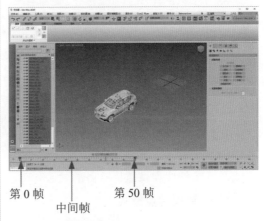

第 0 帧　　中间帧　　第 50 帧

■ **动画的帧和时间**

不同的动画格式具有不同的帧速率,单位时间中的帧数越多,动画就越细腻、流畅;反之,动画会出现抖动和卡顿的现象。动画每秒至少要播放 15 帧才可以形成流畅的动画效果(传统的电影通常为每秒播放 24 帧)。

在 3ds Max 中,如果要更改一个动画的帧速率,可以通过单击动画控制区中的【时间配置】按钮 ,打开【时间配置】对话框来设置。

动画控制区中的【时间配置】按钮

在系统默认设置下，使用 NTSC 标准的帧速率，该帧速率为每秒播放 30 帧动画，当前动画共有 100 帧，所以总播放时间为 3 秒多 10 帧。

在【时间配置】对话框的【帧速率】选项组中选择【电影】单选按钮，此时其下方的 FPS 数值将变为 24，表示该帧速率为每秒播放 24 帧画面。

15.2 设置和控制动画

在 3ds Max 工作界面中，用于生成、观察、播放动画的工具位于视图的右下方。这个区域被称为"动画控制区"，该区域中包括一个大图标和两排小图标（参见本书 1.10 节内容）。

动画控制区中的按钮主要用于对动画的关键帧及播放时间等数据进行控制，是制作三维动画最基础的工具。本节将通过实例操作，具体演示怎样利用这些按钮来创建和播放动画。

15.2.1 设置记录动画的模式

3ds Max 中有两种记录动画的模式，分别为"自动关键点"和"设置关键点"模式，这两种动画设置模式各有特点。

1. 自动关键点模式

"自动关键点"模式是最常用的动画记录模式，通过"自动关键点"模式设置动画，系统会根据不同的时间，调整对象的状态，自动创建出关键帧，从而产生动画效果。

【例 15-1】在 3ds Max 使用"自动关键点"模式创建动画。 ▶视频+素材

源文件：素材文件 \ 第 15 章 \ 例 15-1

Step 01 打开素材文件后，选中视图中的飞艇模型，在动画设置区中单击【自动关键点】按钮 自动关键点，将该按钮激活，然后在【当前帧】微调框中输入50并按下Enter

键，将当前帧切换到第50帧。

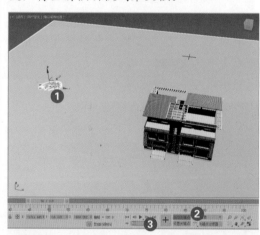

Step 02 按下W键，执行【选择并移动】命令，将场景中的飞艇对象沿X轴移动。

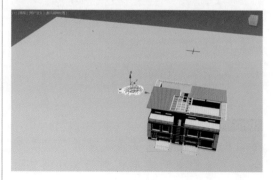

Step 03 此时，在第0帧和第50帧的位置自动创建了两个关键帧。单击动画控制区中的【自动关键点】按钮 自动关键点，取消该按钮的激活状态。将时间滑块拖动到第0帧的位置，单击动画控制区中的【播放动画】按钮▶。

Step 04 播放动画时，工作视图中的"飞艇"对象将沿直线运动。

"飞艇"沿直线移动

Step 05 在3ds Max工作界面的轨迹栏中，我们可以改变这段动画的播放起始时间，还可以延长或缩短动画的时间。选中场景中的"飞艇"对象，在轨迹栏中框选创建的两个关键帧(第0帧和第50帧)。

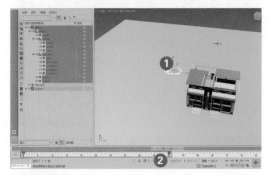

Step 06 将鼠标移动到任意一个关键帧上，当鼠标指针状态发生变化后，按住鼠标左键拖动可以将两个关键帧的位置移动。

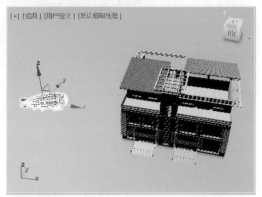

Step 07 在轨迹栏中分别选中"飞艇"对象上的两个关键帧后，右击鼠标，从弹出的快捷菜单中选择【删除选定关键点】命令，将关键帧删除。

Step 08 将时间滑块拖动至第0帧，按下W键，执行【选择并移动】命令，调整场景中"飞艇"对象的位置。

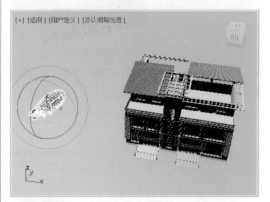

Step 09 按下E键，执行【选择并旋转】命令，将场景中的"飞艇"对象旋转一定角度。

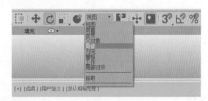

Step 10 在主工具栏中单击【参考坐标系】下拉按钮，从弹出的下拉列表中选择【局部】选项。

Step 11 在动画设置区中单击【自动关键点】按钮 自动关键点，将该按钮激活，然后拖动时间滑块至第50帧，按下W键，将"飞艇"对象沿Y轴移动。

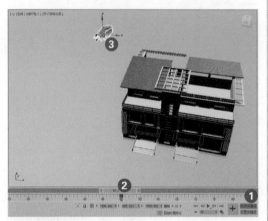

Step 12 按下E键，将场景中的"飞艇"对象沿Y轴旋转。

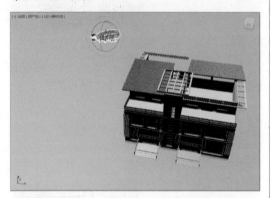

Step 13 拖动时间滑块至第100帧，按下W键和E键，调整"飞艇"对象在场景中的位置和旋转角度。

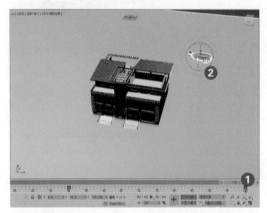

Step 14 单击动画控制区中的【自动关键点】按钮，取消该按钮的激活状态。单击动画控制区中的【播放动画】按钮▶，

可以看到"飞艇"对象绕着房屋模型移动。

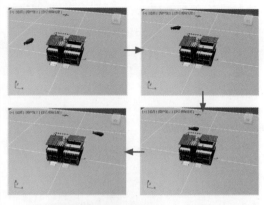

2. 设置关键点模式

在"设置关键点"模式下，需要用户在轨迹栏中的每一个关键帧处通过手动设置(3ds Max 软件不会自动记录用户的操作)，完成动画的创建。

【例15-3】在 3ds Max 中使用"设置关键点"模式创建动画。●视频+素材

源文件：素材文件 \ 第 15 章 \ 例 15-3

Step 01 打开素材文件后，在动画控制区中激活【设置关键点】按钮 设置关键点，然后按下E键，执行【选择并旋转】命令，将"飞机"模型旋转一定角度。

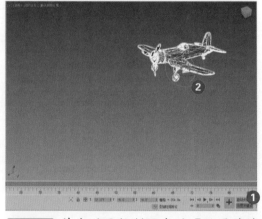

Step 02 单击动画控制区中的【设置关键帧】按钮+，在第0帧处设置一个关键帧，然后在主工具栏中单击【参考坐标系】下拉按钮，从弹出的下拉列表中选择【局部】选项。

Step 03 拖动时间滑块到第50帧，然后按

下W键，执行【选择并移动】命令，将"飞机"模型沿X轴移动一定距离，再按下E键，将模型旋转一定角度，然后再次单击【设置关键帧】按钮，在第50帧处设置一个关键帧。

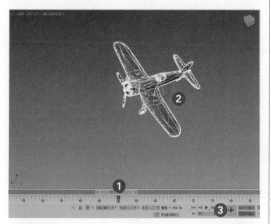

Step 04 拖动时间滑块到第100帧，按下W键，将"飞机"模型沿X轴移动一定距离，再按下E键，将模型旋转一定角度，然后单击【设置关键帧】按钮，在第100帧的位置设置一个关键帧。

Step 05 单击动画控制区中的【设置关键点】按钮，取消该按钮的激活状态，然后单击动画控制区中的【播放动画】按钮，可以看到"飞机"对象上设置的飞行动画。

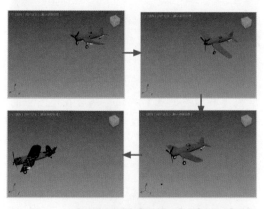

15.2.2 查看及编辑物体动画轨迹

当物体有空间上的位移动画时，我们可以查看物体动画的运动轨迹，通过该物体的动画轨迹，可以辅助检查制作完成的动画轨迹是否合理。

【例 15-4】在 3ds Max 中查看物体上的动画轨迹。▶视频+素材

源文件：素材文件\第 15 章\例 15-4

Step 01 打开例15-3制作的"飞机"位移动画文件，在场景中选中"飞机"对象，在视图的任意位置右击鼠标，从弹出的快捷菜单中选择【对象属性】命令。

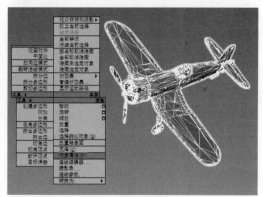

Step 02 打开【对象属性】对话框，在【常规】选项卡的【显示属性】选项组中选中【运动路径】复选框，然后单击【确定】按钮。

Step 03 此时，视图中的"飞机"对象上将显示如下图所示的红色曲线，该曲线就是对象当前动画的运动轨迹。

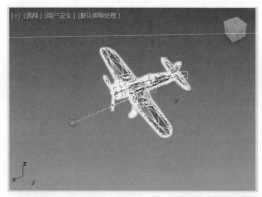

Step 04 在动画控制区中激活【设置关键点】按钮 设置关键点，然后拖动时间滑块，按下E键和W键调整"飞机"对象的位置。此时，"飞机"的动画轨迹也将发生变化。同时，时间滑块所在帧的位置也将自动加入一个关键帧。

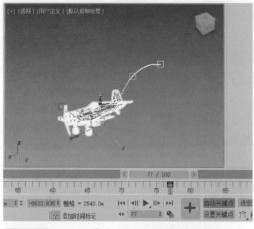

Step 05 再次单击【设置关键点】按钮 设置关键点，取消该按钮的激活状态，将鼠标指针移动至视图中的红色动画轨迹上。此时可以按下W键，通过拖动鼠标调整整条动画轨迹。

Step 06 有时，为了在视图上操作更加直观，还可以在视图中对"飞机"对象动画轨迹上的关键帧的位置进行实时调整。在命令面板中选择【运动】面板 ，然后单击【子对象】按钮。

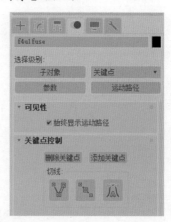

Step 07 此时，在视图中可以选择轨迹上的关键点进行位移操作。

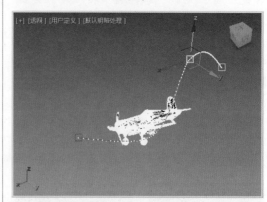

Step 08 在视图上选择动画轨迹上的关键点，单击【关键点控制】卷展栏下的【删除关键点】按钮，可以将选中的关键点删除；单击【添加关键点】按钮，然后在视图中的动画轨迹上单击，可以添加一个关键点。

Step 09 可以将视图中的动画轨迹转换为一条二维样条线对象，以方便场景中的其他物体使用。单击【转换工具】卷展栏中

的【转化为】按钮，此时在视图中就依据当前动画轨迹创建一条样条线对象。

Step 10 在【转换工具】卷展栏中的【采样范围】选项组中设置【开始时间】和【结束时间】为0和100，这是当前的活动时间段，这样会将整个动画轨迹转换为样条线，也可以设定为某一个时间段，如此可以将动画轨迹的一部分转换为样条线，【采样】微调框中的参数值越高，生成的样条线与原轨迹的形态越接近。

Step 11 在视图中创建一条样条线，然后选中"飞机"对象，拖动时间滑块至第0帧，在轨迹栏上框选所有的关键帧，然后按下Delete键将对象的全部的关键帧删除，单击【转换工具】卷展栏中的【转化自】按钮，然后在视图中选择创建的样条线。

Step 12 此时，"飞机"对象将沿着绘制的样条线生成动画轨迹。

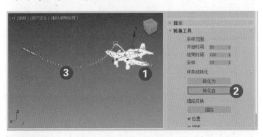

Step 13 如果发现"飞机"对象的动画轨迹和样条线不太匹配，这是由于"采样范围"过低造成的。按下Ctrl+Z快捷键返回上一步操作，在【转换工具】卷展栏中的【采样】微调框中输入参数100，再次单击【转化自】按钮，并在视图中拾取样条线，即可解决该问题。

Step 14 单击【转换工具】卷展栏中的【塌陷】按钮，可以依据设定的"采样"

参数，对已经制作完成的动画进行塌陷操作，【塌陷】按钮下方的【位置】【旋转】和【缩放】复选框可以设置塌陷后的关键帧包含哪些信息。"塌陷"操作主要针对指定了"路径约束"的动画对象。

15.2.3 控制动画

在 3ds Max 中创建动画之后，用户还可以通过动画记录控制区域右侧的命令按钮，对设置好的动画进行一些基本的控制，例如播放动画、停止动画、逐帧查看动画等。

【例 15-5】使用 3ds Max 动画控制区中的按钮，控制动画播放。 ●视频+素材
源文件：素材文件 \ 第 15 章 \ 例 15-5

Step 01 打开例15-3创建的动画文件后，在场景中选中"飞机"对象，可以在轨迹栏中观察到该对象设置的关键帧。

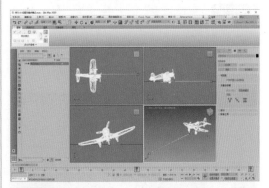

Step 02 单击动画控制区中的【上一帧】按钮◀⑪或【下一帧】按钮⑩▶，可以逐帧观察动画的画面效果，这样可以帮助用户观察设置好的动画效果，方便找出动画中的问题所在，以便修改动画。

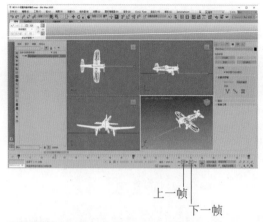

上一帧

下一帧

Step 03 激活动画控制区中的【关键点模式切换】按钮，【上一帧】按钮和【下一帧】按钮将变为【上一关键帧】按钮和【下一关键帧】按钮。通过单击这两个按钮，可以将时间滑块的位置在关键帧和关键帧之间切换。

Step 04 单击时间控制区中的【转至开头】按钮，可以将时间滑块移动至活动时间段的第一帧。

Step 05 单击时间控制区中的【转至结尾】按钮，可以将时间滑块移动至活动时间段的最后一帧。

Step 06 单击时间控制区中的【播放动画】按钮，可以在当前激活的视图中循环播放动画；单击【停止播放】按钮，动画将会在当前帧处停止播放。

Step 07 在视图中将"飞机"模型复制一个，并分别调整两个"飞机"模型的位置。

Step 08 在视图中选中两个"飞机"模型中的一个，在动画控制区的【播放动画】按钮上按住鼠标左键，从弹出的列表中选择【播放选定对象】选项。

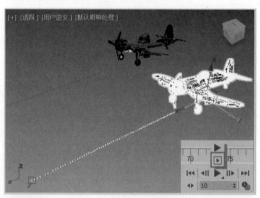

Step 09 此时，在当前视图中系统将只播放当前选择的对象的动画，而其他物体将会被暂时隐藏。

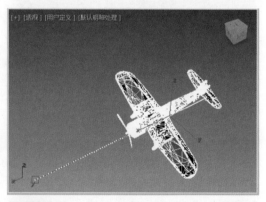

Step 10 单击【停止播放】按钮，可以停止动画的播放，同时被隐藏的物体也会在

场景中显示。

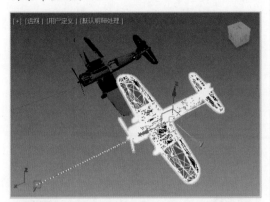

Step 11 在动画控制区的【当前帧】栏中显示了当前帧的编号，在该栏中输入一个帧编号(如50)，按下Enter键，可将时间滑块快速移动到相应的帧处。

15.2.4　设置关键点过滤器

在 3ds Max 中创建动画时，无论使用"自动关键点"模式还是"设置关键点"模式，都可以通过"关键点过滤器"来选择要创建的关键点中所包含的信息。

【例 15-6】使用关键点过滤器选择关键点中所包含的信息。▶视频+素材
源文件：素材文件 \ 第 15 章 \ 例 15-6

Step 01 在场景中创建一个长方体对象，在动画控制区中激活【设置关键点】按钮设置关键点，然后单击【设置关键帧】按钮＋，将在第0帧处设置一个关键帧。

Step 02 按下Ctrl+Z快捷键返回上一步操作，单击动画控制区中的【关键点过滤器】按钮。

Step 03 此时，将打开【设置关键点过滤器】对话框，在该对话框中用户可以设置单击【设置关键帧】按钮＋时，所创建的关键帧中包含哪些信息(如右上左图所示)。

Step 04 如果要对长方体对象的"高度"参数设置动画，在【设置关键点过滤器】对话框中取消其他复选框的选中状态，只选中【对象参数】复选框(如下右图所示)。

Step 05 设置完成后，关闭【设置关键点过滤器】对话框，单击【设置关键帧】按钮＋，将在轨迹栏中显示一个灰色的关键帧。

Step 06 选择【修改】面板，【参数】卷展栏中的一些基础参数后的微调框被红框包围，这说明这些参数值在当前时间被创建了一个关键帧。

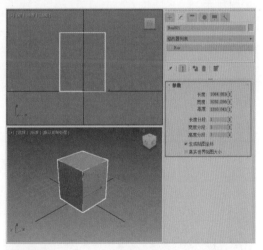

Step 07 单击【修改】面板中的【修改器列表】下拉按钮，在弹出的下拉列表中选择【Twist(扭曲)】选项，添加"扭曲"修改器。如果想要对物体修改器的一些参数设置关键帧，需要单击【关键点过滤器】按钮，打开【设置关键点过滤器】对话框，选中【修改器】复选框。

Step 08 将时间滑块移动至第75帧，在【修改】面板【参数】卷展栏的【角度】微调框中输入65，然后单击动画控制区中的【设置关键帧】按钮＋。

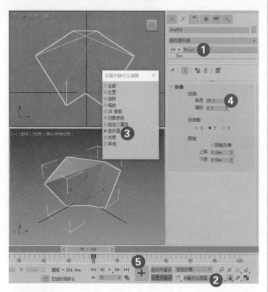

Step 09 单击时间控制区中的【播放动画】按钮▶，在场景中播放动画，效果如下图所示。

15.2.5　设置关键点切线

在创建新的动画关键点之前，用户可以先对关键点切线的类型进行设置。通过对关键点切线的设置，可以使物体的运动呈现"匀速""减速""加速"等状态。

【例 15-7】在动画中设置关键点切线。
▶视频+素材

源文件：素材文件\第15章\例15-7

Step 01 打开素材文件后，场景中有两个"汽车"对象，"汽车01"和"汽车02"。

Step 02 选中"汽车02"对象，在动画控制区中激活【自动关键点】按钮自动关键点，将时间滑块拖动至第100帧的位置，然后

按下W键，执行【选择并移动】命令，将"汽车02"对象沿X轴调整位置。

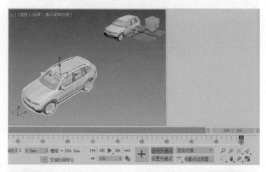

Step 03 单击【自动关键点】按钮自动关键点，退出"自动关键点"模式，然后单击时间控制区中的【播放动画】按钮▶播放动画，会发现"汽车02"模型在场景中缓缓移动，然后缓慢停止，这是因为关键点切线默认使用"平滑"切线类型。

Step 04 在动画控制区中按住【新建关键点的入/出切线】按钮，在弹出的列表中选择【线性】选项。

Step 05 在视图中选中"汽车01"对象，然后激活【自动关键点】按钮自动关键点，将时间滑块拖动至第100帧，然后将"汽车01"对象沿X轴调整位置。

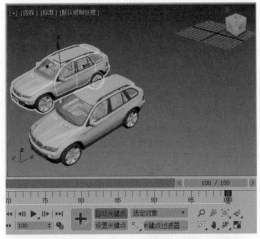

Step 06 单击【自动关键点】按钮自动关键点，退出"自动关键点"模式，单击时间控制区中的【播放动画】按钮▶播放动画，可以看到"平滑"切线类型和"线性"切线类型的不同动画效果。

15.2.6 使用【时间配置】对话框

单击动画控制区中的【时间配置】按钮🕘，打开【时间配置】对话框后，通过该对话框可以对动画的帧速率、动画播放的速度控制、时间显示格式等进行设置。

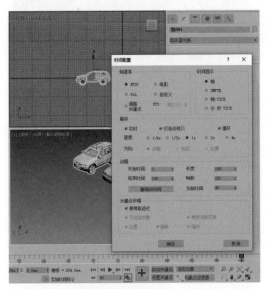

■【帧速率】选项组

在【时间配置】对话框的【帧速率】选项组中可以设置动画每秒所播放的帧数。在默认设置下，使用的是NTSC帧速率，

表示动画每秒包含 30 帧画面；选择 PAL 单选按钮后，动画每秒播放 25 帧；选择【电影】单选按钮后，动画每秒播放 24 帧，如果选择【自定义】单选按钮，然后在 FPS 微调框输入数值，则可以自定义动画播放的帧数。

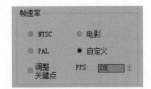

■【时间显示】选项组

通过【时间显示】选项组中的各个选项，可以对时间滑块和轨迹栏上的时间显示方式进行更改，其中共包括 4 种显示方式，分别是"帧""SMPTE""帧：TICK"和"分：秒：TICK"。

■【播放】和【动画】选项组

在【播放】和【动画】选项组中，可以控制动画的播放。

【例 15-8】使用【时间配置】对话框控制动画的播放。●视频+素材
源文件：素材文件 \ 第 15 章 \ 例 15-8

Step 01 打开例15-3创建的动画文件后，单击动画控制区中的【时间配置】按钮🕘，打开【时间配置】对话框，【播放】选项组中的【实时】复选框默认为选中状态，表示将在视图中实时播放动画，与当前设置的帧速率保持一致。当【实时】复选框被选中时，用户可以通过【速度】选项右侧的单选按钮来设置动画在视图中的播放速度。

Step 02 取消【实时】复选框的选中状态，将尽可能地播放动画并且显示所有帧。此时【速度】选项后的单选按钮将被禁用，而【方向】选项后的单选按钮将处

于可选状态。

Step 03 【方向】选项右侧的【向前】
【向后】【往复】单选按钮，分别可将动
画设置为向前播放、反转播放和向前然后
反转重复播放。

Step 04 在【时间配置】对话框的【播放】
选项组中，【仅活动视口】复选框默认为选
中状态，表示动画只在当前被激活的视口中
进行播放，而其他视口中的画面保持静止。

Step 05 如果取消【仅活动视口】复选框
的选中状态，在播放动画时，所有视口都
将播放动画。

Step 06 在默认状态下，在播放动画时，
动画会在视图中循环播放。取消【播放】
选项组中的【循环】复选框，单击动画控
制区中的【播放动画】按钮▶播放动画，
则动画将只播放一遍就会停止。

Step 07 在【时间配置】对话框的【动
画】选项组中，可以控制动画的总帧数、
开始时间和结束时间等相关参数。将【开
始时间】设置为-10，将【结束时间】设
置为100，将【当前时间】设置为50，然
后单击【确定】按钮。

Step 08 此时，轨迹栏将会发生相应的
变化。在时间滑块上将显示【50/110】
50 / 110 ，前面的数字50表示当前所位
于的帧数，后面的数字110表示当前活动
时间段的总帧数。

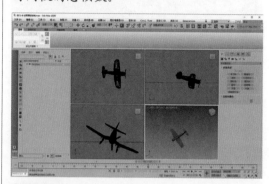

Step 09 按住Ctrl+Alt快捷键，在时间轨迹
栏按住鼠标左键拖动，可以快速设置动画
的"起始时间"，右击鼠标并拖动则可以
快速设置动画的"结束时间"。

Step 10 单击【时间配置】对话框【动
画】选项组中的【重缩放时间】按钮，可
以打开【重缩放时间】对话框，在该对话
框中，可以设置拉伸或收缩所有对象活动
时间段内的动画，同时轨迹栏中所有关键
点的位置将会重新排列。

Step 11 例如，在【重缩放时间】对话框
中设置【结束时间】为300，连续单击【确
定】按钮关闭【重缩放时间】对话框和
【时间配置】对话框。此时观察轨迹栏上
关键帧的变化，将会发现原来100帧的动画

变成了300帧，动画的节奏相对变慢了。

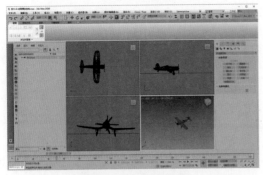

■ 【关键点步幅】选项组

在【时间配置】对话框的【关键点步幅】选项组中，可以设置开启【关键点模式切换】按钮◄►后，单击【上一个关键点】按钮|◄或【下一个关键点】按钮►|时，系统在轨迹栏中以何种方式在关键点之间进行切换。

例如，当前正在执行【选择并移动】命令，此时选中【关键点步幅】选项组中的【使用轨迹栏】复选框，再单击动画控制区中的【上一个关键点】按钮|◄或【下一个关键点】按钮►|时，系统则只会在包含"移动"信息的关键帧之间进行切换。

如果选中【关键点步幅】选项组中的【仅选定对象】复选框，单击【上一个关键点】按钮|◄或【下一个关键点】按钮►|时，系统将只会在选定对象的动画的关键点之间进行切换。如果取消【仅选定对象】复选框的选中状态，系统将在场景中所有对象的关键点之间进行切换。

如果选中【关键点步幅】选项组中的【使用当前变换】复选框，系统将自动识别当前正在使用的变换工具，此时系统将只在包含当前变换信息的关键帧之间进行切换。用户也可以取消【使用当前变换】复选框的选中状态，然后通过【位置】【旋转】和【缩放】3个复选框来指定"关键

点模式"所使用的变换形式。

15.2.7　制作预览动画

在制作动画时，若场景中的模型量比较大，那么在场景中实时播放动画时，会出现"卡顿"现象，这样在场景中将不能准确地判断动画的速度，为了更好地观察和编辑动画，可以为场景生成预览动画。预览动画在生成时，不会考虑模型的材质和光影效果，但可以快速展示动画效果。

在 3ds Max 菜单栏中选择【工具】|【预览 - 抓取视图】|【创建预览动画】命令，可以打开【生成预览】对话框。

▶【预览范围】选项组：【预览范围】选项组中的选项用于指定预览中包含的帧数，默认选中【活动时间段】单选按钮，系统会根据时间滑块的长度生成动画。用户也可以通过选中【自定义范围】单选按钮，自定义动画范围。

▶【帧速率】选项组：【帧速率】选项组中的选项用于指定以每秒多少帧的播放速率来生成预览动画。

▶【图像大小】选项组：在【图像大小】选项组中可以设置预览的分辨率为当前输出分辨率的百分比。例如，在【渲

染设置】对话框中设置渲染输出的分辨率为 640×480，那么如果将【输出百分比】参数设置为 50，则预览分辨率将为 320×240。

▶【在预览中显示】选项组：【在预览中显示】选项组中的复选框用于指定预览中要包含的对象类型。

▶【叠加】选项组：【叠加】选项组中的复选框用于指定要写入预览动画的附加信息。

▶【视觉样式】选项组：在【视觉样式】选项组中可以选择生成预览动画的视觉样式，以及渲染是否包括边面、纹理或视图背景。

▶【输出】选项组：【输出】选项组中的选项用于指定预览动画的输出格式。

预览动画生成后，会自动弹出媒体播放器，自动进行播放。用户也可以执行【工具】|【预览 - 抓取视图】|【播放预览动画】命令，查看生成的预览动画，如果想将当前的预览动画保存，可以执行【工具】|【预览 - 抓取视图】|【预览动画另存为】命令进行预览动画的保存。

15.3 使用曲线编辑器

在 3ds Max 中除了可以直接在轨迹栏中编辑关键帧以外，还可以打开动画的【轨迹视图 - 曲线编辑器】窗口，对关键帧进行更复杂的编辑，例如复制或粘贴运动轨迹、添加运动控制器、改变运动状态等。

显示【轨迹视图 - 曲线编辑器】窗口的方法有 3 种：一种是选择【图形编辑器】|【轨迹视图 - 曲线编辑器】命令；另一种是单击主工具栏中的【曲线编辑器】按钮；还有一种是在视图中右击鼠标，从弹出的快捷菜单中选择【曲线编辑器】命令。

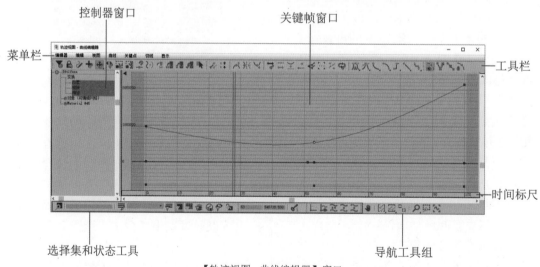

【轨迹视图 - 曲线编辑器】窗口

【轨迹视图】窗口有两种显示模式，即上图所示的【轨迹视图 - 曲线编辑器】模式和下图所示的【轨迹视图 - 摄影表】模式。其中【轨迹视图 - 曲线编辑器】模式可以将动画显示为动画运动的功能曲线；【轨迹视图 - 摄影表】模式可以将动画显示为关键点和范围的表格。

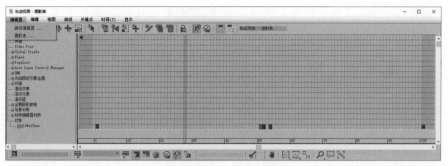

【轨迹视图 - 摄影表】窗口

【轨迹视图 - 曲线编辑器】模式为轨迹视图的默认显示方式，也是最常用的一种显示方式，本节将主要以这种方式为例，介绍【轨迹视图】窗口的使用方法。

【轨迹视图 - 曲线编辑器】窗口由菜单栏、工具栏、控制器窗口、关键帧窗口、时间标尺、导航工具组、选择集和状态工具组成。其中，控制器窗口用来显示对象名称和控制器轨迹，单击工具栏中的【过滤器】按钮，可以打开【过滤器】对话框，在该对话框的【显示】选项组中可以设置哪些曲线和轨迹可以用来显示和编辑。

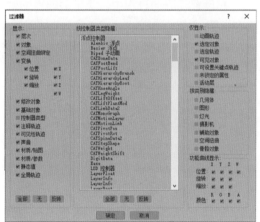

【过滤器】对话框

下面通过一个简单的实例介绍【轨迹视图 - 曲线编辑器】窗口的基本用法。

【例15-9】使用【轨迹视图-曲线编辑器】窗口。
▶视频+素材
源文件：素材文件 \ 第15章 \ 例15-9

Step 01 单击【创建】面板中的【球体】按钮，在视图中创建一个球体，然后右击

"球体"对象，从弹出的快捷菜单中选择【曲线编辑器】命令。

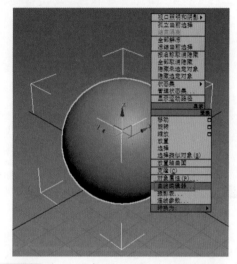

Step 02 打开【轨迹视图-曲线编辑器】窗口，在窗口左侧的控制器窗口中显示了选择的"球体"对象的名称和变换等一些控制器类型。

Step 03 在控制器窗口中单击"球体"层级下的【Z位置】选项，此时在关键帧窗口中的"0"位置将显示一条蓝色虚线。

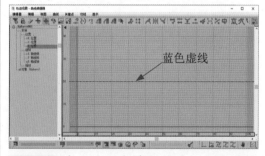

蓝色虚线

Step 04 在工具栏中单击【添加/删除关键点】按钮，然后将鼠标指针移动至关键帧

窗口中的蓝色虚线上单击创建一个关键帧。

Step 05 使用同样的方法，在蓝色虚线的其他位置上再创建两个关键帧，然后单击工具栏上的【移动关键点】按钮✛，选中创建的第2个关键点，按住鼠标左键拖动其位置。

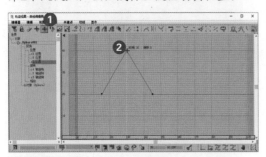

Step 06 长按【移动关键点】按钮✛，从弹出的列表中选择【水平移动关键点】选项➡，然后选中创建的第3个关键帧，将其移动至第60帧的位置。

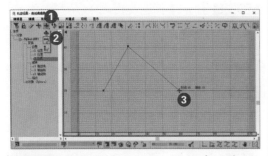

Step 07 使用同样的方法，将创建的第1个关键帧移动至第0帧的位置。

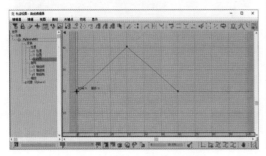

Step 08 在控制器窗口中单击"球体"层级下的【Y轴旋转】选项，在工具栏中单击【绘制曲线】按钮✏，然后按住鼠标拖动，在关键帧窗口中绘制一条曲线。

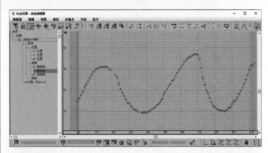

Step 09 单击动画控制区中的【播放动画】按钮▶播放动画，"球体"对象将沿Z轴上下移动，沿Y轴来回转动。

15.3.1 认识功能曲线

在设置动画的过程中，除了关键点的位置和参数，关键点切线也是一个很重要的因素，即使关键点的位置相同，运动的程度也一致，使用不同的关键点切线，也会产生不同的动画效果。下面将介绍关键点切线的相关知识。

3ds Max 中共有 7 种不同的功能曲线形态，分别为"自动关键点切线""自定义关键点切线""快速关键点切线""慢速关键点切线""阶梯关键点切线""线性关键点切线"和"平滑关键点切线"。用户在设置动画时，可以使用这 7 种功能曲线来设置不同对象的运动。

1. 自动关键点切线

"自动关键点切线"的形态比较平滑，在靠近关键点的位置，对象运动速度略慢，在关键点位置，对象的运动趋于匀速，大多数对象在运动时都是这种运动状态。

【例 15-10】设置"自动关键点切线"。
▶ 视频+素材

源文件：素材文件 \ 第 15 章 \ 例 15-10

Step 01 打开动画文件后，该动画中的球体在第0~50帧已经设置了一个简单的位移动画。选中场景中的"球体"对象，右击鼠标，从弹出的快捷菜单中选择【曲线编辑器】命令，打开【轨迹视图-曲线编辑器】窗口，在控制器窗口中选中【X位置】选项。

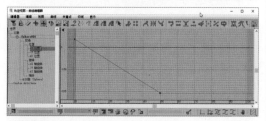

Step 02 在关键帧窗口的轨迹栏中选中第0帧处的关键帧，按住Shift键单击并拖动，复制一个关键帧到第100帧的位置。

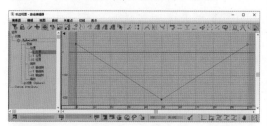

Step 03 在关键帧窗口选中任意一个关键帧，单击工具栏中的【将切线设置为自动】按钮。此时，关键帧上将显示一个蓝色的操作手柄，如下图所示。

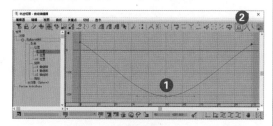

2. 自定义关键点切线

"自定义关键点切线"能够通过手动调整关键点控制手柄的方法，控制关键点切线的形态(关键点两侧可以使用不同的切线形式)。

【例 15-11】设置"自定义关键点切线"。
▶视频+素材
源文件：素材文件 \ 第 15 章 \ 例 15-11

Step 01 继续例15-10的操作，按住Ctrl键

在关键点窗口中选择两侧的两个关键帧，然后在工具栏中单击【将切线设置为样条线】按钮，此时选中的关键帧上将显示黑色操作手柄，这说明当前关键帧已被转换为自定义关键点切线。

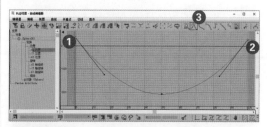

Step 02 单击工具栏中的【移动关键点】按钮，调整关键点的控制柄来改变曲线的形状。

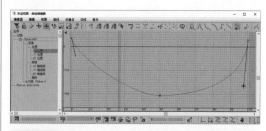

Step 03 单击动画控制区中的【播放动画】按钮▶播放动画，"球体"对象在移动时会快速启动，到第50帧时缓慢停下，从第50~100帧又由慢到快运动。

3. 快速关键点切线

使用快速关键点切线，可以设置物体由慢到快的运动过程(物体从高处掉落时就是一种匀加速的运动状态)。

【例 15-12】设置"快速关键点切线"。
▶视频+素材
源文件：素材文件 \ 第 15 章 \ 例 15-12

Step 01 打开素材文件后，场景中的球体在第0~50帧已经设置了一个从高处向低处跌落的动画。选中"球体"对象，右击鼠标，从弹出的快捷菜单中选择【曲线编辑

器】命令。打开【轨迹视图-曲线编辑器】
窗口。

Step 02 在【轨迹视图-曲线编辑器】窗口的
控制器窗口中选中【Z位置】选项，在关键
帧窗口选中第50帧处的关键帧，然后单击工
具栏中的【将切线设置为快速】按钮。

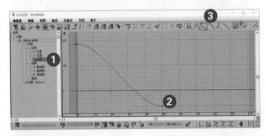

Step 03 此时，当前关键帧被转换为快速
关键点切线。

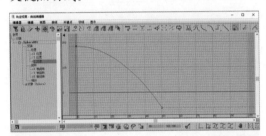

Step 04 单击动画控制区中的【播放动
画】按钮▶播放动画，"球体"对象将缓
慢启动，接近第50帧时运动速度将加快。

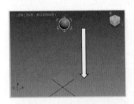 

4. 慢速关键点切线

慢速关键点切线可以使对象在接近关
键帧时，速度减慢（例如，汽车在停车时
就是这种状态）。

【例 15-13】设置"慢速关键点切线"。
▶视频+素材

源文件：素材文件\第 15 章\例 15-13

Step 01 继续例15-12的操作，在【轨迹视
图-曲线编辑器】窗口中选中第50帧处的关
键帧，然后单击工具栏中的【将切线设置
为慢速】按钮。

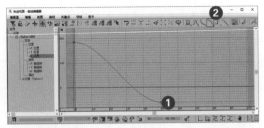

Step 02 播放动画，"球体"对象刚开始是
一个加速运动，越接近第50帧，速度将越慢。

5. 阶梯关键点切线

阶梯关键点切线使对象在两个关键点
之间没有过渡的过程，而是突然由一种运
动状态转变为另一种运动状态，这与一些
机械运动相似（例如打桩机）。

【例 15-14】设置"阶梯关键点切线"。
▶视频+素材

源文件：素材文件\第 15 章\例 15-14

Step 01 打开素材文件后，场景中的球体
在第0~100帧已经设置了一个具有3个关
键帧的动画。选中"球体"对象，右击鼠
标，从弹出的快捷菜单中选择【曲线编辑
器】命令，打开【轨迹视图-曲线编辑器】
窗口。

Step 02 在【轨迹视图-曲线编辑器】窗口
的控制器窗口中选中第0~100帧的3个关键
帧，然后单击工具栏中的【将切线设置为
阶梯式】按钮。

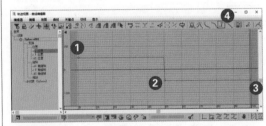

Step 03 此时播放动画，"球体"对象在第
0~49帧保持原有的位置不变，而第50帧时
位置突然发生改变。

6. 线性关键点切线

线性关键点切线使对象保持匀速直线运动，如飞行中的飞机、移动中的汽车通常为这种运动状态。此外，使用线性关键点切线还可以设置对象的匀速旋转(例如电风扇)。

【例 15-15】设置"线性关键点切线"。
▶视频+素材
源文件：素材文件\第 15 章\例 15-15

Step 01 打开素材文件后，场景中的球体在第0~50帧已经设置了一个变换位置动画。选中场景中的"球体"对象，打开【轨迹视图-曲线编辑器】窗口，在关键点窗口中选择第0和第50帧处的关键帧，然后单击工具栏中的【将切线设置为线性】按钮。

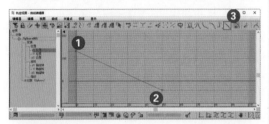

Step 02 播放动画，"球体"对象从动画的起始到结束将始终保持匀速直线运动状态。

7. 平滑关键点切线

平滑关键点切线可以使物体的运动状态变得平缓(关键帧两端没有控制手柄)。

【例 15-16】设置"平滑关键点切线"。
▶视频+素材
源文件：素材文件\第 15 章\例 15-16

Step 01 打开动画文件，选中场景中的"球体"对象，打开【轨迹视图-曲线编辑器】窗口，在关键点窗口中选中中间的关键帧，然后长按工具栏中的【将切线设置为阶梯式】按钮，从弹出的列表中选择【将内切线设置为阶梯式】选项。

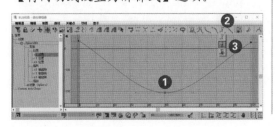

Step 02 此时，将更改当前关键点的内切线。在关键点窗口中选择一个关键帧后，右击鼠标，可以打开当前关键帧的属性对话框。

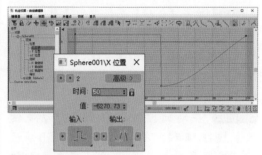

Step 03 单击上图所示对话框中的和按钮，可以在相邻关键点之间进行切换，通过【时间】和【值】微调框可以设置当前关键点所在的帧位置，以及当前关键点的动画数值。在【输入】按钮和【输出】按钮上按住鼠标左键不放，从弹出的列表中可以设置"内切线"和"外切线"的类型。

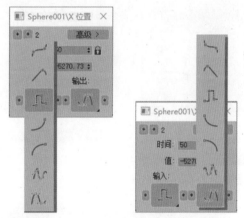

Step 04 播放动画，场景中的"球体"对象将在第50帧突然发生位置上的变化，但从第51帧又产生了一个均匀加速的动画。

15.3.2 设置循环动画

在 3ds Max 中，使用"参数曲线超出范围类型"对话框可以设置物体在已确定的关键点之外的运动情况，用户可以在仅设置少量关键点的情况下，使用某种运动不断循环，这样可以大大提高工作效率，并保证动画设置效果的准确性。

【例15-17】制作循环翻跟头的圆柱体动画。
▶视频+素材

源文件：素材文件\第15章\例15-17

Step 01 单击【创建】面板中的【圆柱体】按钮，在前视图中绘制一个圆柱体，然后选择【修改】面板，单击【修改器列表】下拉按钮，从弹出的下拉列表中选择【Bend(弯曲)】选项，添加"弯曲"修改器。

Step 02 在动画控制区单击【自动关键点】按钮 自动关键点，将其激活。在第0帧位置设置【参数】卷展栏中的【角度】值为-180。

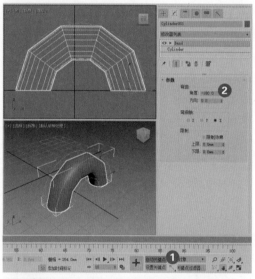

Step 03 将时间滑块拖动到第10帧，在【参数】卷展栏中设置【角度】为180。

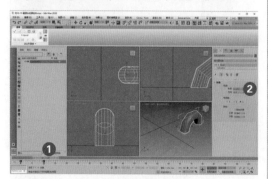

Step 04 拖动时间滑块至第0帧，选中场景中的"圆柱体"对象，右击鼠标，从弹出

的快捷菜单中选择【曲线编辑器】命令，打开【轨迹视图-曲线编辑器】窗口，在窗口左侧的控制器窗口中选择【角度】选项，显示对应的动画曲线。

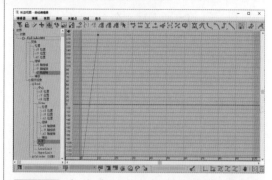

Step 05 在菜单栏中选择【编辑】|【控制器】|【超出范围类型】命令，打开【参数曲线超出范围类型】对话框，选中【往复】选项，然后单击【确定】按钮。

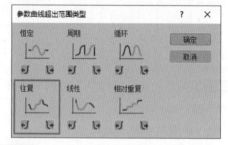

Step 06 将时间滑块拖动至第10帧，在【参数】卷展栏中设置【方向】参数为180。

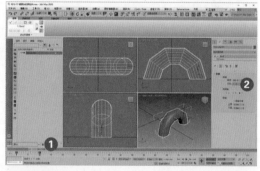

Step 07 选中场景中的"圆柱体"对象，右击鼠标，从弹出的快捷菜单中选择【曲线编辑器】命令，再次打开【轨迹视图-曲线编辑器】窗口，在窗口左侧的控制器窗口中选择"方向"选项，然后选择动画曲

线上的两个关键帧，单击工具栏中的【将切线设置为阶梯式】按钮。

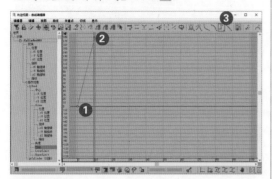

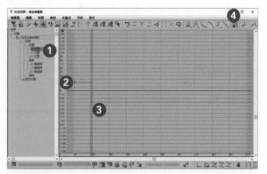

击工具栏中的【将切线设置为阶梯式】按钮。

Step 08 选择【编辑】|【控制器】|【超出范围类型】命令，打开【参数曲线超出范围类型】对话框，选择【相对重复】选项后单击【确定】按钮。

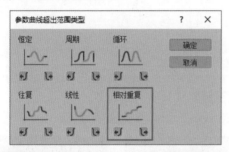

Step 09 单击动画控制区中的【播放动画】按钮▶播放动画，场景中的圆柱体会在原地不停地翻跟头。

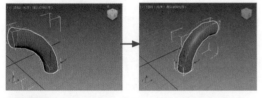

Step 10 停止播放动画，拖动时间滑块至第10帧，进入前视图，沿X轴调整圆柱体的位置。

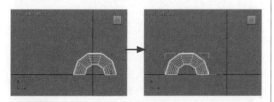

Step 11 打开【轨迹视图-曲线编辑器】窗口，在控制器窗口选中【X位置】选项，在关键帧窗口中选中两个关键帧，然后单

Step 12 选择【编辑】|【控制器】|【超出范围类型】命令，打开【参数曲线超出范围类型】对话框，选中【相对重复】选项，然后单击【确定】按钮。

Step 13 播放动画，此时场景中的圆柱体会沿着X轴一直不停地翻跟头。

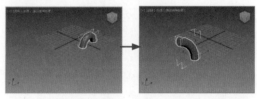

【参数曲线超出范围类型】对话框中各选项的功能说明如下。

▶【恒定】选项：默认情况使用【恒定】超出范围类型，该类型在所有帧范围内保留末端关键点的值，也就是在所有关键帧范围不再使用动画效果。

▶【周期】选项：应用【周期】超出范围类型，将在一个范围内重复相同的动画。

▶【循环】选项：应用【循环】超出范围类型，在范围内重复相同的动画。但是，如果扩展范围，则会在范围内的最后一个关键点和第一个关键点之间进行插值来创建平滑的循环。

▶【往复】选项：应用【往复】超出范围类型，将已确定的动画正向播放后连接反向播放，如此反复衔接。

▶【线性】选项：应用【线性】超出范围类型，将在已确定的动画两端插入线性

的动画曲线，使动画在进入和离开设定的
区段时保持平稳。

▶【相对重复】选项：应用【相对重复】
超出范围类型，将在一个范围内重复相同
的动画，但是每个重复会根据范围末端的
值有一个偏移。

15.3.3　设置可见性轨迹

在【轨迹视图 - 曲线编辑器】模式下，
可以通过编辑对象的可见性轨迹来控制物
体何时出现，何时消失。这对动画制作来
说非常有意义，因为经常有这样的制作需
要。为对象添加可视轨迹后，可以在轨迹
上添加关键点。当关键点的值为 1 时，对
象完全可见；当关键点的值为 0 时，对象
完全不可见。通过编辑关键点的值，可以
设置对象的渐显、渐隐动画。

【例 15-18】制作逐渐显示的"火箭"飞行动画。
▶视频+素材

源文件：素材文件 \ 第 15 章 \ 例 15-18

Step 01 打开素材文件后，在场景中选中
"火箭"模型，打开【轨迹视图-曲线编
辑器】窗口，在控制器窗口中选择"火
箭"层。

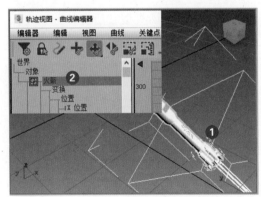

Step 02 在菜单栏中选择【编辑】|【可见
性轨迹】|【添加】命令，为对象添加"可
见性轨迹"，此时，在"火箭"层下会显
示"可见性"层。选中该层，单击工具栏
中的【添加/移除关键点】按钮，在第 20
帧和第 40 帧的位置分别创建两个关键点。

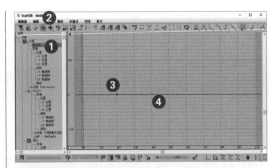

Step 03 选中第 20 帧上的关键点，在【关
键点状态】微调框中输入 0，使"火箭"
对象在第 20 帧处不可见。

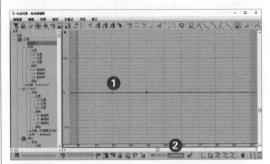

Step 04 播放动画，场景中的"火箭"对
象在第 0~20 帧位置完全不可见。

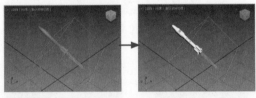

Step 05 在【轨迹视图-曲线编辑器】窗口
选择"可见性"轨迹上第 20、第 40 帧上的
两个关键点，单击工具栏上的【将切线设
置为阶梯式】按钮。

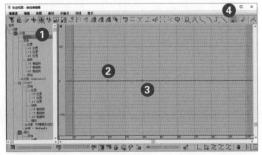

Step 06 再次播放动画，"火箭"对象将
在第 40 帧处突然显示。

如果不想要上例设置的"火箭"物体

可视动画,可以在【轨迹视图-曲线编辑器】窗口将"可见性"轨迹上的关键点删除,或者在选中"可见性"层后,选择菜单栏中的【编辑】|【可见性轨迹】|【删除】命令,将"可见性"轨迹删除。

15.3.4 复制与粘贴运动轨迹

当我们在 3ds Max 中为一个对象制作动画后,其他的对象可以通过复制、粘贴动画轨迹,得到与这个对象相同的动画效果。

【例 15-19】复制对象上动画的运动轨迹。
▶ 视频+素材
源文件:素材文件 \ 第 15 章 \ 例 15-19

Step 01 打开例15-3创建的动画文件,单击【创建】面板中的【长方体】按钮,在场景中绘制一个长方体。

Step 02 选中视图中的"飞机"对象,打开【轨迹视图-曲线编辑器】窗口,在控制器窗口中选中并右击"变换"层,从弹出的快捷菜单中选择【复制】命令。

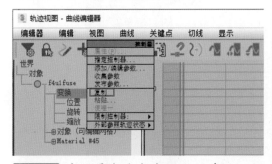

Step 03 在场景中选中步骤01创建的"长方体"对象,打开【轨迹视图-曲线编辑器】窗口,在控制器窗口选中并右击"变换"层,从弹出的快捷菜单中选择【粘贴】命令。

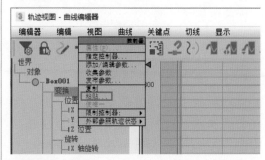

Step 04 打开【粘贴】对话框,选中【复制】单选按钮,然后单击【确定】按钮。

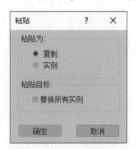

Step 05 此时,场景中的长方体将被移动至"飞机"模型底部。

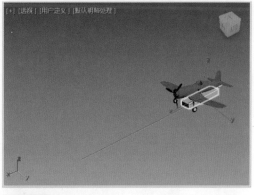

Step 06 播放动画,"长方体"对象的运动轨迹将与"飞机"对象一致。

15.4　案例演练

本章主要介绍了在 3ds Max 中创建简单动画的方法，只有掌握了这些动画制作的基础知识，并且能够灵活使用它们，才能在后面的学习中制作出更复杂、更精致的动画效果。下面的案例演练部分，将通过实例帮助用户巩固所学的知识。

【例 15-20】使用【噪波】修改器制作冰块融化动画。▶ 视频+素材

源文件：素材文件 \ 第 15 章 \ 例 15-20

Step 01 在【创建】面板中单击【几何体】选项卡 ● 中的【切角长方体】按钮，在视图中创建一个【长度】为100mm，【宽度】为100mm，【高度】为80mm，【圆角】为8mm的切角长方体。

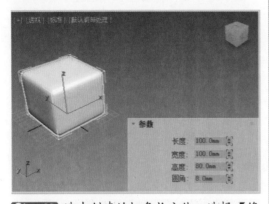

参数

长度	100.0mm
宽度	100.0mm
高度	80.0mm
圆角	8.0mm

Step 02 选中创建的切角长方体，选择【修改】面板，单击【修改器列表】下拉按钮，在弹出的下拉列表中选择【Noise(噪波)】选项，添加"噪波"修改器，然后在【参数】卷展栏中选中【分形】复选框，在X、Y和Z微调框中输入20mm，创建右上图所示的冰块模型。

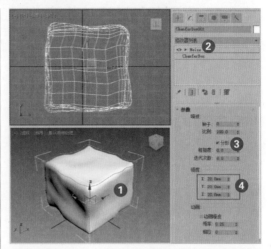

Step 03 单击【修改】面板【几何体】选项卡 ● 中的【平面】按钮，在顶视图中创建一个平面。

Step 04 选中冰块模型，选择【修改】面板，单击【修改器列表】下拉按钮，从弹出的下拉列表中选择【融化】选项，添加"融化"修改器。

Step 05 最后，按下N键打开【自动关键点】，将【时间滑块】拖动至第70帧的位置，在【参数】卷展栏中将将【融化】选项组中的【数量】设置为73，将【扩散】选项组中的【融化百分比】设置为58，如下图所示。

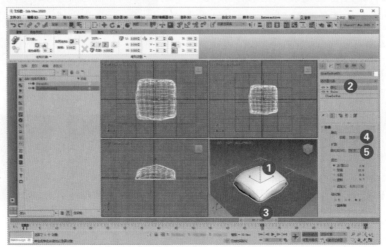

第 16 章

案例课堂：制作动画效果

| 本章导读 |

　　动画可以尽情地抒发人们的情感，直观地表达人们的思想，也可以扩展人们的想象力和创造力。本章将通过实例操作，介绍使用 3ds Max 软件制作各种动画效果的方法，帮助用户进一步巩固所学的知识。

| 视频教学 |

16.1 场景展示动画

本例将介绍使用摄影机制作房屋场景展示动画的方法，该动画通过设置多个关键点，并调整摄影机来实现，效果如下图所示。

【例 16-1】在 3ds Max 中使用摄影机制作一个场景展示动画。▶视频+素材

源文件：素材文件 \ 第 16 章 \ 例 16-1

Step 01 打开素材文件后，在视图中创建一个目标摄影机，然后选择透视图，按下 C 键将其转换为【摄影机】视图。

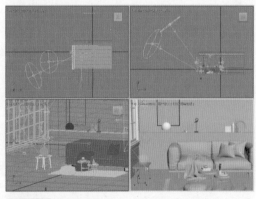

Step 02 将时间滑块拖动至第 30 帧处，单击动画控制区中的【自动关键点】按钮，在视图中调整摄影机的位置。

Step 03 将时间滑块拖动至第 40 帧处，在

视图中调整摄影机的位置。

Step 04 将时间滑块拖动至第 50 帧处，在视图中调整摄影机的位置。

Step 05 将时间滑块拖动至第 60 帧处，在视图中调整摄影机的位置。

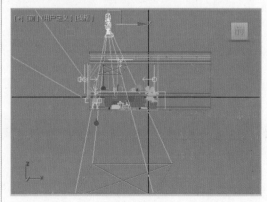

Step 06 将时间滑块拖动至第70帧处，在视图中调整摄影机的位置。

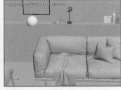

Step 07 将时间滑块拖动至第100帧处，在视图中调整摄影机的位置。

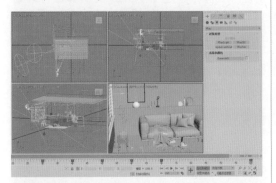

Step 08 按下F10键打开【渲染设置】对话框，在【公用】选项卡的【时间输出】选项组中选中【范围】单选按钮，设置渲染范围为1~100帧，如下左图所示。

Step 09 在【渲染输出】选项组中选中【保存文件】复选框，然后单击【文件】按钮。

Step 10 打开【渲染输出文件】对话框，将【保存类型】设置为.avi，单击【保存】按钮。

Step 11 返回【渲染设置】对话框，单击【渲染】按钮渲染动画。

16.2 镜头旋转动画

本例将介绍使用摄影机制作镜头旋转动画的方法。通过在场景中制作镜头围绕某个建筑物旋转的动画，可以让观众非常方便地浏览场景中特定物体的全景效果。

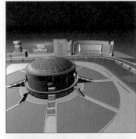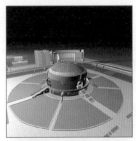

镜头围绕建筑物旋转的动画效果

【例 16-2】在 3ds Max 中使用摄影机制作一个镜头旋转动画。▶视频+素材

源文件：素材文件 \ 第 16 章 \ 例 16-2

Step 01 选中场景中的目标摄影机，激活透视图，按下C键将其转换为"摄影机"视图。

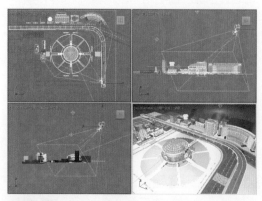

Step 02 将时间滑块调整至第11帧处，单击动画控制区中的【自动关键点】按钮，然后在视图中调整摄影机的位置。

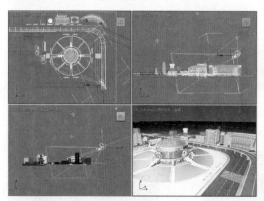

Step 03 将时间滑块调整至第22帧，然后调整视图中的摄影机的位置。

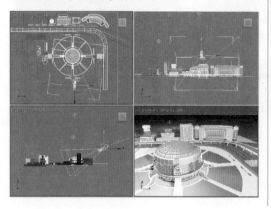

Step 04 将时间滑块调整至第33帧，然后调整视图中的摄影机的位置。

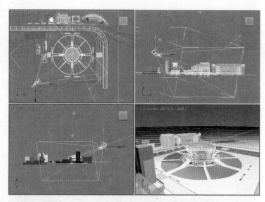

Step 05 将时间滑块调整至第44帧，然后调整视图中的摄影机的位置。

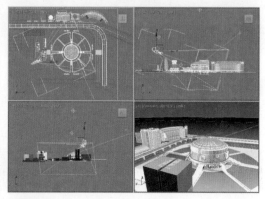

Step 06 将时间滑块调整至第60帧，然后调整视图中的摄影机的位置。

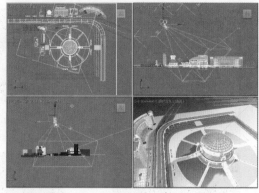

Step 07 按F10键打开【渲染设置】对话框，在【公用】选项卡的【时间输出】选项组中选中【范围】单选按钮，设置渲染范围为第1~60帧。

Step 08 最后，按下F9键渲染场景，渲染

完成后，镜头视野将围绕场景中的建筑物旋转。

16.3 灯光闪烁动画

本例将利用灯光和光晕的【倍增】参数制作一个效果如下图所示的灯光闪烁动画效果。

灯光闪烁动画效果

【例 16-3】在 3ds Max 中制作灯光闪烁动画。

▶视频+素材

源文件：素材文件 \ 第 16 章 \ 例 16-3

Step 01 打开素材文件后，在【创建】面板的【灯光】选项卡 中单击【泛光】按钮，在视图中合适的位置创建一个泛光灯，并将其移动至场景中合适的位置。

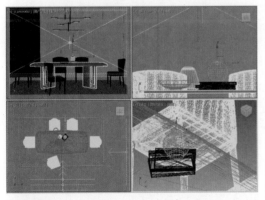

Step 02 将时间滑块移动到第 0 帧处，按下 N 键开启自动关键点模式。选择【修改】面板，在【强度/颜色/衰减】卷展栏中设置【倍增】参数值为 0。

Step 03 将时间滑块移动到第 15 帧处，

在【强度/颜色/衰减】卷展栏中设置【倍增】参数值为 1.5。

Step 04 单击【倍增】微调框右侧的色块，在打开的对话框中将其颜色的 RGB 值设置为 255、242、195。

Step 05 将时间滑块移动至第 30 帧处，在【强度/颜色/衰减】卷展栏中设置【倍增】参数值为 0，继续添加关键帧，然后按下 N 键退出自动关键点模式。

Step 06 展开【大气和效果】卷展栏，单击【添加】按钮，在打开的对话框中选择【镜头效果】选项，单击【确定】按钮。

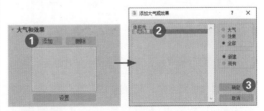

Step 07 在【大气和效果】卷展栏中选中添加的【镜头效果】选项，单击【设置】按钮，在打开的【环境和效果】对话框中

展开【镜头效果参数】卷展栏，添加【光晕】效果。

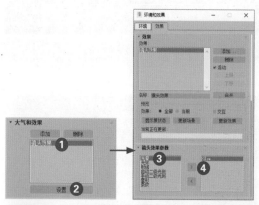

Step 08 将时间滑块移动到第15帧处，按下N键开启自动关键点模式，在【环境和效果】对话框的【光晕元素】卷展栏中将【强度】参数设置为170，单击【径向颜色】选项组的第二个色块，在弹出的对话框中将RGB值设置为255、246、0，如下左图所示。

Step 09 将时间滑块移动到第0帧的位置，在【环境和效果】对话框中将【光晕元素】卷展栏中的【强度】参数设置为100，如下右图所示。

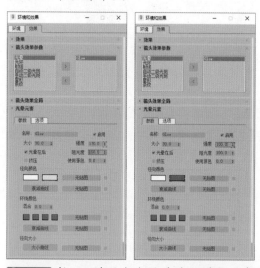

Step 10 按下N键退出自动关键点模式，在主工具栏中单击【曲线编辑器】按钮，打开【轨迹视图-曲线编辑器】窗口，在该窗口左侧选择【倍增】选项，并选中所有

的关键帧。

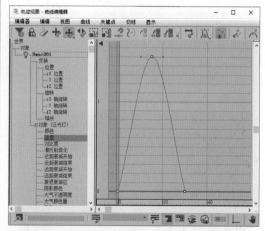

Step 11 在【轨迹视图-曲线编辑器】窗口的菜单栏中选择【编辑】|【控制器】|【超出范围类型】命令，打开【参数曲线超出范围类型】对话框，选择【循环】选项，然后单击【确定】按钮。

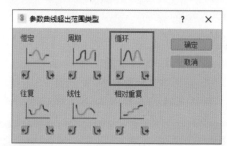

Step 12 完成以上设置后，【轨迹视图-曲线编辑器】窗口如下图所示。激活摄影机视图，按下F9键对动画进行渲染输出。

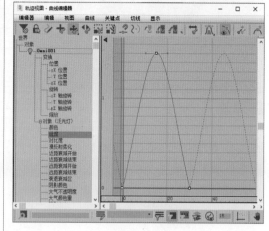

16.4 云彩飘动动画

本例将制作下图所示的云彩在天空中飘动的动画效果。在实例操作中首先设置环境贴图，然后为场景创建长方体 Gizmo，并为其添加"体积雾"效果。

云彩飘动动画效果

【例 16-4】在 3ds Max 中制作云彩飘动动画。

▶ 视频+素材

源文件：素材文件 \ 第 16 章 \ 例 16-4

Step 01 按下数字键8打开【环境和效果】对话框，在【环境】选项卡中单击【环境贴图】选项下的【无】按钮，打开【材质/贴图浏览器】对话框，选择【位图】选项，单击【确定】按钮。

Step 02 打开【选择位图图像文件】对话框，选择一个环境贴图素材文件"山峰.jpg"后，单击【打开】按钮。

Step 03 按下M键打开【材质编辑器】面板，选择一个空白材质球，将【环境和效果】对话框中设置的环境贴图文件拖动到该材质球上，打开【实例(副本)贴图】对话框，选择【实例】单选按钮，单击【确定】按钮。

Step 04 在【材质编辑器】面板中单击【贴图】下拉按钮，从弹出的下拉列表中选择【屏幕】选项。

Step 05 在【创建】面板中选择【辅助对象】选项卡 ，然后在【大气装置】选项分类中单击【长方体Gizmo】按钮，在视图中绘制一个长方体Gizmo，并执行【选择并移动】命令和【选择并旋转】命令调整其位置和旋转角度。

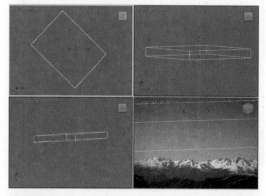

Step 06 按下数字键8打开【环境和效果】对话框，在【环境】选项卡的【大气】卷展栏中单击【添加】按钮，打开【添加大气效果】对话框，选择【体积雾】选项，单击【确定】按钮。

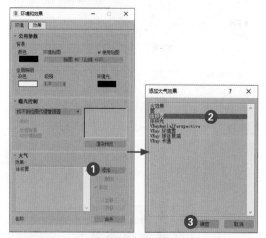

Step 07 返回【环境和效果】对话框，展开【体积雾参数】卷展栏，单击【拾取

Gizmo】按钮，在场景中拾取创建的长方体Gizmo对象。

Step 08 在【体积】选项组中设置【密度】为5，【步长大小】为65；在【噪波】选项组中设置【类型】为【分形】，【高】为1，【低】为0.3，【大小】为75，【均匀性】为0.5，【相位】为0.6，如下图所示。

Step 09 按下N键开启自动关键点模式，将时间滑块拖动至第100帧处，在【环境和效果】对话框的【体积雾参数】卷展栏中将【相位】设置为1.6，然后再次按下N键退出自动关键点模式，在【体积雾参数】卷展栏中将【风力来源】设置为【左】，如下图所示。

Step 10 最后，选择透视图并渲染动画。

16.5 激光文字动画

本例将介绍制作下图所示的激光文字动画的方法。首先将文字和矩形附加在一起，然后为其添加"挤出"修改器，接着为场景添加目标聚光灯，设置目标聚光灯的参数，创建聚光灯动画，最后将动画效果渲染输出。

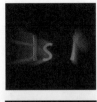

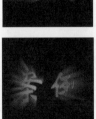

【例16-5】在3ds Max中制作激光文字动画。

▶ 视频+素材

源文件：素材文件 \ 第16章 \ 例16-5

Step 01 在【创建】面板的【图形】选项卡 中单击【文本】按钮，在前视图中创建下左图所示的文本。

Step 02 单击【图形】选项卡 中的【矩形】按钮，在前视图中创建一个下右图所示的矩形。

Step 03 在视图中选中绘制的矩形并右击，从弹出的快捷菜单中选择【转换为】|【转换为可编辑样条线】命令，并进入【线段】子对象层级。

Step 04 在【修改】面板的【几何体】卷展栏中单击【附加】按钮，在场景中选中文字对象，将矩形和文字附加在一起。

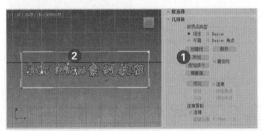

Step 05 再次单击【附加】按钮，取消该按钮的激活状态。在【修改】面板中添加

【挤出】修改器，在【参数】卷展栏中将【数量】设置为11mm。

Step 06 在【创建】面板的【灯光】选项卡 中单击【目标聚光灯】按钮，在左视图中创建目标聚光灯。

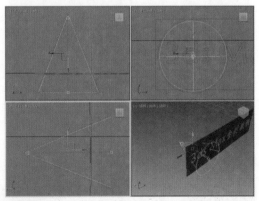

Step 07 在【创建】面板的【摄影机】选项卡 中单击【目标】按钮，在顶视图中

创建目标摄影机，然后激活透视图，按下 C键将其转换为摄影机视图。

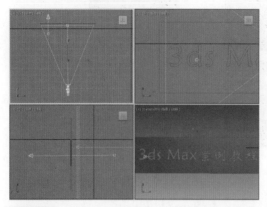

Step 08 选中视图中的目标聚光灯，选择【修改】面板，展开【强度/颜色/衰减】卷展栏，设置【倍增】为3，然后单击【倍增】微调框右侧的色块，在打开的对话框中将RGB颜色值设置为234、221、0，然后单击【确定】按钮。

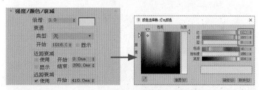

Step 09 在【强度/颜色/衰减】卷展栏的【远距衰减】选项组中选中【使用】复选框，将【开始】和【结束】参数分别设置为410mm和650mm，如下左图所示。

Step 10 展开【聚光灯参数】卷展栏，将【聚光区/光束】和【衰减区/区域】分别设置为53和55，如下右图所示。

Step 11 展开【大气和效果】卷展栏，单击

【添加】按钮，打开【添加大气或效果】对话框，选择【体积光】选项，然后单击【确定】按钮，添加"体积光"效果。

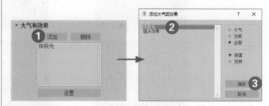

Step 12 展开【常规参数】卷展栏，在【阴影】选项组中选中【启用】复选框，然后调整场景中灯光的位置。

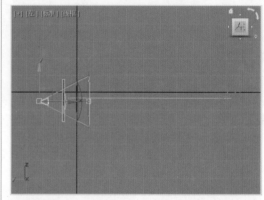

Step 13 按下N键开启自动关键点模式，将时间滑块拖动至第100帧处，调整灯光的位置如下图所示。

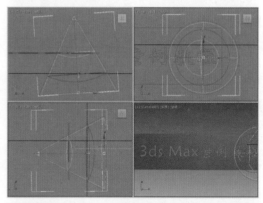

Step 14 再次按下N键退出自动关键点模式，然后对摄影机视图进行渲染。

16.6 螺旋桨旋转动画

本例将介绍使用轨迹视图制作下右图所示的直升机螺旋桨旋转动画。在实例操作中主要通过为螺旋桨叶片对象添加关键帧来使螺旋桨旋转。

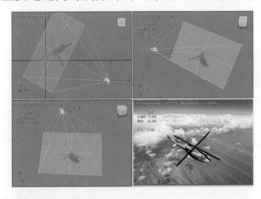

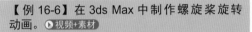

【例 16-6】在 3ds Max 中制作螺旋桨旋转动画。●（视频+素材）

源文件：素材文件 \ 第 16 章 \ 例 16-6

Step 01 打开素材文件后，在场景中选中下图所示的直升机模型的螺旋桨叶片对象，按下N键开启自动关键点模式。

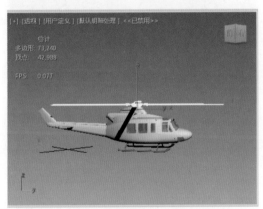

Step 02 将时间滑块拖动至第100帧处，执行【选择并旋转】命令，将螺旋桨叶片对象沿Z轴旋转。

Step 03 再次按下N键退出自动关键点模式，在主工具栏中单击【曲线编辑器】按钮，打开【轨迹视图-曲线编辑器】窗口，在窗口左侧选择【旋转】组下的【Z轴旋转】选项，然后右击位于第0帧的关键帧，在打开的对话框中设置【输入】和【输出】选项。

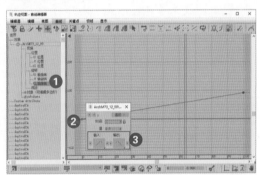

Step 04 右击位于第100帧的关键帧，在打开的对话框中设置【输入】和【输出】选项，并将【值】设置为3600。

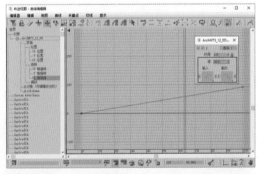

Step 05 关闭【轨迹视图-曲线编辑器】窗口，在场景中右击螺旋桨对象，从弹出的

快捷菜单中选择【对象属性】命令。

Step 06 打开【对象属性】对话框，在【运动模糊】选项组中选中【图像】单选按钮，然后单击【确定】按钮。

Step 07 按下数字键8，打开【环境和效果】对话框，选择【效果】选项卡，在【效果】卷展栏中单击【添加】按钮，打开【添加效果】对话框，选择【运动模糊】选项，单击【确定】按钮，添加运动模糊效果。

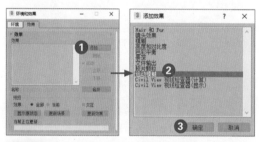

Step 08 在【环境和效果】对话框中选择【环境】选项卡，在【公用参数】卷展栏中单击【无】按钮，打开【材质/贴图浏览器】对话框，选择【位图】选项，单击【确定】按钮。

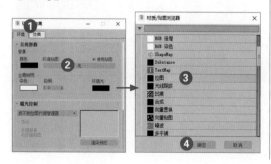

Step 09 打开【选择位图图像文件】对话框，选中"天空.jpg"素材文件后，单击【打开】按钮。

Step 10 按下M键打开【材质编辑器】窗口，将【环境和效果】对话框中的环境贴图拖动至【材质编辑器】窗口中的一个材质球上，在打开的【实例(副本)贴图】对话框中选中【实例】单选按钮，单击【确定】按钮。

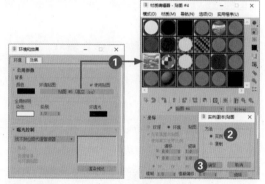

Step 11 在【材质编辑器】窗口的【坐标】卷展栏中单击【贴图】下拉按钮，从弹出的下拉列表中选择【屏幕】选项。

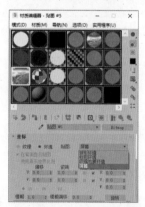

Step 12 选择透视图，按下Ctrl+C快捷键创建一个物理摄影机，然后在菜单栏中选择【视图】|【视口背景】|【环境背景】命令显示环境背景。

Step 13 最后，按下F10键打开【渲染设置】对话框设置动画的输出大小、存储位置，并渲染动画。